国防科技图书出版基金

超宽带脉冲天线设计

Design of the Ultra-wideband Pulse Antenna

李长勇　李引凡　著

国防工业出版社

·北京·

图书在版编目(CIP)数据

超宽带脉冲天线设计 / 李长勇，李引凡著. —北京：国防工业出版社，2016.9
ISBN 978-7-118-10959-7

Ⅰ. ①超… Ⅱ. ①李… ②李… Ⅲ. ①脉冲通信 – 超宽带天线
Ⅳ. ①TN82

中国版本图书馆 CIP 数据核字(2016)第 216159 号

※

国 防 工 業 出 版 社 出版发行

（北京市海淀区紫竹院南路23号　邮政编码100048）
腾飞印务有限公司印刷
新华书店经售
*
开本710×1000　1/16　印张16¼　字数318千字
2016年9月第1版第1次印刷　印数1—2000册　定价78.00元

（本书如有印装错误，我社负责调换）

国防书店：(010)88540777　　　发行邮购：(010)88540776
发行传真：(010)88540755　　　发行业务：(010)88540717

致 读 者

本书由国防科技图书出版基金资助出版。

国防科技图书出版工作是国防科技事业的一个重要方面。优秀的国防科技图书既是国防科技成果的一部分,又是国防科技水平的重要标志。为了促进国防科技和武器装备建设事业的发展,加强社会主义物质文明和精神文明建设,培养优秀科技人才,确保国防科技优秀图书的出版,原国防科工委于1988年初决定每年拨出专款,设立国防科技图书出版基金,成立评审委员会,扶持、审定出版国防科技优秀图书。

国防科技图书出版基金资助的对象是:

1. 在国防科学技术领域中,学术水平高,内容有创见,在学科上居领先地位的基础科学理论图书;在工程技术理论方面有突破的应用科学专著。

2. 学术思想新颖,内容具体、实用,对国防科技和武器装备发展具有较大推动作用的专著;密切结合国防现代化和武器装备现代化需要的高新技术内容的专著。

3. 有重要发展前景和有重大开拓使用价值,密切结合国防现代化和武器装备现代化需要的新工艺、新材料内容的专著。

4. 填补目前我国科技领域空白并具有军事应用前景的薄弱学科和边缘学科的科技图书。

国防科技图书出版基金评审委员会在总装备部的领导下开展工作,负责掌握出版基金的使用方向,评审受理的图书选题,决定资助的图书选题和资助金额,以及决定中断或取消资助等。经评审给予资助的图书,由总装备部国防工业出版社列选出版。

国防科技事业已经取得了举世瞩目的成就。国防科技图书承担着记载和弘扬这些成就,积累和传播科技知识的使命。在改革开放的新形势下,原国防科工委率先设立出版基金,扶持出版科技图书,这是一项具有深远意义的创举。此举势必促使国防科技图书的出版随着国防科技事业的发展更加兴旺。

设立出版基金是一件新生事物,是对出版工作的一项改革。因而,评审工作需要不断地摸索、认真地总结和及时地改进,这样,才能使有限的基金发挥出巨大的效能。评审工作更需要国防科技和武器装备建设战线广大科技工作者、专家、教授,以及社会各界朋友的热情支持。

　　让我们携起手来,为祖国昌盛、科技腾飞、出版繁荣而共同奋斗!

国防科技图书出版基金
评审委员会

前　言

　　直接发射窄脉冲信号方式的超宽带技术是最近研究的一个热点。该技术在雷达和通信应用中有其特殊的优势,如在雷达应用中可以提高雷达分辨率,在短距离通信中可高速率传输信号。超宽带脉冲天线是超宽带技术中的关键部件之一,有效地辐射超宽带的脉冲信号,对天线提出了很高的要求。天线的性能对整个系统有重大影响,因此研究超宽带天线技术有重要意义。

　　超宽带信号是指相对带宽大于20%或绝对带宽大于500MHz的信号。窄脉冲信号通常是具有这种特性的信号。另外,连续波信号如多频带正交频分复用(OFDM)信号也具有这样的特性。采用"超宽带脉冲"术语是因为本书主要研究由窄脉冲产生的超宽带信号以及辐射脉冲信号的天线。

　　衡量超宽带脉冲天线性能的参数指标应结合应用需求来考虑,有的应用强调方向性指标,有的应用强调增益或阻抗带宽指标,有的应用强调频谱辐射功率谱是否符合频率管理机构限定的要求,有的应用关注尺寸重量等。研究设计天线时应对各个性能参数综合考虑,有时会牺牲某些指标以得到更好的另外一些指标。

　　虽然美国联邦通信委员会(FCC)对$3.1\sim10.6GHz$通信频段的信号辐射功率谱提出了要求,但在其他的应用中,如探地雷达和微波成像等,需要的脉冲信号为单极性,或要求脉冲信号的低频端有更好的辐射,以保证脉冲失真小便于接收。超宽带脉冲天线的性能指标可以从频域或时域指标来观测,但由于频域范围宽,不同频点的同一指标可能会很大不同,从时域波形来观测天线性能是一个较好的方法,天线辐射的脉冲信号的时域波形变化是考查天线性能的一个重要因素。本书研究的中心问题是增强脉冲天线的低频辐射能力,主要从时域波形来观测天线性能的提高。

　　从2002年起,作者参与了国家自然科学基金项目"超宽带无线电跳时扩谱技术(60272083)"、军方项目"超宽带无线电关键技术研究"和"超宽带无线电功能样机研制";主持重庆市自然科学基金计划项目"脉冲天线带宽扩展技术研究(CSTC2010BB2202)"。本书内容编自作者几年来的研究成果以及作者参与超宽带技术课题组研究的部分成果,同时通过文献调研参考了国内外十几年来的超宽带天线的研究成果。本书的主要特点是:较少讨论超宽带天线的理论问题,而是从天线应用的角度考虑天线设计。书中给出了大量的天线设计实例,对从事超宽带脉冲天线设计的人员有很大参考价值。

本书共 10 章：第 1 章阐述超宽带的概念、特点以及在雷达、通信、生物医学工程中的应用研究状况，较全面地对超宽带脉冲天线技术研究的情况进行综述；第 2 章讨论各种超宽带脉冲信号，分析其时域特性和频谱特性，讨论针对 FCC 频谱模板设计超宽带信号的方法；第 3 章讨论单极超宽带天线的多种设计；第 4 章研究平面螺旋天线、圆锥螺旋天线宽频带特性，分析脉冲辐射特性；第 5 章分析超宽带印制平面天线，包括平面单极天线、缝隙天线、陷波天线、蝴蝶结天线宽带性能；第 6 章分析各种加载天线的脉冲辐射特性；第 7 章分析多种喇叭天线的性能；第 8 章分析增强脉冲天线低频辐射的方法，如喇叭天线臂内加脊线、在喇叭两臂之填充介质材料、增加天线电路回路等方法；第 9 章介绍产生脉冲信号的电路实现方法，讨论基于阶跃恢复二极管、雪崩三极管、正弦波截断等电路的脉冲产生器；第 10 章讨论超宽带天线馈电及巴伦的设计。

本书主要由解放军重庆通信学院李长勇副教授完成，李引凡和王少华编写了部分内容。感谢重庆大学杨士中院士、葛利嘉教授在超宽带技术研究工作中的指导；感谢本书中参考文献相关作者；感谢解放军理工大学钱祖平教授、重庆大学唐明春教授以及韶关大学贾婷婷老师对本书出版的支持。由于作者水平有限，书中的不足之处恳请同行专家批评指正。

李长勇

2015 年 9 月于重庆

目　　录

IX

Contents

第1章 绪　　论

基于冲激脉冲技术的雷达是超宽带(Ultra-Wideband,UWB)雷达的一种形式,比其他形式的超宽带雷达(如线性调频、伪随机编码、频率步进信号、随机噪声波雷达)占有更宽的带宽,这种直接发射脉冲的雷达又称为非正弦波雷达或基带雷达、视频脉冲雷达、时域雷达、无载波雷达等。这些雷达中的冲激脉冲宽度在纳秒级或亚纳秒级,频带宽度在吉赫级,这种频带对天线提出了很高的要求。目前,这种冲激脉冲雷达在地下目标探测中应用广泛,如工程地质结构探测、道路下空洞及裂缝调查、埋设物探测、水坝的缺陷检测、隧道及堤岸探测等[1,2]。冲激雷达对非金属反步兵地雷的探测具有相当的优势。探地雷达探测最大深度为几十米。

用于脉冲发射的天线有单锥天线或双锥天线,以及平面结构的蝴蝶结天线、喇叭天线等,为了更好地进行雷达接收后续信号处理及提高探测效果,展宽天线的带宽,减小脉冲的失真是研究的一条主线。研究方法多是从时域进行,通过对天线的脉冲激励,观测天线的辐射电场的时域波形变化。常用保真系数表征脉冲信号的失真程度。时域有限差分(Finite Difference Time Domain,FDTD)法特别适用于分析这种瞬态信号,在这种天线的研究中应用最多。脉冲天线也用于超宽带通信。超宽带通信技术在近年来也是国内外研究的热点[3],在短距离、高速率通信中具有很好应用前景,如在无线个人局域网(Wireless Personal Area Network,WPAN)、家庭数字媒体流传输中的应用。超宽带通信技术实现分为基于冲激脉冲传输方式和多波段传输方式,本书研究的天线主要是针对冲激脉冲传输方式的超宽带通信系统所需要的天线。

1.1　超宽带技术概念

在早期,由于冲激脉冲有很大的带宽,超宽带信号一般指由冲激脉冲信号产生。1990年后,美国国防部高级研究计划署(Defense Advanced Research Projects Agency,DARPA)从频谱的角度定义了雷达信号的宽带[4]:信号频谱相对带宽大于25%的信号称为超宽带信号;信号频谱相对带宽为1%~25%的信号称为宽带信号;信号频谱相对带宽小于1%的信号称为窄带信号[5-7]。这就扩大了超宽带信号概念的范围,超宽带信号不再仅指冲激脉冲雷达信号,其他如线性调频

1

雷达、伪随机编码雷达、频率步进信号雷达、随机噪声波雷达,其信号只要满足相对带宽条件,就可称为超宽带雷达[8-10]。

2002年,美国联邦通信委员会(Federal Communication Commission,FCC)对超宽带通信信号概念进行重新定义,只要满足信号频谱相对带宽大于20%,或占用的频带超过500MHz的信号为超宽带信号;同时不再限制信号产生形式,不再限于用什么调制方式、是否有载波和是否用冲激脉冲。满足上述定义的码分多址(Code Division Multiple Access,CDMA)或正交频分复用(Orthogonal Frequency Division Multiplexing,OFDM)技术的发射信号也称为超宽带信号,基于超宽带信号的通信称为超宽带通信。

冲激脉冲的超宽带信号的带宽主要由脉冲波形决定(时域越窄,对应的频域越宽)。在通信系统中,一个信息符号可映射为多个这样的脉冲。由于脉冲的宽度很窄,因此发射信号应具有很宽的频谱。常规基于正弦载波的无线通信信号与冲激脉冲超宽带无线通信信号如图1-1所示。常规无线电的信息调制是通过改变载波的频率、相位、幅度或者它们的组合来实现的,电磁波在时间上是连续的。超宽带通信的信息调制是通过改变脉冲序列的位置、相位、幅度来实现的。由于冲激脉冲在时间上不连续,所以可以利用时分技术或跳时扩谱技术实现多址功能。

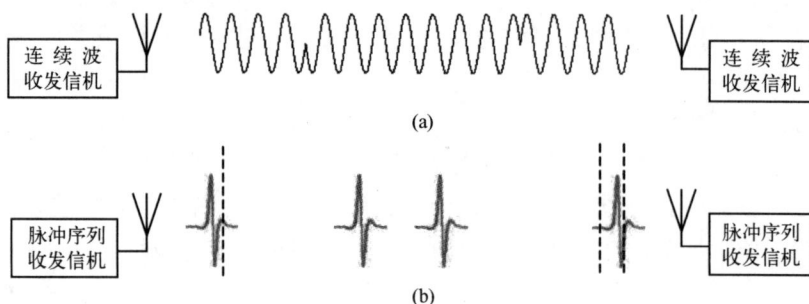

图1-1 常规无线通信信号与超宽带无线通信信号
(a) 常规无线通信信号;(b) 超宽带无线通信信号。

1.2 超宽带技术特点

在早期,人们对冲激脉冲雷达有不少争论,更有人认为它不满足电磁理论的麦克斯韦方程和信号的傅里叶变换分析。随后的研究认为,冲激脉冲雷达具有许多常规雷达不具备的优越性能:

(1) 可以探测隐身目标。隐身目标涂敷的吸波材料只能在一定的频段内吸波,冲激脉冲雷达发射的脉冲信号具有很宽的频谱,因此可以探测隐身目标。

（2）分辨力高。由于雷达的距离分辨力与信号带宽成反比,因此超频宽具有很高的距离分辨力。试验模型的研究表明,冲激脉冲雷达的距离分辨力为厘米级,厘米级的距离分辨力带来了良好目标形体的细节识别能力,可以把目标和诱饵分开。

（3）成像更好。冲激脉冲雷达工作于扫描状态或合成孔径状态时,可获得良好的距离分辨力和角度分辨力,可以很好地成像。

（4）穿透能力。超宽带频谱有更强的穿透能力,可探测森林、地面、墙壁等物体掩蔽下的目标。

（5）近距离探测能力强。具有超近程能力,很窄的冲激脉冲可以使小探测距离反射波的接收时延分辨力强,因此最小探测距离很小。

超宽带通信主要特性如下:

（1）传输速率高,系统容量大。超宽带系统使用的频带极宽,从香农定理可以看出:在一定的信噪比下,越宽的频带可提供越高的通信容量;在一定的传输速率下,越宽的频带,可以在信噪比越低时实现可靠传输。分析表明,超宽带通信系统的空间通信容量(每单位面积可达到的通信容量)是无线局域网、蓝牙等系统的 10 ~ 1000 倍。

（2）低成本,低功耗。图 1-2 对常规无线电收发信机和超宽带无线电收发信机的结构进行了比较。超宽带无线电收发信机的结构比常规无线电收发信机的结构简单,系统前端没有高频振荡器和上/下变频器,超宽带无线电信号传输无需载频,不需要混频器和本地振荡器,在接收端无需载频恢复,使系统的成本可以很低。发射低功率的脉冲减少了超宽带发射机中对功率放大器的需求。

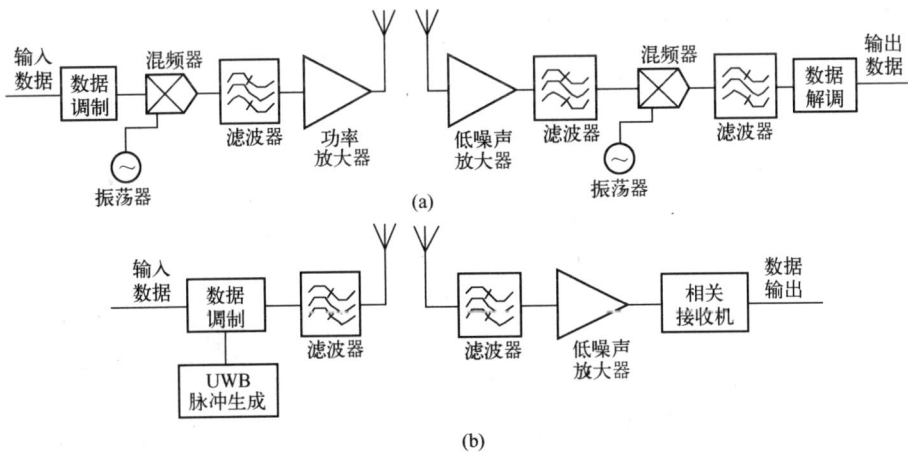

图 1-2　常规无线电收发信机与超宽带无线电收发信机的结构比较
(a) 常规无线电收发信机;(b) 超宽带无线电收发信机。

低占空比的冲激脉冲序列有很小的平均功率和系统功耗,具有抗检测能力并且适合电池供电和小型化。

(3)共享频谱资源。超宽带通信系统分配的频带为 3.1~10.6GHz,而功率谱密度(Power Spectral Density,PSD)仅为 −41.3dBm/MHz。这样超宽带通信系统在非常低的 PSD 下就可以实现可靠通信,避免了对其他系统的干扰。这个特性在频谱资源非常紧张的今天具有非常重要的意义。

(4)信号衰减小,穿透能力强。超宽带通信系统采用极窄脉冲信号,能量非常集中,瞬时功率很高,在密集多径环境中各径信号重叠抵消的概率很低,具有很好的分集效果。同时,由于脉冲超宽带信号频谱跨度极大,信号的低频区具有很强的穿透地表、墙壁和其他物体的能力,因此应用于需要穿透物体进行成像、检测、监视和通信等的领域。

(5)低截获,抗干扰,保密性好。超宽带通信系统的发射功率很低,频谱很宽,因此 PSD 非常低,甚至低于环境噪声电平,很难被基于频谱搜索的电子侦查设备截获。采用扩频通信的跳时技术或直接序列扩频技术,进一步提高了其保密性能。超宽带信号占空比较低,可以通过时间窗滤掉干扰信号,使得系统抗干扰能力更强,工作可靠性更高。合理波形和脉冲重复频率设计可使其离散谱线避开现有通信系统以减小干扰;冲激脉冲由于容易在时间上区分直达路径和时延超过脉冲时宽的多径信号,因此有很强的抗多径干扰能力。

1.3　超宽带技术应用研究现状

基于冲激脉冲形式的超宽带雷达技术,在雷达中广泛应用于地下目标探测,在通信中可用于短距离高速率通信。其主要应用有以下几个方面。

1.3.1　探地雷达应用

在中低功率雷达中,应用最普遍的是探地雷达,探地雷达大都采用超宽带脉冲雷达技术[11-14]。20 世纪 60 年代,探地雷达在冰层厚、地下黏土属性、地下水位探测方面得到了研究和应用。自 70 年代以来,许多商业化的通用数字探地雷达系统先后问世,具有代表性的有:美国 Geophysical Survey System 公司的 SIR 系列、Microwave Associates 公司的 MK 系列;加拿大 Sensor & Software 公司的 Pulse Ekko 系列;瑞典地质公司 SGA13 的 RAMAC/CPR 系列;日本应用地质株式会社 OYO 公司的 GEORADAR 系列;中国电子工业部 22 所的 LTD 系列以及爱迪尔公司(北京)CR-20、CBS-900 等。其探地深度为十几厘米到几十米,应用于石灰岩地区采石场的探测、淡水和沙漠地区的探测、工程地质探测、煤矿井探测、泥炭调查、放射性废弃物处理调查,以及地质构造填图和水文地质调查等。

非金属地雷的出现,使得排雷工作异常困难,普通的电磁探测器已不能很好地胜任,而脉冲探地雷达可以方便地解决这个问题[15]。

1.3.2 高空雷达应用

由于要求在远距离时就能发现高速运动目标,因此需要高功率的脉冲辐射,相对来说,冲激脉冲雷达应用较少。近年来,国内外投入了大量的人力和物力对超宽带高功率电磁脉冲技术进行了研究与开发[16,17]:美国飞利浦实验室和桑迪亚实验室进行了气体开关超宽带脉冲源、光导开关超宽带脉冲源以及基于传输横电磁模(Transverse Electromagnetic Mode, TEM)喇叭馈源和抛物面反射器的冲激脉冲辐射天线研究;俄罗斯大电流电子学研究所和电物理研究所利用特斯拉变压器与火花隙开关产生几十万伏、脉宽几纳秒的超宽带脉冲源,利用 TEM 天线和组合天线辐射。随着物理器件的发展,以及大功率纳秒级脉冲产生器的实现和高效率冲激脉冲天线的发展,冲激脉冲雷达又成为研究的热点。

1.3.3 合成孔径雷达应用

超宽带合成孔径雷达(Synthetic Aperture Radar, SAR)是 20 世纪 90 年代以来为满足军事应用的迫切需求而发展的一种新体制成像雷达。这种雷达一方面采用超宽带技术获得高距离分辨力,另一方面采用合成孔径技术获得高方位分辨力,可以实现对探测目标的高分辨成像,是雷达探测技术的重要发展方向之一。工作于 VHF/UHF 频段的超宽带合成孔径雷达具有叶簇穿透及地表穿透能力,能够实现常规雷达不具备的叶簇穿透和地表穿透对隐蔽目标进行探测与高分辨成像的能力。

超宽带合成孔径雷达目前已有多种机载试验系统[18]:美国斯坦福研究所研制的冲激合成孔径成像雷达系统,该系统采用冲激脉冲信号形式,雷达信号频谱为 100～600MHz,可分别在 100～300MHz、200～400MHz、100～600MHz 三个通道上工作,分辨力达到 1m×1m,已在多次飞行试验中成功地实现对丛林中和地表下目标的高分辨成像;超宽带合成孔径雷达系统 NAWCP-3SAR,是由美国密执安环境研究所和美国海军航空武器中心基于可工作于 L、C 和 X 三波段合成孔径雷达(分辨力为 1.5m×0.7m)的基础上共同开发的,1992 年改造成超宽带系统,采用线性调频信号形式,带宽达 508MHz,并可在 200～900MHz 范围内调整,分辨力为 0.33m×0.33m。

我国在"七五""八五"国防预研计划中安排了超宽带雷达技术研究(主要是冲激雷达研究),在"九五"期间国防科学技术大学电子科学与工程学院承担了原国防科工委"超宽带雷达体制及关键技术研究"项目,开展了以穿透叶簇对隐蔽目标高分辨成像识别为应用背景、具有亚米级分辨力超宽带合成孔径雷达系统技术研究。2000 年完成了该项目研究,该系统成功填补了我国超宽带合成孔径雷达技术空白,所取得的成果处于国内领先地位,达到国际先进水平。该成果可发展成为具有穿透叶簇和地表探测隐蔽目标,并进行高分辨成像识别功能的新型机载战场侦察雷达设备。

1.3.4　超宽带无线电通信应用

超宽带技术不只用于雷达,1973 年就有第一个有关超宽带通信的专利出现,当时没有超宽带这一术语,而是称为基带脉冲[19]。超宽带技术在通信领域近十年来也有所发展[20-21],如 Aether Wire & Location(以太公司)的战场士兵定位/通信网络、Time Domain(时域公司)的超宽带通信系统、Multispectral Solutions (多频谱公司)的通信系统。这些公司早期开发的超宽带通信系统在工作频段、发射功率、传输速率等指标上各不相同,并且主要基于军事应用,只是在相对带宽上满足超宽带的定义,频谱和功率等参数与现有其他通信系统兼容上存在问题。随后,Xtreme Spectrum、IBM 等公司相继开展了超宽带技术的研究和开发,Xtreme Spectrum 公司于 2002 年 6 月发布了 XSI100 TRINITY 系列芯片,包括单片的 MAC 控制器芯片、基带处理芯片、射频收发芯片、低噪声放大器芯片、超宽带天线,其技术上采用二相调制脉冲发射超宽带技术和 IEEE 802.15.3 的 MAC 协议,传输速率最高可达 100Mb/s,支持点对点连接和 ad-hoc 网络连接。

2002 年后美国联邦通信委员会(FCC)容许超宽带技术的商业应用,批准其应用领域和相应的频段划分和功率谱密度限制。应用于室内通信或手持短距离通信的系统工作于 3.1~10.6GHz 的非申请频段内,且其等效全向辐射功率(Equivalent Isotropic Radiated Power, EIRP)小于 −41.3dBm/MHz。在随后的发展中,出现了基于冲激脉冲的超宽带技术和基于多波段的超宽带技术两种实现方式。多波段方式是基于 OFDM 调制的连续波方式,这已用于 IEEE802.15.3a 物理层技术。

我国"863"计划项目下达了"超宽带无线通信关键技术及其共存与兼容技术"项目的研究。重庆通信学院于 2000 年开始对超宽带技术进行研究,取得了一定的理论研究成果和部分试验成果[22,23]。"863"计划 2005 年第二批立项课题中,由中国科学技术大学和东南大学承担了基于脉冲体制和基于多带体制的超宽带无线通信关键技术研究与系统演示项目,并且由信息产业部电信传输研究所承担了"超宽带无线通信技术标准化研究"项目。

1.3.5　生物医学工程应用

微功率电磁脉冲技术在生物医学上也具有广泛的应用,不少学者研究电磁脉冲信号的辐射对生物细胞的作用和影响[24-26]。超宽带冲激脉冲雷达技术也用于人体组织器官的成像,超宽带冲激脉冲雷达成像与 X 射线、超声波成像技术相比具有独特优势[27]。超宽带雷达技术还用于人体生命信号探测[28],生命探测仪可用于抗震救灾。

1.4　超宽带脉冲天线研究综述

窄带天线容易做到在窄带宽内相对恒定的天线输入阻抗、增益以及辐射效率等特性参数;对于超宽带脉冲天线,辐射的脉冲信号有从直流到几吉赫的频带,保证在超宽频段内的天线参数恒定是很困难的。

在理想情况下,超宽带脉冲天线应能够无失真地辐射和接收超宽带脉冲信号,从频域上看,要求天线的传输函数在整个带宽中具有平坦的幅度－频率特性和线性变化的相位－频率特性。但实际上是做不到的,从信号时域频域关系可知,如果信号在频域有失真(滤波),则在时域也会失真。在实际工程设计和应用中只能尽量靠近:一方面有必要研究现有宽带天线(如频率无关天线)的脉冲辐射特点,改进结构设计以提高其脉冲辐射性能;另一方面须通过天线材料选择和新型结构设计等措施增大天线宽带,使其适合脉冲辐射。

冲激脉冲是矩形脉冲或高斯脉冲,并且信号的能量主要集中在低频段。低频段信号的辐射要求天线尺寸更大才有好的效果;否则,低频频谱部分损失会使脉冲时域波形变化,如高斯脉冲信号波形变成在一定时宽内的多个周期振荡波形。在实际应用中,天线尺寸有限,限制了天线的带宽低频部分辐射,低频部分的辐射不够问题是超宽带天线需要研究解决的一个主要问题。

天线的阻抗带宽一般用天线输入端的电压反射系数 $S_{11} < -10\text{dB}$ 的频率范围表示,或用电压驻波比(Voltage Standing Wave Ratio,VSWR)小于 2 的频率范围表示。图 1-3 为天线输入端 S_{11} 曲线,带宽为 2.89 ~ 9.19GHz,低频端的频率为 2.89GHz,低于这个频率的信号反射损失大,辐射很差。如用于辐射高斯脉冲,低频部分辐射不够,辐射脉冲失真大,因此有必要研究扩展带宽的低频端。

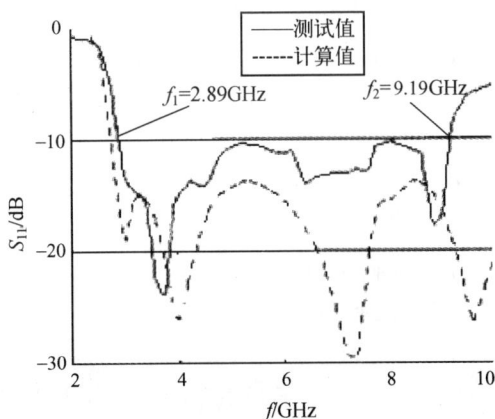

图 1-3　天线输入端 S_{11}(dB)曲线

1.4.1 频率无关天线作脉冲天线

等角螺旋天线和对数周期天线等的方向图与阻抗在很宽的频带内保持恒定值,与频率无关,所以称为频率无关天线或非频变天线。因为天线在某个时刻只在某一窄频带内工作,辐射相位中心相对一致,因此这种带宽称为静态带宽。应用于脉冲辐射时,天线同时工作在超宽频带内,这时所要求的带宽称为瞬时带宽。脉冲信号的瞬时带宽比天线静态带宽要宽。如果天线的静态带宽不足,天线的辐射波形就会产生畸变。等角螺旋天线在输入窄脉冲后,输出响应为多个振荡而且脉宽变宽,脉冲产生畸变。

相对其他形式的天线,频率无关天线有很宽的频带,在实际应用中,用改进的频率无关天线作为脉冲辐射也是可行的[29,30]。

1.4.2 脉冲辐射天线加载技术

在天线辐射振子中引入电阻的天线称为加载天线。天线的馈电端到天线末端的电阻呈线性或指数规律增大,使得激励电流在天线上从馈电处到天线末端逐渐减小到0,可消除天线馈电端与末端的多次反射,使天线上的电流为行波分布,天线的阻抗带宽变宽。这就是天线加载技术可提高带宽的原理。

加载天线既可以集总加载也可以分布加载。1965 年,Wu 与 King 等人提出了无反射式连续电阻加载天线的理论[31],该理论后来被称为 Wu-King 分布。文献[32]比较全面地分析了五种加载模型对脉冲辐射单极天线的时域波形、保真系数、反射系数、增益的影响。由分析结果可知,基于 Wu-King 分布的电阻加载和阻容加载方式,天线的反射最小且波形保真度最高。文献[33 - 36]基于FDTD 或 MOM 数值分析方法,分析研究证实了对细线形单极振子改进为球形、锥形或水滴形天线结构后,加载技术可以展宽频带和减小波形失真。

双锥形天线是能够用分离变量法求解波动方程的一种天线,无限长的锥形天线具有很好的宽带特性,很多试验中用此天线作为发射参考天线。但是,实际应用中天线长度有限,引起终端不连续而降低了阻抗带宽,也可采用加载技术。

偶极天线的传递函数相位特性具有近似线性,通过加载技术可以提高幅频特性带宽[37,38]。由于天线加载增加了能量的损耗,降低了天线的效率,因此为提高天线加载效率,有学者将 Wu-King 的线性电流分布扩展为双指数电流分布[39],理论分析表明,该方法有利于提高天线效率。

具有金属板结构的天线,如平板喇叭天线或蝴蝶结天线也可进行加载。平板喇叭天线的加载方式可以是整个平板电阻值向外呈指数规律增大分布,或在金属平板外再扩展一段有分布电阻加载的平板与原单板一起构成喇叭两臂。加载电阻可以是连续分布或集总电阻的离散分布。

1.4.3 TEM 喇叭脉冲天线

TEM 喇叭天线由平行平板传输线张开成喇叭面形成,又称为阿斯塔宁三角板喇叭天线,也可以理解为有限长 V 锥天线的一种变形。图 1-4 为 TEM 喇叭天线,主要由同轴 - 平板转换、平行板转输线、三角板喇叭臂组成。近年来,国内很多学者对这种天线及其改进形式的脉冲辐射特性进行了深入研究,从阻抗匹配的观点、口径辐射的观点、低频补偿的观点等不同设计思想提出了不同的TEM 喇叭天线结构形式。

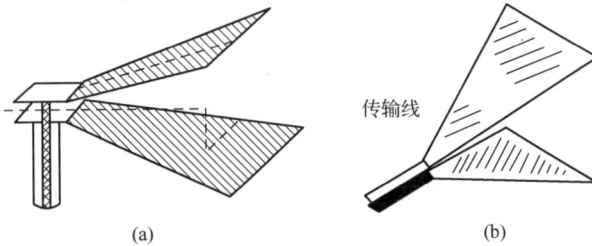

图 1-4　TEM 喇叭天线

(a) 同轴馈电;(b) 平衡传输线馈电。

在高功率超宽带脉冲辐射中,TEM 喇叭天线应用最为广泛,也出现了以TEM 喇叭为馈源的介质凸镜天线以及以 TEM 喇叭为馈源的抛物反射面天线等高功率超宽带电磁脉冲辐射装置,这种天线几何尺寸较大。

高效率、小型化是超宽带高功率脉冲天线研究热点。刘小龙[40]采用 FDTD方法,对"柳叶"TEM 天线、恒阻抗 TEM 喇叭天线及低频补偿 TEM 喇叭天线的反射特性、口面场分布、主轴辐射场特性、辐射场方向特性进行了分析,并对各自的特性进行了比较,给出了 TEM 喇叭天线的辐射特征及其几何尺寸的关系,这些研究结果为在天线设计中选择几何参数提供了依据。

从频域的观点看,对于低频分量,同样条件下辐射能力较差。增加脉冲信号的低频辐射能力是提高效率减少反射的一种有效方法,对减小辐射脉冲失真有利,同时对避免反射功率损坏脉冲发生器也有利。

为减小天线尺寸,TEM 喇叭过渡到平面形喇叭,喇叭两臂没有横向宽度,上、下两臂在一个平面内,两臂之间的缝隙为喇叭平面,如图 1-5 所示。基于平面 TEM 喇叭的阵列天线的特性也有研究[41],提高天线的辐射效率和减小天线馈电处的反射是这种高功率天线研究的目标。张光甫等[42]研究了平面 TEM 喇叭天线的臂长、两板夹角、三角板顶角等尺寸下天线的辐射特性,同时对同轴 – 平板转换结

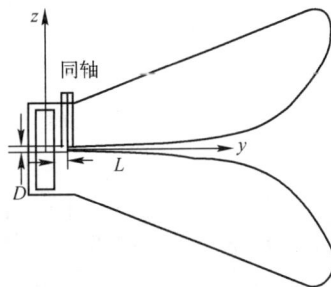

图 1-5　平面 TEM 喇叭天线

9

构的反射和传输特性也给出了7组尺寸下不同的曲线,为工程设计时根据特定的工作频段选择合适的结构尺寸提供了依据。

当喇叭缝隙曲线按指数函数变化时,这种平面喇叭又称为维瓦尔第(Vavil-di)型平面喇叭。基于印制电路板的Vavildi型天线成为研究的热点。

1.4.4 平面印制超宽带天线

按照FCC规定:3.1~10.6GHz频段为短距离、高速率超宽带通信商业应用频段。要把冲激脉冲辐射的频谱控制在3.1~10.6GHz,有两种方法:一种是在冲激脉冲馈入天线前加带通滤波器;另一种是不用滤波器,依靠天线本身在该频带的低电压驻波比和高增益的特性产生3.1~10.6GHz频段的辐射,这时天线也起带通滤波器作用。

产生3.1~10.6GHz频段辐射的印制板平面天线成为近年来研究的热点[43],这种平面天线采用共面波导或微带线馈电,天线形式有平面单极天线、双极天线、平面缝隙天线等。

平面印制天线一般由覆在介质基片同侧或两侧的金属贴片和导体地板(印制电路板)构成,可以是单极天线结构或双极天线结构,多是共面波导馈电和采用微带线馈电[44,45],如图1-6和图1-7所示。这类天线成本低、尺寸小(长或宽为几厘米)、功率小,以便与系统的其他电路集成,可用于微机电系统(MEMS)。

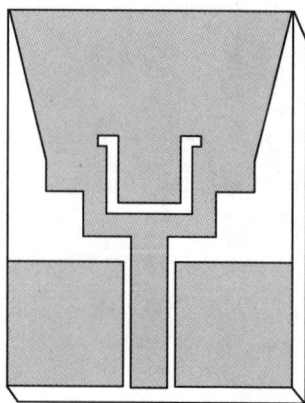

图1-6 共面波导馈电单极天线　　　图1-7 微带线馈电缝隙天线

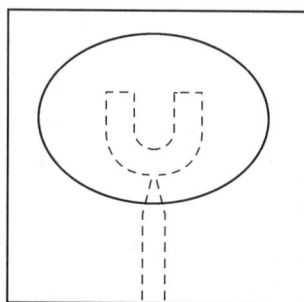

为了展宽频带,可以选择不同介电常数的介质基片或改变金属贴片的形状(如方形、圆形、椭圆形)。文献[46]设计的超宽带印制单极天线在单极贴片上有梯形过渡,地板上开有矩形槽,这相当于在贴片单元与地板之间增加了匹配网络,从而展宽了天线的带宽。在印制板上设计的金属缝隙印制天线也得到了大量研究,通过改变缝隙形状和采用不同的馈电结构展宽阻抗带宽,实现超宽带特性。

为了避免超宽带通信对工作频带为 5.15~5.825GHz 的 IEEE 802.11a 技术标准无线局域网的干扰,有不少天线设计成具有这一频带带阻特性,以减小这个频带的辐射。通过在单极金属贴片上开槽[47,48](图 1-8)或引入寄生振子[49]方式实现带阻功能。

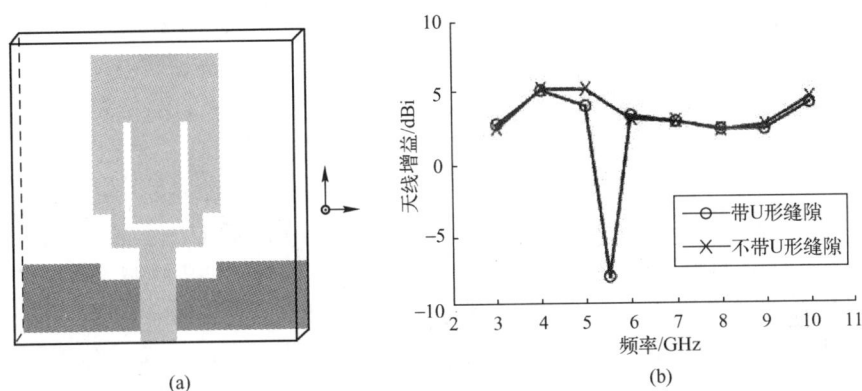

图 1-8 U 形开槽带阻天线结构及增益曲线
(a) 天线结构;(b) 增益曲线。

无线通信技术的发展也推动着天线技术的发展,特别是近年来超宽带通信技术促使了相应天线技术的发展。天线的小型化、高效率、在宽频带内的全方向性是天线研究的主要问题,在某一具体的应用系统中可能对天线的某一性能指标有更高的要求,并以降低其他指标为代价,只有针对具体应用环境进行合理的设计才是最佳的选择。

1.4.5 天线数值计算分析方法

为使天线具有较好的性能,需要从天线的结构设计方面进行考虑。天线问题是以最基本的麦克斯韦电磁场方程或其推导方程为基础的电磁场边界问题,这些方程是非常复杂的微分方程或积分方程。对大多数天线结构来说,不能求出微分方程或积分方程的严格解析解,因此发展了多种用于近似计算微分方程或积分方程的数值计算方法。目前,由于现代快速计算机计算技术和先进数值分析技术出现,解决电磁场问题的计算机仿真给天线设计带来了方便。这种仿真技术能使目标天线在计算机屏幕上更加形象化。在许多情况下,这种仿真实验可比实验室提供更多的信息,且成本低、效率高。通过改变天线形状或尺寸来获得天线参数,计算机仿真通常需要几分钟,最多为几小时,但生产一个新的天线样机和测试则需要几天或更多的时间。仿真模型的精确度可以调整,以得到满意的结果。

用于仿真计算的数值分析方法很多,按数值方法求解的量不同,可以分为两类:一类是求解场源(电流分布或电荷分布);另一类是直接求解空间的电场或磁场矢量或与它们密切相关的量(如洛伦兹电位)。求解场源的方法有矩量法,对导体天线,由矩量法求导体表面电流分布,有了场源就可得到空间电磁场。直接求解空间的电场或磁场矢量的方法包括有限元法(Finite Element Method, FEM)、有限差分法(Finite Difference Methods, FDM)、时域有限差分(Finite Difference Time Domain, FDTD)法、有限积分理论(Finite Integration Technology, FIT)、边界元法(Boundary Element Method, BEM)、传输线法(Transmission Line-matrix Method, TLM)等。国内外很多公司开发出与某种数值技术相关的软件,这些软件基于图形用户接口,在现代个人计算机平台下使用非常方便。

使用 FDTD 法的电磁仿真软件有 Remcom 公司的 XFDTD;基于 FIT 法的电磁仿真软件有德国 CST 公司 Microwave Studio 仿真软件;使用 MoM 作为内核的商用电磁仿真软件主要有 Agilent 公司的先进设计系统(Advanced Design System, ADS)中的向量仿真器 Momentum、Zeland 公司的 IE3D、Ansoft 公司 Ansoft Designer、AWR 公司的 Microwave Office 等;使用 FEM 作为内核的商用电磁仿真软件主要有 Ansoft 公司的高频结构仿真器(High Frequency Structure Simulator, HFSS)和 Ansys 公司的 ANSYS。对于有的问题,直接利用商业软件不方便,需要研究人员专门写程序代码进行仿真分析。

FDM 是用离散形式的有限差分方程近似代替连续性的微分方程,在代数方程中将空间各点待求量的值与其相邻点的值联系起来。传统的 FDM 主要适用于求解标量问题,用于求解静态电磁场。FDTD 法可以直接求解矢量电磁场问题。FDTD 法特别适合于宽带分析,在窄脉冲激励下,通过一次时域计算便可获得天线的宽频带辐射特性,避免了传统频域方法繁琐的逐点计算。这是频域计算方法无法比拟的优点,易于得到计算空间场的暂态分布,有助于深刻理解天线的瞬态辐射特性及其物理过程,利于改进天线的性能。

用 MoM 求解边界积分方程的关键问题是,如何选取合适的基函数对分布在目标表面的未知量展开。细天线选用线电流分布的脉冲基函数、三角基函数、正弦基函数,平面天线或有导电表面的体天线选用面电流分布的 RWG(Rao Wilton Glisson)基函数、屋顶基函数。对于时域脉冲天线,可以首先分析足够多的频率点的天线频域性能,再用傅里叶反变换到时域求得天线特性。

1.5 脉冲天线研究的特殊性

天线可分为谐振天线和非谐振天线。对于工作在正弦波激励的窄带天线,通过天线的谐振特性增加天线的辐射效率,这种天线称为谐振天线。谐振天线工作在谐振频率,馈给天线的大部分无线电信号被辐射。如果天线的输入阻抗和辐射特性在工作的宽频带内不变化,则称为非谐振天线。超宽带脉冲天线应为非谐振天线。

从信号与系统的角度,天线可看成一个系统,激励信号是天线的输入信号,响应信号是天线辐射的信号。要使超宽带脉冲信号通过天线时具有最小的畸变,就要求天线的传输函数在整个带宽中具有平坦的幅频特性和线性相频特性,或者要求天线在信号的主要频带上具有平坦的幅频特性和线性相频特性。

研究表明:大金属地板上的圆锥天线是发射瞬态电磁波的极好天线[50],天线的辐射电磁场与激励点的电压波形相似,如果作为接收天线,则其输出是入射电场的积分;TEM 喇叭天线可用于瞬态电磁场的测量接收天线,其辐射电场是激励点的电压的微分。

1.5.1　脉冲辐射的瞬态性

冲激脉冲信号脉宽可达纳秒或皮秒级。在自然环境中,核爆炸、闪电及电子线路中的大功率电磁脉冲干扰等会产生这种脉冲信号。冲激脉冲信号在空中产生的电磁场具有瞬态性,只有脉冲信号存在纳秒内才有电磁信号。瞬态电磁脉冲信号的辐射、散射及传播特性研究形成了瞬态电磁学[51],它专门研究电磁系统在单个冲激脉冲信号激励下的瞬态响应。能够有效辐射瞬态电磁脉冲的天线研究也是瞬态电磁学研究的另一重要方面,有学者把辐射瞬态电磁脉冲的天线称为瞬态天线[52]。由于脉冲的电磁波是非时谐的,因而其传播、辐射及散射问题在时域研究更有效,这时的脉冲天线也称为时域天线。

对于窄脉冲,可由脉冲的上升时间和脉冲宽度来近似定义脉冲信号的最高频率 f_H 和中位频率 f_M[53]:

$$\begin{cases} f_H = \dfrac{500}{\tau_e} & （GHz） \\[3mm] f_M = \dfrac{500}{T_p} & （GHz） \end{cases} \tag{1-1}$$

式中:τ_e、T_p 分别为脉冲的上升时间和脉冲宽度(ps)。

从时域上看,脉冲天线辐射信号波形是激励波形的微分,图 1-9 为 TEM 角天线辐射脉冲时的波形、频谱变化及其能量损耗。如激励为零阶高斯脉冲,辐射远场处为一阶高斯脉冲,如图 1-9(a)所示;如激励为一阶高斯脉冲,辐射远场处为二阶高斯脉冲,如图 1-9(b)所示。脉冲波形从零阶高斯脉冲转变为一阶高斯脉冲,或从一阶高斯脉冲转变为二阶高斯脉冲,其频谱也随之相应变化,由于天线的低截止频率使脉冲的低频部分不会被辐射出去,因此造成了脉冲能量损耗,但图 1-9(b)情况下的辐射损耗要比图 1-9(a)小 10% ~ 30%。

在系统设计中,需要综合考虑脉冲产生器、发射天线和接收天线对脉冲波形

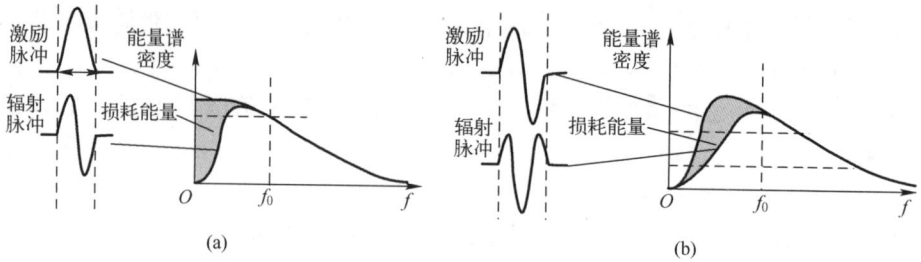

图 1-9 天线发射脉冲时波形、频谱变化及其能量损耗

（a）激励信号为零阶高斯脉冲；（b）激励信号为一阶高斯脉冲。

的影响。接收天线的再次微分效果使接收机天线的输出波形是发射机激励波形的二阶微分。图 1-10 为脉冲信号发射后再接收波形，接收天线负载上的电压波形是发射天线的激励波形的二阶微分，实测波形有拖尾振荡。

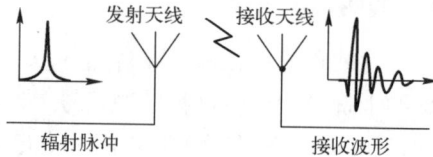

图 1-10 脉冲信号发射后再接收波形

1.5.2 脉冲辐射天线参数表示

表征窄带天线的参数如方向性、增益、辐射效率等是在某一频率下分析辐射功率的变化得到的参数，可从几个频点的参数反映天线带宽内的特性。超宽带脉冲天线占有相当宽的频带，从几个频率的参数不能完整描述天线特性。

对于脉冲天线，类似窄带天线的参数描述，可把辐射功率变换为辐射能量，从能量角度定义参数[54]，如把天线方向图定义为辐射信号能量的空间分布，成为发射能量图，而不是一般意义的场强（或功率）空间分布图，这就要考虑信号的频谱特性和天线的发射传递函数，以及脉冲持续时间内的功率的累积。除能量方向图外，还采用峰值功率方向图、波形上升时间（上升斜率）方向图等衡量脉冲天线的特性。为考查脉冲辐射前与辐射后的波形失真，通过计算相关系数来反映失真大小，定义为保真系数。下面给出参数定义[55]。

1. 方向性系数

采用信号能量定义：

$$D(\theta,\varphi) = \frac{\displaystyle\int_{-\infty}^{\infty} |E_{\mathrm{trans}}(\theta,\varphi,t)|^2 \mathrm{d}t}{\displaystyle\frac{1}{4\pi}\int_{\Omega=0}^{4\pi}\int_{t=-\infty}^{\infty} |E_{\mathrm{trans}}(\theta,\varphi,t)|^2 \mathrm{d}t\mathrm{d}\Omega} \tag{1-2}$$

14

式中:Ω 为单位立体角度,$\mathrm{d}\Omega = r^2\sin\theta\mathrm{d}\theta\mathrm{d}\varphi$;$E_{\mathrm{trans}}(\theta,\varphi,t)$ 为空间某点辐射电场的时间函数。

式(1-2)分子表示在某一方向由天线辐射的能量,分母表示天线辐射的总能量,二者之比称为能量方向性系数。从以上定义的方向性系数可以看出,天线的方向性系数与脉冲持续时间有关。

2. 辐射阻抗

$$R_{\mathrm{rad}} = \frac{\displaystyle\int_{\Omega=0}^{4\pi}\int_{t=-\infty}^{+\infty}\frac{|E_{\mathrm{rans}}(\theta,\varphi,t)|^2}{\eta_0}\mathrm{d}t\mathrm{d}\Omega}{\displaystyle\int_{-\infty}^{+\infty}|I_{\mathrm{in}}(t)|^2\mathrm{d}t} \tag{1-3}$$

式中:$I_{\mathrm{in}}(t)$ 为天线输入电流;η_0 为天线效率。

3. 有效面积

天线用作接收天线时,有效面积可以衡量天线的接收能力,即

$$A_{\mathrm{e}}(\theta,\varphi) = \frac{\displaystyle\int_{-\infty}^{+\infty}|V_{\mathrm{re}}(t)I_{\mathrm{re}}(t)|\mathrm{d}t}{\displaystyle\int_{-\infty}^{+\infty}\frac{|E_{\mathrm{in}}(t)|^2}{\eta_0}\mathrm{d}t} \tag{1-4}$$

式中:$V_{\mathrm{re}}(t)$、$I_{\mathrm{re}}(t)$ 分别为有效电压和电流;E_{in} 为入射电场的电场强度。

4. 增益

$$G(\theta,\varphi) = 4\pi r^2\frac{\displaystyle\int_{-\infty}^{+\infty}\frac{|E_{\mathrm{trans}}(r,\theta,\varphi,t)|^2}{\eta_0}\mathrm{d}t}{\displaystyle\int_{-\infty}^{+\infty}V_{\mathrm{in}}(t)I_{\mathrm{in}}(t)\mathrm{d}t} \tag{1-5}$$

式中:$V_{\mathrm{in}}(t)$、$I_{\mathrm{in}}(t)$ 分别为天线输入电压和电流。

5. 波形保真系数

波形保真系数作为脉冲天线性能的重要衡量参数,发射天线波形保真系数定义为输入电压的时间导数与辐射场的互相关系数,接收天线波形保真系数定义为入射场与接收电压的互相关系数,其值介于 0~1。

发射天线的归一化波形保真系数为

$$F = \frac{|\rho_{12}(\tau)|}{\sqrt{\rho_{11}(\tau)\rho_{22}(\tau)}} \tag{1-6}$$

式中:$\rho_{11}(\tau)$ 为输入电压微分的自相关系数;$\rho_{12}(\tau)$ 为输入电压的微分与辐射电场的互相关系数;$\rho_{22}(\tau)$ 为辐射电场的自相关系数。$\rho_{11}(\tau)$、$\rho_{12}(\tau)$、$\rho_{22}(\tau)$ 可分别表示为

$$\rho_{11}(\tau) = \int_{-\infty}^{+\infty}\frac{\mathrm{d}V_{\mathrm{in}}(t)}{t}\frac{\mathrm{d}V_{\mathrm{in}}(\tau-t)}{\tau-t}\mathrm{d}t$$

$$\rho_{12}(\tau) = \int_{-\infty}^{+\infty} \frac{\mathrm{d}V_{\mathrm{in}}(t)}{t} E_{\mathrm{trans}}(\tau - t)\,\mathrm{d}t$$

$$\rho_{22}(\tau) = \int_{-\infty}^{+\infty} E_{\mathrm{trans}}(t) E_{\mathrm{trans}}(\tau - t)\,\mathrm{d}t$$

天线不再满足互易原理,天线的发射瞬态响应与同一天线的接收瞬态响应的微分成正比关系。对于接收天线,保真系数由入射电场的电场强度与接收电压直接求相关系数得出。

Allen 等[55]给出了时域天线参数的计算式,并以高斯脉冲作为天线激励源,双锥天线作为发射天线,TEM 喇叭天线和加载 TEM 喇叭作为接收天线,测试得到了发射波形保真系数和接收波形保真系数,也得到了两种天线在不同离轴角的保真系数,比较了两种天线的优劣,这说明保真系数可以作为一副超宽带天线是否保真的依据和标准。同时发现,波形保真系数对脉冲形状是敏感的,同一副天线对一种脉冲的波形保真系数大,而对另一种脉冲的波形保真系数小。

1.5.3　脉冲天线的馈电问题

由于高速脉冲源往往由同轴线输出,同轴线是不对称结构,对于脉冲辐射应用较多的双锥天线、蝴蝶结天线、双极线天线等对称结构的天线,馈电时需要解决不对称到对称转换的问题,通常需设计平衡转换器。

另外,馈电还要实现阻抗变换,使馈线与天线有良好的阻抗匹配。需要在馈线与天线输入端间设计安装阻抗变换器,一般来说,平衡变换器也兼有阻抗变换作用。应用于脉冲天线不对称到对称转换的设计,除须满足带宽要求外,还必须满足线性相移要求。

1.5.4　脉冲天线的时域近场测量技术

由于脉冲天线的频谱很宽,频域测量参数不能很好地描述脉冲天线的特性,时域近场测量技术更适合测量脉冲天线。从 1994 年开始有学者研究了时域近场远场转换、采样理论与计算方法,以及时域校准理论[56, 57]。如图 1–11 所示时域近场测量系统方案由三部分组成[58]:第一部分是收发器,时域信号源为加拿大 Avtech Electro-Systems 公司的 AVH-S-1-B 型脉冲产生器,时域信号接收器为美国 Tektronix 公司的 TDS8000B 型采样示波器;第二部分为时域校准系统,由一系列不同频段的采样探头和时基校准探头组成;第三部分为测试平台,在平台上,采样探头可在四维方向移动,X 维、Y 维、Z 维以及极化旋转,X、Y 方向最大可以移动 1.75m,Z 方向可以移动 16cm。采样精度在 X、Y、Z 方向为 0.05mm,旋转精度为 0.1°。若要获得远场方向图:一是需要被测天线的时域近场到频域近场的转换,同时须得到频域探测校准信号;二是需要被测天线的时域近场到时域远场的转换,即基于时域近场远场转换理论和时域探测校准,并用傅里叶变换得到天线的时域远场图。这些处理是通过软件实现的。

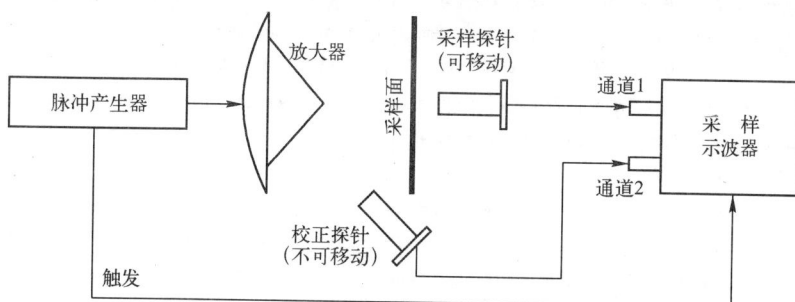

图 1-11　时域近场测量系统方案

参 考 文 献

［1］ Neal A. Ground-penetrating radar and its use in sedimentology：principles，problems and progress［J］. Earth-Science Reviews，2004（66）：261－330.

［2］ 陈义群,肖柏勋. 论探地雷达现状与发展［J］. 工程地球物理学报,2005,2（2）：149－155.

［3］ Fontana R J. Recent system applications of short-pulse ultra-wideband technology［J］. IEEE Microwave Theory and Tech,2004,52（9）：2087－2090.

［4］ Fowler C,Entzminger J,Corum J. Report：Assessment of ultra-wideband（UWB）technology［J］. IEEE A&E Systems Magazine,1990,11：45－50.

［5］ Tmmoreev I Y,Taylor J D. Ultra-wideband radar special features & terminology. IEEE A&E Systems Magazine,2005,5.

［6］ Wheeler P,Daniels D J. Ultra-wideband impulse radar［C］. IEEE 4th International Symposium on Spread Spectrum Techniques and Applications Proceedings,1996,1（1）：171－175.

［7］ 李海英,杨汝良. 超宽带雷达的发展、现状及应用［J］. 遥感技术与应用,2001,16（3）：178－183.

［8］ 赵尚弘,杨晓铁,谢小平. 超宽带冲击雷达与反隐形技术［J］. 空军工程大学学报（自然科学版）,2000,1（2）：82－85.

［9］ 胡伟东,等. 超宽带雷达技术的新进展［J］. 无线电工程,2005,35（1）：35－37.

［10］ Greenspan A. Standards and the ultra-wideband radar committee（UWBRC）of the IEEE aerospace and electronic systems society（AESS）［J］. IEEE Aerospace & Electronic Systems Magazine,2005,20（8）：40－41.

［11］ 白冰,周健. 探地雷达测试技术发展概况及其应用现状［J］. 岩石力学与工程学报,2001,20（4）：527－531.

［12］ 肖兵,周翔,汤井田. 探地雷达技术及其应用和发展［J］. 物探与化探,1996（5）：378－383.

［13］ 周杨,冷元宝,赵圣立. 路用探地雷达的应用技术研究进展［J］. 地球物理学进展,2003,18（3）：481－486.

［14］ 徐玉清,张国进,高攀. 冲击脉冲雷达探雷［J］. 电波科学学报,2001,16（4）：546－550.

［15］ Montoya T P,Smith G S. Land mine detection using a ground-penetrating radar based on resistively loaded vee dipoles[J]. IEEE Transactions on Antennas and Propagation,1999,47(12):1795 – 1806.

[16] 孟凡宝. 高功率超宽带电磁脉冲的产生和辐射[D]. 成都:西南交通大学,1999.

[17] Agee F J,Scholfield D W,Prather W D,et al. Powerful ultra-wideband RF emitters:status and challenges [J],Proceedings of SPIE-The International Society for Optical Engineering,1995,2557:58 – 63.

[18] 刘培国. 超宽带信号辐射与散射研究[D]. 长沙国防科学技术大学,2001.

[19] Ross G F,Mass L. Transmission and reception system for generating and receiving base-band duration pulse signals without distortion for short base-band pulse communication system[P]. U. S. Patent 3728632,1973,17.

[20] Barrett T W. History of ultra-wideBand(UWB) radar & communications:pioneers and innovators[C]. Progress in Electromagnetics Symposium 2000(PIERS2000),Cambridge,MA,July,2000.

[21] Robert F,Aitan A,Edward R,et al. Recent advances ultra-wideband communications systems[J]. IEEE Conference on Ultra Wideband Systems and technoligics,2002.

[22] 葛利嘉,等. 超宽带无线通信[M]. 北京:国防工业出版社,2005.

[23] 贝尼迪特,等. 超宽带无线电基础[M]. 葛利嘉,等译. 北京:电子工业出版社,2005.

[24] 张弘,王保义,刘长军,等. 低强度瞬态电磁脉冲对细胞膜的电穿孔效应及机理研究[J]. 生物医学工程学杂志,1999,16(4):467 – 470.

[25] 马雪莲,郭庆功,刁永锋. 低强度瞬态电磁脉冲对淋巴细胞影响的实验研究[J]. 四川师范学院学报(自然科学版),2002,23(2):113 – 117.

[26] 邹方东,徐柳,王喜忠. 瞬态电磁脉冲对细胞增殖的影响[J]. 四川大学学报(自然科学版),2000, 37(5):748 – 752.

[27] Staderini E M. UWB radars in medicine[J]. IEEE Aerospace and Electronic Systems Magazine,2002,17 (1):13 – 18.

[28] 路国华,杨国胜,王健琪,等. 基于微功率超宽带雷达检测人体生命信号的研究[J]. 医疗卫生装备,2005,26(2):15 – 16.

[29] 李卉. 一种新型平面阿基米德螺旋天线的分析与设计[J]. 雷达与对抗,2006,(3):43 – 45.

[30] Eibert T F,Volakis J L,et al. Antenna Engineering Handbook. 4th ed. The McGraw-Hill Companies. 2007.

[31] WU T T,King R W P. The Cylindrical antenna with nonreflecting resistive loading[J]. IEEE transactions and propagation,1965,12(3):369 – 373.

[32] Montoya T P,Smith G S. A study of pulse radiation from several broad-band loaded monopole[J]. IEEE Trans. on AP,1996,44(8):1172 – 1182.

[33] 吴昌英,张璐,许家栋. 加载单极子天线的时域辐射特性[J]. 电波科学学报,2002,17(3):296 – 299.

[34] 王敏男,马兴峰. 连续电阻加载偶极天线的电流分布[J]. 河南职业技术师范学院学报,2002,20 (3):45 – 48.

[35] 毛从光,周辉. 两种分布加载电磁脉冲天线的 FDTD 方法模拟[J]. 核电子学与探测技术,2003,23 (4):357 – 360.

[36] 岳欣,康行健,费元春. 球形和锥形加载单极子天线的宽带特性研究[J]. 微波学报,2000,16(4): 329 – 335.

[37] 黄冶,尹成友. FDTD analysis of transient radiation from Wu-King resistive dipole antenna[J]. 强激光与粒子束,2006,18(1):105 – 108.

[38] 张春青,邹卫霞. 并联介质加载折叠臂偶极天线的辐射特性[J]. 无线电工程,2006,36(8):34 – 36.

[39] 郭玉春,史小卫. 高效电阻加载天线理论研究[J]. 电波科学学报,2007,22(2):276-280.

[40] 刘小龙. 超宽带高功率脉冲天线研究[D]. 西安:西安交通大学,2003.

[41] Wu F T,Zhang G F,Yuang X L,etal. Research on ultra-wide band planar vivaldi antenna array[J]. Microwave and Optical Technology Letters,2006,48(10):2117-2121.

[42] 张光甫. 瞬态天线及其在超宽带雷达中的应用[D]. 长沙:国防科学技术大学,2004.

[43] 钟顺时,梁仙灵,延晓荣. 超宽带平面天线技术[J]. 电波科学学报,2007,22(2):308-315.

[44] 白晓锋,钟顺时,梁仙灵. 翼形地板超宽带印刷天线[J]. 上海大学学报,2006,12(2):125-128.

[45] 姚凤薇,钟顺时. 新型带扇形馈源的宽带缝隙天线[J]. 电波科学学报,2005,20(5):675-677.

[46] Jung J H,Choi W Y,Choi J H. A small wideband microstrip-fed monopole antenna[J]. IEEE Microwave and Wireless Component Letters,2005,15(10):703-705.

[47] Huang C Y,Hsia W C,Kuo J S. Planar ultra-wideband antenna with a band-notched characteristic[J]. Microwave and Optical Technology Letters. 2006,48(1):99-101.

[48] Jung N L,Jong K P. Impedance characteristics of trapezoidal ultra-wideband antennas with a notch function[J]. Microwave and Optical Technology Letters. 2005,46(5):503-506.

[49] Kim K H,Cho Y J,Wang S H,et al. Band-notched UWB planar monopole antenna with two parasitic patches[J]. Electron Lett,2005,41(14):783-785.

[50] Andrews J R. UWB signal sources,antennas & propagation[C]. 2003 IEEE Topical Conference on Wireless Communication Technology,2003:439-440.

[51] 董晓龙,汪文秉. 瞬态电磁学的新进展——超宽带、短脉冲电磁学的理论和应用[J]. 电子科技导报,1997,(12):20-25.

[52] 张光甫. 瞬态天线及其在超宽带雷达中的应用[D]. 长沙:国防科学技术大学,2004.

[53] Foster P R. UWB antenna issues[J]. 2004. IEE Seminar on Ultra Wideband Communications Technologies and System Design,2004:69-88.

[54] Lamensdorf D,Susmad L. Baseband-pulse-antenna techniques[J]. IEEE Antennas and Propagation Magazine,1994,36(1):20-30.

[55] Allen O E,Hill D A. Time-domain antenna characterizations[J]. IEEE Transactions on Electromagnetic Compatibility,1993,35(3):339-346.

[56] Hansen T B,Yaghjian A D. Planar Near-Field Scanning in the Time Domain,Part 1:Formulation[J]. IEEE Transactions on Antennas and Propagation,1994,42(9).

[57] 刘木林,张士选. 脉冲天线近场测量技术[J]. 西安电子科技大学学报(自然科学版),2005,32(2):242-246.

[58] Wang N,Xue Z H,Yang S M,et al. Antenna time domain planar near field measurement system[J]. International Journal on Wireless and Optical Communications,2006,3(2):127-133.

第 2 章　超宽带脉冲信号

在超宽带脉冲无线电通信系统中，脉冲是信息载体，通过对脉冲的调制加载要传输的信息。因此，超宽带系统中脉冲信号的作用与常规无线通信系统中的正弦载波类似。本章讨论几类典型脉冲信号的性质和特点，以及超宽带脉冲信号波形设计。对脉冲信号主要从时域和频域两个方面考查了其特性。对超宽带脉冲信号进行波形设计时，主要考虑美国 FCC 对频谱辐射功率要求。在系统实现时，还要考虑产生这些信号的复杂性，大多只能在理论上近似产生这些信号。

2.1　脉冲信号的时频参数

脉冲信号又称为瞬态信号，是指持续时间有限且能量也有限的信号。其持续时间为纳秒或亚纳秒量级，频谱宽度为吉赫量级。

信号频谱带宽一般用相对带宽（或宽带指数）定义，即

$$\mu = \frac{\Delta f}{f_0} = 2\frac{f_H - f_L}{f_H + f_L} \tag{2-1}$$

式中：Δf 为信号频谱宽度，$\Delta f = f_H - f_L$；f_0 为中心频率，$f_0 = \frac{1}{2}(f_H + f_L)$；$f_H$、$f_L$ 分别为信号频谱的上限频率和下限频率。

按照美国联邦通信委员会的定义，信号的上、下限频率取为信号归一化功率谱的 -20dB 点。由式（2-1）可见

$$0 \leqslant \mu \leqslant 2 \tag{2-2}$$

当 $f_H = f_L$，即信号为单频信号时，μ 取最小值。当 $f_L = 0$，即信号含有直流分量时，μ 取最大值 2。一般称：$\mu < 1\%$ 的信号为窄带信号；$1\% < \mu < 25\%$ 的信号为宽带信号；$\mu > 25\%$ 的信号为超宽带信号，脉冲信号一般都有 $\mu > 25\%$ 属于超宽带信号。

2.1.1　脉冲信号的时宽

对于一个任意的时域信号 $s(t)$，其所包含的总能量为

$$E_t = \int_{-\infty}^{+\infty} |s(t)|^2 \mathrm{d}t \tag{2-3}$$

则能量归一化时间密度函数

$$\hat{s}(t) = \frac{s(t)}{\sqrt{E_t}} \tag{2-4}$$

满足

$$\int_{-\infty}^{+\infty} |\hat{s}(t)|^2 dt = 1 \tag{2-5}$$

借用概率论中的概念,该密度函数对时间信号 $g(t)$ 的平均值定义为

$$< g(t) > = \int_{-\infty}^{+\infty} g(t) |\hat{s}(t)|^2 dt \tag{2-6}$$

从而其平均时间 $<t>$ 为

$$< t > = \int_{-\infty}^{+\infty} t |\hat{s}(t)|^2 dt \tag{2-7}$$

平均时间 $<t>$ 给出能量密度分布的大致特征,表示密度集中在什么时间。信号时宽 T 定义为标准偏差 σ_t,即

$$T^2 = \sigma_t^2 = \int_{-\infty}^{+\infty} (t - < t >)^2 |\hat{s}(t)|^2 dt = < t^2 > - < t >^2 \tag{2-8}$$

T 或 σ_t 用来确定密度集中在平均值周围的程度,σ_t 越小,表明信号的大部分集中在平均时间的周围,而且将会迅速消失。对于高斯型的短时宽信号,信号主要集中在 $<t> \pm 3\sigma_t$,因而 $6\sigma_t$ 常作为信号时间宽度的量度。

2.1.2 脉冲信号的频宽

应用关于时间的傅里叶变换,有如下傅里叶变换对:

$$s(t) = \frac{1}{2\pi} \int_{-\infty}^{+\infty} S(\omega) e^{-j\omega t} d\omega \tag{2-9}$$

$$S(\omega) = \int_{-\infty}^{+\infty} s(t) e^{j\omega t} dt \tag{2-10}$$

式中:ω 为角频率,$\omega = 2\pi f$。

与信号的时域表示一样,频谱 $S(\omega)$ 所包含的总能量为

$$E_\omega = \int_{-\infty}^{+\infty} |S(\omega)|^2 d\omega \tag{2-11}$$

能量归一化频率密度函数为

$$\hat{S}(\omega) = \frac{S(\omega)}{\sqrt{E_\omega}} \tag{2-12}$$

满足

$$\int_{-\infty}^{+\infty} |\hat{S}(\omega)|^2 d\omega = 1 \tag{2-13}$$

密度函数对频域信号 $g(\omega)$ 的平均值定义为

$$< g(\omega) > = \int_{-\infty}^{+\infty} g(\omega) |\hat{S}(\omega)|^2 d\omega \tag{2-14}$$

平均频率 $<\omega>$ 为

$$<\omega> = \int_{-\infty}^{+\infty} \omega \mid \hat{S}(\omega) \mid^2 \mathrm{d}\omega \qquad (2-15)$$

$<\omega>$ 给出能量密度分布集中在哪个频率处。

信号带宽 B 定义为频域标准偏差 σ_ω,即

$$B^2 = \sigma_\omega^2 = \int_{-\infty}^{+\infty} (\omega - <\omega>)^2 \mid \hat{S}(\omega) \mid^2 \mathrm{d}\omega = <\omega^2> - <\omega>^2 \qquad (2-16)$$

B 用来确定密度集中在平均频率周围的程度,其值越小,信号带宽越窄,表明信号的大部分集中在平均频率的周围。对于高斯实信号,其频谱共轭对称,信号主要集中在 $<\omega> \pm 3\sigma_\omega$,因而 $6\sigma_\omega$ 常作为信号频宽的度量。

2.2 常见脉冲信号

2.2.1 单极性脉冲信号

单极性脉冲是指脉冲幅值取正值的脉冲,这种脉冲会有直流频率成分,且低频分量丰富。下面给出的脉冲信号功率谱由 Matlab 中 FFT 函数计算出,时域采样率 20GHz,1024 点 FFT,并作归一化处理。

1. 指数脉冲信号

指数脉冲信号是只有一种极性的短脉冲信号,其时域表达式为

$$s(t) = s_0 \left(\frac{t}{\tau} \right)^2 \mathrm{e}^{-\frac{2t}{\tau}}, \quad \tau > 0 \qquad (2-17)$$

式中: τ 为脉冲上升时间。

频谱函数为

$$S(f) = \frac{[6(2\pi f)^2 \tau^2 - 8]^2 + [12 \times 2\pi f\tau - (2\pi f)^3 \tau^3]^2}{[(2\pi f)^2 \tau^2 + 4]^6} \qquad (2-18)$$

当 $\tau = 1\mathrm{ns}$, $s_0 = \mathrm{e}^2$ 时,时域波形如图 2-1(a)所示,归一化功率谱如图 2-1(b)所示。

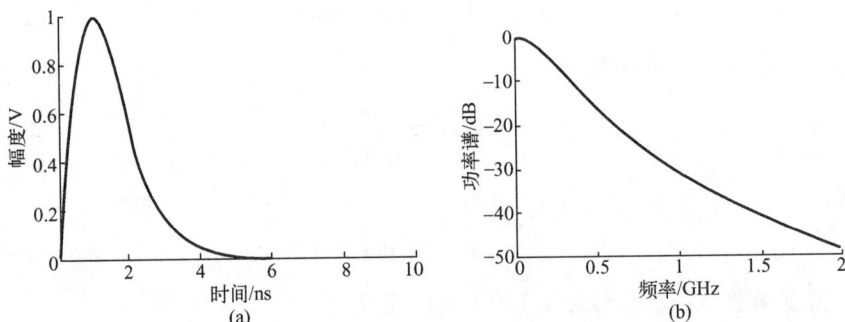

图 2-1 指数脉冲信号
(a) 时域波形;(b) 归一化功率谱。

2. 双指数脉冲信号

双指数脉冲信号的时域表达式为

$$s(t) = A(e^{-\alpha t} - e^{-\beta t}) \tag{2-19}$$

频谱函数为

$$S(f) = A\left(\frac{1}{\alpha + j2\pi f} - \frac{1}{\beta + j2\pi f}\right) \tag{2-20}$$

当 $A = 5.25 \times 10^4 \mathrm{V/m}$，$\alpha = 4 \times 10^6 \mathrm{s}^{-1}$，$\beta = 4.76 \times 10^8 \mathrm{s}^{-1}$ 时，双指数脉冲称为 Bell 波形；当 $A = 1\mathrm{V/m}$，$\alpha = 4 \times 10^8 \mathrm{s}^{-1}$，$\beta = 4.76 \times 10^{10} \mathrm{s}^{-1}$ 时，双指数脉冲信号的时域波形及归一化功率谱如图 2-2(a)、(b)所示。

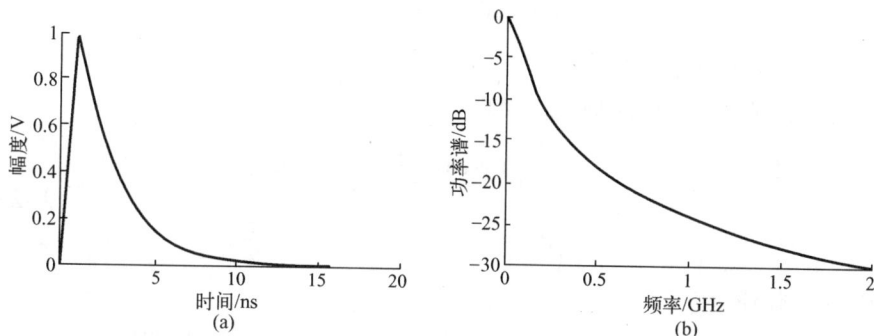

图 2-2　双指数脉冲信号

（a）时域波形；（b）归一化功率谱。

3. 高斯脉冲信号

基本高斯脉冲信号波形表达式为

$$s(t) = A_{\mathrm{p}} e^{-\frac{2\pi t^2}{\alpha^2}} \tag{2-21}$$

式中：α 为成形因子，α 取值不同，信号的幅度与时宽也不同。

基本高斯脉冲信号的能量为

$$E_{\mathrm{p}} = \int_{-\infty}^{+\infty} s^2(t)\mathrm{d}t = \int_{-\infty}^{+\infty} A_{\mathrm{p}}^2 e^{-\frac{4\pi t^2}{\alpha^2}}\mathrm{d}t = A_{\mathrm{p}}^2 \int_{-\infty}^{+\infty} e^{-\frac{4\pi t^2}{\alpha^2}}\mathrm{d}t = \frac{A_{\mathrm{p}}^2 \alpha}{2} \tag{2-22}$$

可见，$s(t)$ 具有单位能量的条件为

$$A_{\mathrm{p}} = \pm\sqrt{\frac{2}{\alpha}} \tag{2-23}$$

高斯脉冲信号的时域表达式又可写为

$$s(t) = \sqrt{\frac{2}{\alpha}} \exp\left(-\frac{2\pi t^2}{\alpha^2}\right) \tag{2-24}$$

令 $\alpha = 2$，时域平移 4ns 时，则高斯脉冲信号的时域波形和频谱曲线如图 2-3 (a)、(b)所示。

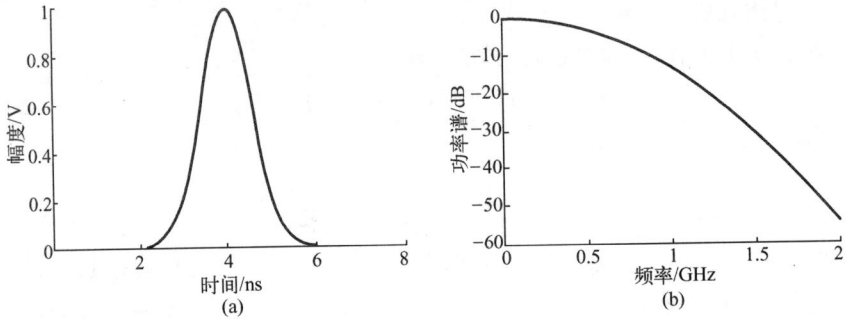

图 2-3 高斯脉冲信号

（a）时域波形；（b）归一化功率谱。

4. 升余弦脉冲信号

升余弦脉冲信号的时域表达式为

$$s(t) = \begin{cases} \dfrac{1}{2}\left(1 + \cos\dfrac{2\pi}{\tau}t\right), & |t| < \dfrac{\tau}{2} \\ 0, & |t| > \dfrac{\tau}{2} \end{cases} \quad (2-25)$$

式中：τ 为脉冲宽度。

这里令 $\tau = 1\mathrm{ns}$，时域平移 $1\mathrm{ns}$ 时，则升余弦脉冲信号的时域波形和功率谱如图 2-4（a）、（b）所示。

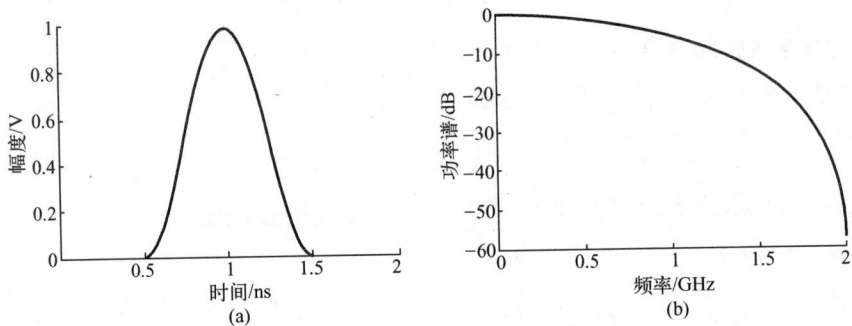

图 2-4 升余弦脉冲信号

（a）时域波形；（b）归一化功率谱。

5. 截断三余弦脉冲信号

截断三余弦脉冲信号的时域表达式为

$$s(t) = \begin{cases} 10 - 15\cos\omega_1 t + 6\cos\omega_2 t - \cos\omega_3 t, & 0 \leq t \leq \tau \\ 0, & \text{其他} \end{cases} \quad (2-26)$$

式中：τ 为脉冲宽度；$\omega_i = 2\pi i/\tau (i = 1,2,3)$。

截断三余弦脉冲信号波形与高斯脉冲信号波形相似，但在脉冲的两个端点，

24

对时间的前 5 阶导数都为 0,因此比高斯脉冲信号波形在起始和终止时刻具有更好的平滑性。计算该脉冲的频谱时,可以利用升余弦脉冲的结果,因为

$$s(t) = \begin{cases} 30\left[\frac{1}{2}\left(1 - \cos\frac{2\pi t}{\tau}\right)\right] - 12\left[\frac{1}{2}\left(1 - \cos\frac{2\pi t}{\tau/2}\right)\right] + 2\left[\frac{1}{2}\left(1 - \cos\frac{2\pi t}{\tau/3}\right)\right], & 0 \leqslant t \leqslant \tau \\ 0, & \text{其他} \end{cases}$$

(2-27)

其频谱表达式比较复杂。图 2-5 为 $\tau = 1$ 时的时域波形和归一化功率谱,上限频率 $f_H = 2.68/\tau$,宽带指数 $\mu = 2$。

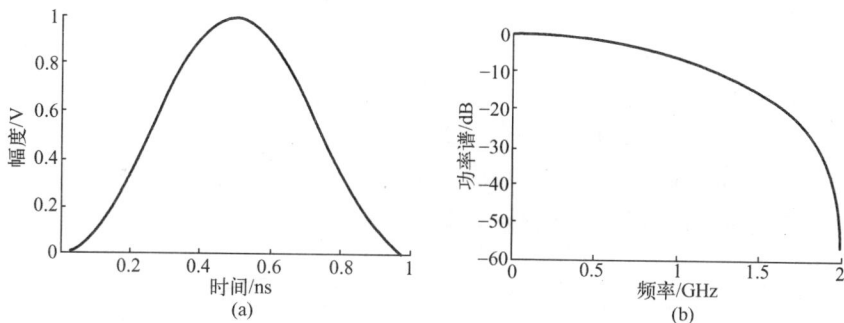

图 2-5　截断三余弦脉冲信号

（a）时域波形；（b）归一化功率谱。

2.2.2　双极性脉冲信号

双极性脉冲是指脉冲幅值有正有负的波形信号,这种脉冲信号不含直流频谱分量,更适合于天线辐射。

1. 双高斯脉冲信号

双高斯脉冲信号的时域表达式为

$$s(t) = \frac{\sqrt{\alpha_1}}{\sqrt{\alpha_1} - \sqrt{\alpha_2}}\exp\left(-\alpha_1\left(t - t_0\right)^2\right) -$$

$$\frac{\sqrt{\alpha_2}}{\sqrt{\alpha_1} - \sqrt{\alpha_2}}\exp\left(-\alpha_2\left(t - t_0\right)^2\right), \alpha_1 > \alpha_2 > 0 \quad (2-28)$$

式中:指数项前面的系数既保证该脉冲直流分量为 0,又保证在 t_0 时刻取单位幅度。

频谱函数为

$$S(f) = \frac{\sqrt{\pi}}{\sqrt{\alpha_1} - \sqrt{\alpha_2}}\left[\exp\left(-\frac{\pi^2}{\alpha_1}f^2\right) - \exp\left(-\frac{\pi^2}{\alpha_2}f^2\right)\right]\exp(j2\pi f t_0) \quad (2-29)$$

该脉冲的优点是通过调整 α_1、α_2 的值,可以方便地调整其频谱分布,α_1 主

要控制上限频率,α_2 控制下限频率,在 $f = \dfrac{\tau}{\pi}\sqrt{(k\ln k)/(k-1)}$ 时取最大值

$\dfrac{\sqrt{\pi}(k-1)}{(\sqrt{k}-1)\tau}e^{-(k\ln k)/(k-1)}$,其中,$k = \alpha_1/\alpha_2,\tau = \sqrt{\alpha_2},t_0 = 4\tau$。另外,该脉冲只有三个时间瓣,且时间瓣之间有明显的幅度差别,这一点在雷达探测中根据回波波形获取目标特征信息时特别有用。当 $\alpha_1 = 4\times10^{18}$ 或 $\alpha_1 = 2\times10^{18},\alpha_2 = 1\times10^{18}$,$t_0 = 4$ns 时,双高斯脉冲信号的时域波形及归一化功率谱如图 2-6(a)、(b)所示,对不同的 k 值,其上、下限频率和宽带指数如下:

当 $k = 1.2$ 时,有

$f_L = 0.065/\tau, f_H = 0.74/\tau, \mu = 1.677$

当 $k = 4$ 时,有

$f_L = 0.081/\tau, f_H = 1.11/\tau, \mu = 1.728$

当 $k = 16$ 时,有

$f_L = 0.094/\tau, f_H = 2.03/\tau, \mu = 1.823$

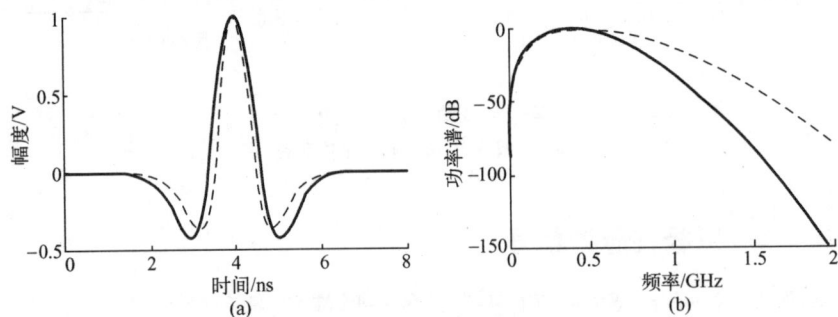

图 2-6 双高斯脉冲信号(虚线 $k = 4$,实线 $k = 2$)

(a) 时域波形; (b) 归一化功率谱。

2. 截断三正弦脉冲信号

将截断三余弦脉冲信号对时间求导便得到截断三正弦脉冲信号,其时域表达式为

$$s(t) = \begin{cases} 15\omega_1\sin\omega_1 t - 6\omega_2\sin\omega_2 t + \omega_3\sin\omega_3 t, & 0 \leqslant t \leqslant \tau \\ 0, & \text{其他} \end{cases} \qquad (2\text{-}30)$$

式中:τ 为脉冲宽度,$\omega_i = 2\pi i/\tau(i = 1,2,3)$。

其波形与微分高斯脉冲信号波形相似,没有直流分量,但具有更好的平滑性。峰值频率点 $f = 1.3/\tau$,上、下限频率点 $f_L = 0.08/\tau, f_H = 3.26/\tau$,宽带指数 $\mu = 1.9$,当 $\tau = 1$ns 时,截断三正弦脉冲信号的时域波形及归一化功率谱如图 2-7(a)、(b)所示。

3. Ricker 小波脉冲信号

Ricker 小波脉冲信号类似于二次微分的高斯脉冲信号,没有直流分量,频谱

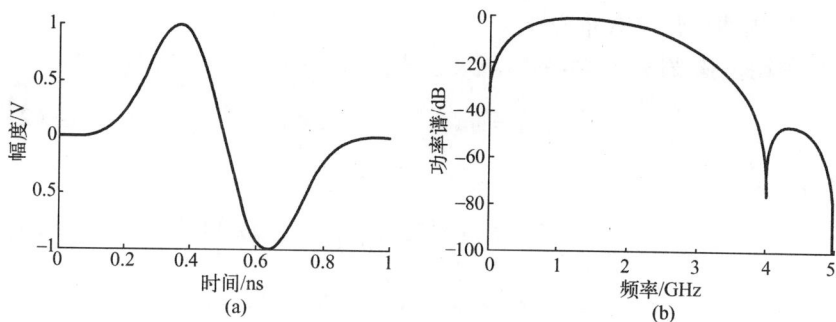

图 2-7 截断三正弦脉冲信号

（a）时域波形；（b）归一化功率谱。

仅由一个参数控制，其信号形式为

$$s(t) = \left[1 - 2\pi^2 f_R^2 (t - t_R)^2 \right] \exp\left[-\pi^2 f_R^2 (t - t_R)^2 \right] \tag{2-31}$$

式中：f_R 为峰值频率点；t_R 为时延。

频谱函数为

$$S(f) = \frac{2}{f_R \sqrt{\pi}} \left(\frac{f}{f_R} \right)^2 \exp\left[-\left(\frac{f}{f_R} \right)^2 \right] \exp(-j2\pi f t_R) \tag{2-32}$$

Ricker 小波脉冲信号波形及其归一化功率谱如图 2-8（a）、（b）所示，其中 $t_R = 4/f_R$，$-20\mathrm{dB}$ 点为 $f_L = 0.2 f_R$、$f_H = 2.2 f_R$，宽带指数 $\mu = 1.64$。其平均时间和时宽及平均频率和频宽计算结果如下：

$$< t > = t_R, \quad \sigma_t = \frac{\sqrt{7}}{\pi \sqrt{12}} \cdot \frac{1}{f_R}$$

$$< f > = \frac{4\sqrt{2}}{3\sqrt{\pi}} f_R \approx f_R, \quad \sigma_f = \frac{\sqrt{45\pi - 128}}{6\sqrt{\pi}} f_R \approx \frac{f_R}{3}$$

可以看出，其结果与直观现象很吻合。

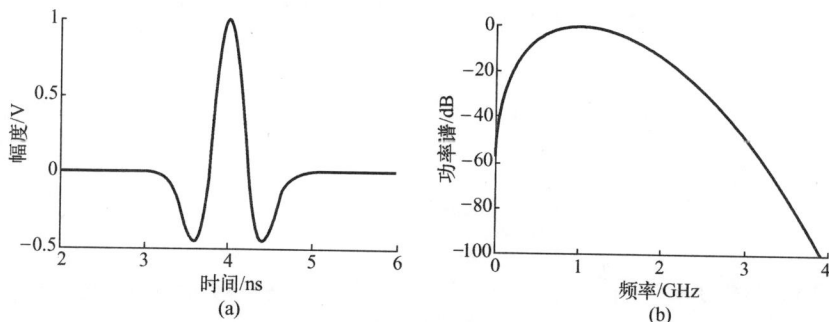

图 2-8　Ricker 小波脉冲信号

（a）时域波形；（b）归一化功率谱。

4. 单周期正弦波脉冲信号

单周期正弦波脉冲信号的时域表达式为

$$s(t) = \sin \frac{2\pi t}{\tau}, \quad 0 \le t \le \tau \tag{2-33}$$

频谱函数为

$$S(f) = \frac{\tau}{\pi} \cdot \frac{\sin(\pi f \tau)}{1 - (f\tau)^2} \exp\left[j\left(\frac{\pi}{2} - \pi f \tau \right) \right] \tag{2-34}$$

峰值频点 $f = 0.84/\tau$，主峰上、下限频率 $f_L = 0.04/\tau$，$f_H = 1.87/\tau$，宽带指数 $\mu = 1.92$。其平均时间和时宽为

$$<t> = \frac{\tau}{2}, \quad \sigma_t = \frac{\sqrt{2\pi^2 - 3}}{2\pi\sqrt{6}}\tau \approx 0.266\tau \tag{2-35}$$

$\tau = 1\text{ns}$ 时,单周期正弦波脉冲信号的时域波形及其归一化功率谱如图2-9(a)、(b)所示。

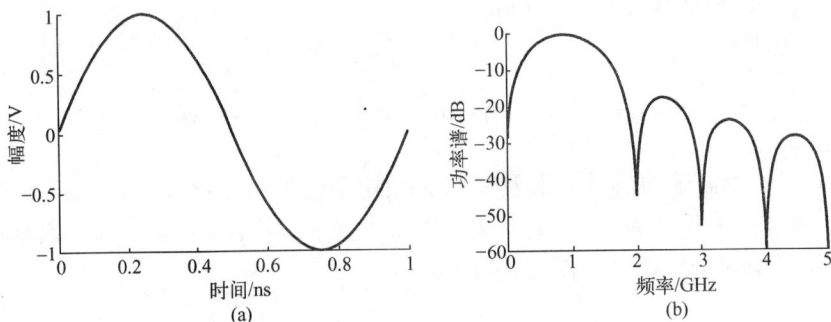

图2-9 单周期正弦波信号
(a)时域波形;(b)归一化功率谱。

5. 高斯微分脉冲信号

基本高斯脉冲信号的微分脉冲信号的时域波形和频谱密度与基本高斯脉冲信号有所不同,对基本高斯脉冲信号 $s(t)$ 求 $1 \sim 3$ 阶导数,可得:

1阶导数为

$$s'(t) = A_p \left(-\frac{4\pi t}{\alpha^2} \right) e^{-\frac{2\pi t^2}{\alpha^2}} \tag{2-36}$$

2阶导数为

$$s^{(2)}(t) = A_p \frac{4\pi}{\alpha^4} e^{-\frac{2\pi t^2}{\alpha^2}} \left[-\alpha^2 + 4\pi t^2 \right] \tag{2-37}$$

3阶导数为

$$s^{(3)}(t) = A_p \frac{(4\pi)^2}{\alpha^6} t e^{-\frac{2\pi t^2}{\alpha^2}} \left[3\alpha^2 - 4\pi t^2 \right] \tag{2-38}$$

图2-10是成形因子 $\alpha = 0.5\text{ns}$ 时基本高斯脉冲及其 k(k 为 1、2、3、9、15)阶

导数的波形。需要说明的是,为了同时考查微分后 α 对幅度大小和波形的影响,图 2-10 中的波形只是数学意义上的波形。通常不直接依据 α 对幅度的影响设计窄脉冲,而是重点考虑波形的本质特征。下面以 1 阶导数高斯脉冲信号为例进一步讨论有关特性,其他阶导数的分析与之类似。

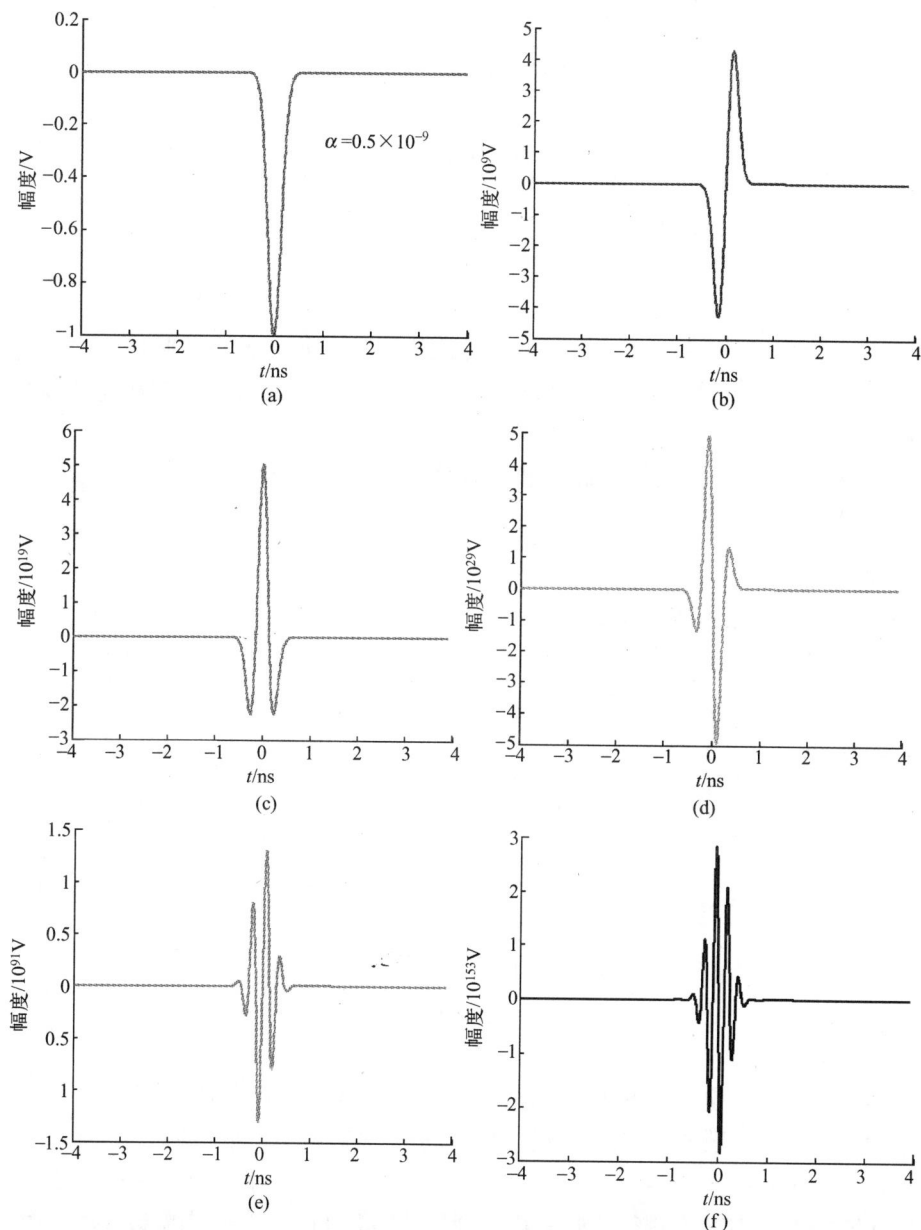

图 2-10　成形因子 $\alpha = 0.5\text{ns}$ 时的基本高斯脉冲及其 k 阶导数的时域波形
（a）基本高斯脉冲;（b）$k=1$;（c）$k=2$;（d）$k=3$;（e）$k=9$;（f）$k=15$。

分析式(2-36)可知，$s'(t)$的峰值位于$t = \pm\alpha/2\sqrt{\pi}$处，为了使其峰值为$\pm A_p$，可在$s'(t)$的表达式中添加乘积系数$\alpha\sqrt{e}/2\sqrt{\pi}$，于是，$p'(t)$修正为

$$s'(t) = A_p\sqrt{e}\frac{t}{\frac{\alpha}{2\sqrt{\pi}}}e^{-\frac{t^2}{2\left(\frac{\alpha}{2\sqrt{\pi}}\right)^2}} \tag{2-39}$$

令

$$t_p = \frac{\alpha}{2\sqrt{\pi}} \tag{2-40}$$

则

$$s'(t) = A_p\sqrt{e}\frac{t}{t_p}e^{-\frac{t^2}{2t_p^2}} \tag{2-41}$$

这样，在$t = \pm t_p$时，$s'(t) = \pm A_p$。上式描述的1阶导数高斯脉冲在大量的文献中被采用。习惯上，将正、负峰值之间的宽度$2t_p$定义为1阶导数高斯脉冲的脉冲宽度。

由傅里叶变换，可得基本高斯脉冲信号的傅里叶变换为

$$s(t) \longleftrightarrow \pm A_p\frac{\alpha}{\sqrt{2}}e^{-\frac{\alpha^2\omega^2}{8\pi}} \tag{2-42}$$

k阶导数高斯脉冲的傅里叶变换为

$$s^{(k)}(t) \longleftrightarrow \pm A_p\frac{\alpha}{\sqrt{2}}e^{-\frac{\alpha^2\omega^2}{8\pi}}(j\omega)^k \tag{2-43}$$

因为

$$F(\omega) = |F[s^{(k)}(t)]| = A_p\frac{\alpha}{\sqrt{2}}e^{-\frac{\alpha^2\omega^2}{8\pi}}\omega^k \tag{2-44}$$

$$F'(\omega) = A_p\frac{\alpha}{\sqrt{2}}k\omega^{k-1}e^{-\frac{\alpha^2\omega^2}{8\pi}} - A_p\frac{\alpha}{\sqrt{2}}\frac{2\alpha^2\omega}{8\pi}\omega^k e^{-\frac{\alpha^2\omega^2}{8\pi}} \tag{2-45}$$

令$F'(\omega) = 0$，可求得幅度谱峰值对应的频率，即峰值频率：

$$f_0 = \frac{\omega}{2\pi} = \frac{\sqrt{k}}{\alpha\sqrt{\pi}} \tag{2-46}$$

可见，当α一定时，k阶导数高斯脉冲的峰值频率随着k的增大而提高。于是，通过对α和阶数的控制，可以设计出不同频谱特性的高斯脉冲信号。图2-11为α为0.5ns、0.4ns时$k(k$为1、2、3、9、15)阶导数高斯脉冲的归一化功率谱。为了方便比较，对幅度进行了归一化处理。从图2-11中可见，当阶数k增加时，峰值频率变高，频谱右移，且低频端能量减小。比较图2-11(a)和(b)可知，当α减小时，频谱覆盖范围增大。

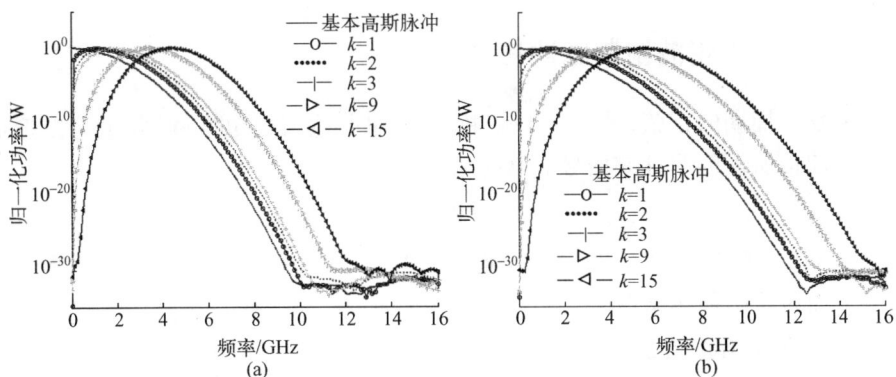

图 2-11 k 阶高斯脉冲的归一化功率谱

（a）$\alpha = 0.5\text{ns}$；（b）$\alpha = 0.4\text{ns}$。

根据式（2-40）和式（2-46）对于 1 阶导数高斯脉冲，幅度谱峰值对应的频率为

$$f_0 = \frac{1}{2t_p\pi} \tag{2-47}$$

6. 曼彻斯特脉冲信号

曼彻斯特（Manchester）脉冲信号的时域表达式为

$$s(t) = \begin{cases} A, & -0.5\text{ns} \leqslant t < 0 \\ -A, & 0 < t \leqslant 0.5\text{ns} \end{cases} \tag{2-48}$$

式中：A 为振幅。

设 $A = 1$，则曼彻斯特脉冲信号的时域波形及频谱曲线如图 2-12（a）、（b）所示。

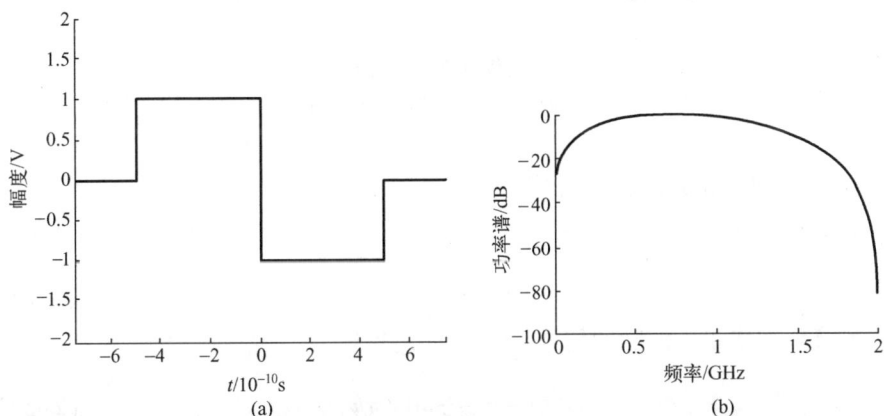

图 2-12 曼彻斯特脉冲信号

（a）时域波形；（b）归一化功率谱。

2.2.3 正弦波调制脉冲信号

取数个周期的正弦(或余弦)脉冲信号,加上适当的包络调制,也可以形成超宽带通信所需的窄脉冲信号。其时域表达式为

$$s(t) = m(t)\sin(2\pi ft), \quad 0 < t \leqslant NT \tag{2-49}$$

式中:$T = 1/f$;N 为整数。

下面讨论两种典型情况。

1. 三角包络正弦波脉冲信号

在式(2-49)中,令

$$m(t) = \begin{cases} k(t-1), & 0 < t \leqslant NT/2 \\ -k(t-6), & NT/2 < t \leqslant NT \end{cases} \tag{2-50}$$

式中:k 为正数。

图2-13为位移后的时域波形和归一化功率谱。在图2-13(a)中,正弦波的频率为2GHz,$k = 3$,取 $N = 10$(10个周期)。

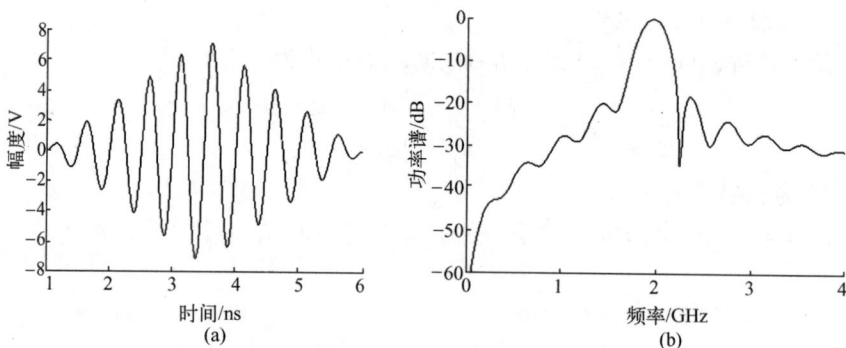

图2-13   三角包络正弦波脉冲信号

(a)时域波形;(b)归一化功率谱。

2. 高斯包络正弦波脉冲信号

在式(2-49)中,令

$$m(t) = e^{-\frac{t^2}{2\alpha^2}} \tag{2-51}$$

则高斯包络正弦波脉冲信号的时域表达式为

$$s(t) = e^{-\frac{t^2}{2\alpha^2}}\sin(2\pi ft) \tag{2-52}$$

图2-14为高斯包络正弦波脉冲信号时域波形和归一化功率谱。其参数为:高斯函数的 $\alpha = 0.5\text{ns}$,正弦波的频率为4GHz。

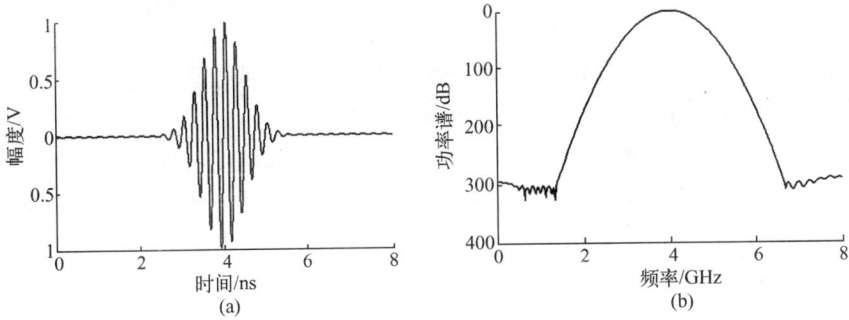

图 2-14 高斯包络正弦波脉冲信号

(a) 时域波形；(b) 归一化功率谱。

2.2.4 厄米特多项式脉冲信号

厄米特(Hermite)多项式定义为

$$h_{e_0}(t) = 1 \tag{2-53}$$

$$h_{e_n}(t) = (-1)^n e^{\frac{t^2}{2}} \frac{d^n}{dt^n} e^{-\frac{t^2}{2}} \tag{2-54}$$

式中：$n = 1, 2, \cdots$；$-\infty < t < \infty$。

变形厄米特多项式定义为

$$h_n(t) = e^{-\frac{t^2}{q}} h_{e_n}(t) \tag{2-55}$$

可以证明，当 $q = 4$ 时，有

$$\int_{-\infty}^{\infty} (e^{-\frac{x^2}{4}} h_{e_n}(t))(e^{-\frac{x^2}{4}} h_{e_m}(t)) dx = \begin{cases} \delta_{nm} 2^n n! \sqrt{2\pi}, & n = m \\ 0, & n \neq m \end{cases} \tag{2-56}$$

即变形厄米特多项式构成正交函数集。

前 4 项变形厄米特多项式为

$$h_0(t) = e^{-\frac{t^2}{4}} \tag{2-57}$$

$$h_1(t) = t e^{-\frac{t^2}{4}} \tag{2-58}$$

$$h_2(t) = (t^2 - 1) e^{-\frac{t^2}{4}} \tag{2-59}$$

$$h_3(t) = (t^3 - 3t) e^{-\frac{t^2}{4}} \tag{2-60}$$

相应的傅里叶变换为

$$H_0(f) = 2\sqrt{\pi} e^{-4\pi^2 f^2} \tag{2-61}$$

$$H_1(f) = (-j4\pi f) 2\sqrt{\pi} e^{-4\pi^2 f^2} \tag{2-62}$$

$$H_2(f) = (1 - 16\pi^2 f^2) 2\sqrt{\pi} e^{-4\pi^2 f^2} \tag{2-63}$$

$$H_3(f) = (-j12\pi f + j64\pi^3 f^3) 2\sqrt{\pi}e^{-4\pi^2 f^2} \qquad (2-64)$$

图 2-15 为 0~3 阶变形厄米特多项式的波形图。从数学表达式和图中都可以看出,第 0 阶和第 1 阶的变形厄米特多项式的波形与高斯脉冲波形比较一致,由于变形厄米特多项式中所增加的衰减因子 $e^{-t^2/4}$ 为固定值,且其衰减速度远大于厄米特多项式的增长速度,因此各阶变形厄米特多项式所对应的波形宽度基本一致。

值得指出的是:当 $q \neq 4$,虽然不能保证变形厄米特多项式为正交函数集,但对某些 q 值,仍然可以找到某些具有正交性的项。

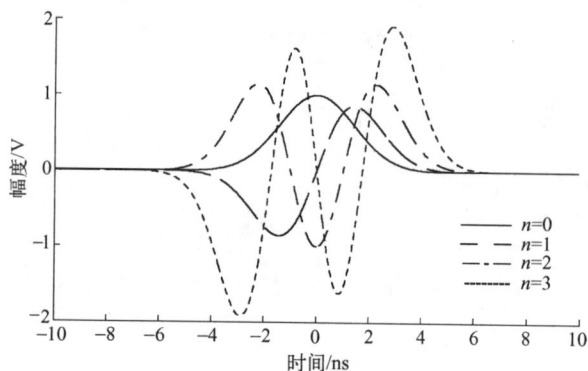

图 2-15 变形厄米特多项式的波形

2.3 超宽带信号波形设计

超宽带信号波形设计首要考虑脉冲波形从频域上看既符合频谱特性又具有高的频带利用率。用于高速无线通信,脉冲还应尽可能有短的时序以克服多径效应。FCC 关于超宽带系统的室内归一化功率谱限制模板如图 2-16 所示。

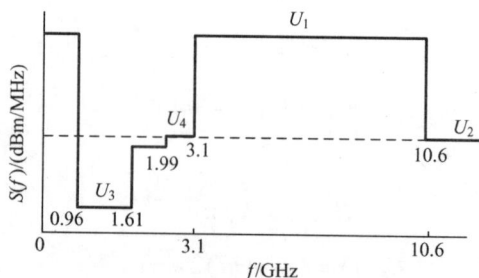

图 2-16 归一化 FCC 功率谱限制模板

$$S(f) = \begin{cases} U_1 = 0, & f < 0.96\mathrm{GHz} \\ U_3 = -34\mathrm{dB}, & 0.96\mathrm{GHz} \leqslant f < 1.61\mathrm{GHz} \\ U_4 = -12\mathrm{dB}, & 1.61\mathrm{GHz} \leqslant f < 1.99\mathrm{GHz} \\ U_2 = -10\mathrm{dB}, & 1.99\mathrm{GHz} \leqslant f < 3.1\mathrm{GHz} \\ U_1 = 0, & 3.1\mathrm{GHz} \leqslant f < 10.6\mathrm{GHz} \\ U_2 = -10\mathrm{dB}, & f \geqslant 10.6\mathrm{GHz} \end{cases} \tag{2-65}$$

按频带优化准则进行脉冲波形设计,就是要给出满足这个频谱限制模板要求且带内能量尽可能高的脉冲波形。

2.3.1 基于高斯波形的组合优化设计

基于高斯波形叠加设计超宽带脉冲波形,可以采用文献[1]的非线性优化算法,其给出的优化波形具有形式简单性,便于物理实现;但设计中要克服非线性优化算法的局部解缺点。可以直接通过设计波形的低通包络,给出理想的波形。选取高斯波形的叠加

$$\Psi_s(f) = \sum_{n=1}^{N} g(f - \tau_n, a_n, \sigma_n), \quad g(f, a, \sigma) = a\mathrm{e}^{-\frac{f^2}{2\sigma^2}} \tag{2-66}$$

作为脉冲波形 $\Psi(t) = \mathrm{Re}[\Psi_s(t)\mathrm{e}^{-\mathrm{j}13.7\pi t}]$ 的低通包络。于是,对应的脉冲波形为

$$\Psi(t) = \sqrt{2\pi} \sum_{n=1}^{N} a_n \sigma_n \mathrm{e}^{-\pi^2 \sigma_n^2 t^2/2} \cos 2\pi(\tau_n + 6.85)t \tag{2-67}$$

使脉冲波形 $\Psi(t)$ 频谱的利用率极大化的波形设计问题用数学形式可以表示为

$$\begin{cases} \max \int_{3.1}^{10.6} |\Psi(f)|^2 \mathrm{d}f \\ |\Psi(f)|^2 \leqslant S(f) \end{cases} \tag{2-68}$$

这等价于

$$\max \int_{-3.75}^{3.75} |\Psi_s(f)|^2 \mathrm{d}f \tag{2-69}$$

$$\begin{cases} |\Psi_s(f)|^2 \leqslant U_3, & f < -3.75\mathrm{GHz} \\ |\Psi_s(f)|^2 \leqslant U_1, & -3.75\mathrm{GHz} \leqslant f \leqslant 3.75\mathrm{GHz} \\ |\Psi_s(f)|^2 \leqslant U_2, & f > 3.75\mathrm{GHz} \end{cases}$$

这是一个无限约束的非线性优化问题。由于组合项中高斯波形选取的任意性,只要少许的项数即可给出理想的结果,使设计和实现具备简易性,前面提到双高斯波形就是一个特例。为了方便,选 $N = 3$ 进行设计试验。设

$$\Psi_s(f) = \sum_{n=1}^{3} g(f - \tau_n, a_n, \sigma_n) \tag{2-70}$$

求参数 $a_1, a_2, a_3, \sigma_1, \sigma_2, \sigma_3, \tau_1, \tau_2, \tau_3$,使其满足

$$\int_{-3.75}^{3.75} |\Psi_s(f)|^2 df = \max \tag{2-71}$$

$$\begin{cases} |\Psi_s(f)| \leqslant 0.01995, & f < -3.75\,\mathrm{GHz} \\ |\Psi_s(f)| \leqslant 1, & -3.75\,\mathrm{GHz} \leqslant f \leqslant 3.75\,\mathrm{GHz} \\ |\Psi_s(f)| \leqslant 0.2511, & f > 3.75\,\mathrm{GHz} \end{cases}$$

得到的优化超宽带脉冲波形如图 2-17 所示。

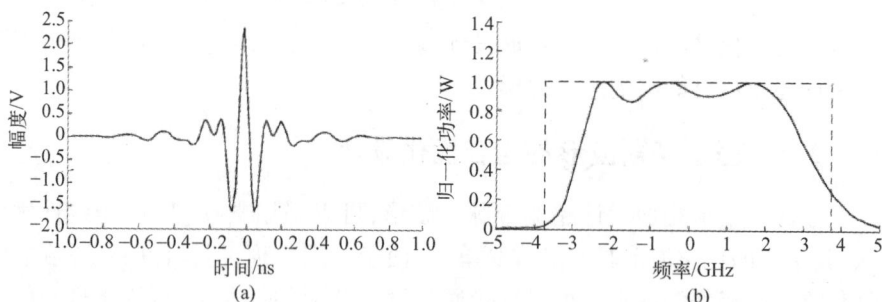

图 2-17　三个高斯函数优化叠加出的脉冲低通频谱与对应的时域波形
(a) 时域波形;(b) 归一化功率谱。

该波形的 95% 能量带宽为 0.5ns,3.1～10.6GHz 带内能量为 77.6%。可以知道,当 N 取更大值时给出的脉冲波形频谱利用率会更好。应当指出,由于这个设计问题为无限约束非线性优化问题,设计中会陷入局部解,所以在设计过程中一方面要将问题进行适当的简化(如预设一些位置参数,以减少设计参数),另一方面要通过多个初始值选取对设计结果进行比较求得理想解。

2.3.2　基于高斯微分脉冲基函数的迭代组合设计

由于高斯冲激脉冲容易产生和具有无限阶导数,因此在超宽带无线通信中被广泛研究。为了系统功率的有效辐射,多使用其 2 阶导数作为接收脉冲。通过对高斯脉冲 PSD 的研究发现,单个高斯脉冲的频谱不能很好地满足超宽带通信对 PSD 和辐射功率限制的要求,但是改变脉冲形状因子 α 和频谱搬移因子 f_0,可以改变辐射信号 PSD 的形状和功率分布。通过多个基脉冲的组合,可以改变脉冲的 PSD,使之逼近 FCC 对辐射功率的限制。以具有不同形状因子和频谱搬移因子的高斯 2 阶微分脉冲为基函数,文献[3]提出了迭代组合和线性最小均方误差(LMMSE)组合的超宽带脉冲设计方法。

1. 基函数的选择

归一化的具有形状因子和频谱搬移因子的高斯脉冲可用如下表达式描述:

$$p(t) = e^{-2\pi\left(\frac{t}{\alpha}\right)^2} \cos(2\pi f_0 t) \tag{2-72}$$

其二阶微分表达式为

$$p^{(2)}(t) = e^{-2\pi\left(\frac{t}{\alpha}\right)^2}\left\{\cos(2\pi f_0 t)\left[\frac{(4\pi t)^2}{\alpha^4} - \frac{4\pi}{\alpha^2} - (2\pi f_0)^2\right] + 4\pi f_0 \frac{4\pi t}{\alpha^2}\sin(2\pi f_0 t)\right\}$$

$$(2-73)$$

选择 5 个函数作为基函数系：

$$\{p_i^{(2)}(t) \mid \alpha = \alpha_i, f_0 = f_{0i}, i = 1, 2, \cdots, 5\} \tag{2-74}$$

由于不同形状因子的基函数的功率谱形状是不同的,不同频谱搬移因子的基函数的功率谱在整个频谱中的位置也是不同的,多个具有不同形状因子和频谱搬移因子的基函数组合脉冲的功率谱随着形状因子和搬移因子的改变而改变。

频谱搬移因子主要根据 FCC 功率谱限制模板中各个频段的宽度及各频段在 0~12GHz 范围的相对位置选取。因此,各基函数相应的参数设为

$$\boldsymbol{\alpha} = (\alpha_1, \alpha_2, \alpha_3, \alpha_4, \alpha_5)^{\mathrm{T}} = (1, 0.2, 0.5, 0.3, 0.2)^{\mathrm{T}} \quad (\mathrm{ns}) \tag{2-75}$$

$$\boldsymbol{f}_0 = (f_{01}, f_{02}, f_{03}, f_{04}, f_{05})^{\mathrm{T}} = (0.001, 2, 4, 6, 7)^{\mathrm{T}} \quad (\mathrm{GHz}) \tag{2-76}$$

2. 超宽带脉冲波形设计

设由式(2-72)表示的基函数组成的基矢量 $\boldsymbol{p} = (p_1(t), p_2(t), p_3(t), p_4(t), p_5(t))^{\mathrm{T}}$,权矢量 $\boldsymbol{w} = (w_1, w_2, w_3, w_4, w_5)^{\mathrm{T}}$,则由基函数 $\boldsymbol{p}$ 通过权矢量 $\boldsymbol{w}$ 组合得到超宽带通信脉冲的一般表达式为

$$\boldsymbol{p}_c(t) = \boldsymbol{w}^{\mathrm{T}}\boldsymbol{p} \tag{2-77}$$

1) 迭代组合超宽带通信脉冲

根据各个基函数的功率谱特点以及它们组合后所具有的功率谱形状,通过改变各个基函数的组合权值,实现组合脉冲的功率谱逼近 FCC 功率谱限制模板。在迭代过程中,比较组合脉冲功率谱在某几个频率点的功率值与相应点的 FCC 功率谱限制模板大小,决定下一步迭代的各基函数组合权值是增加还是减小。选择不同频率点的功率差异值作为迭代中止条件,最后的迭代组合权值是不同的。

根据设定的迭代中止条件,对个别权值进行单独调整,以实现迭代组合脉冲功率谱与 FCC 功率谱限制模板的最佳逼近。最后得到的权值 $\boldsymbol{w} = (0.2, 1, 10, 95, 20)^{\mathrm{T}}$。迭代组合脉冲的时域波形如图 2-18(a)所示,此时的组合功率谱与 FCC 功率谱限制模板的逼近程度如图 2-18(b)所示。

通过上述迭代算法可见,组合脉冲的功率谱很好地满足了 FCC 功率谱限制模板要求。由于脉冲功率谱受脉冲形状因子 α 和频谱搬移因子 f_0 的影响,其 PSD 和带宽都有很大的灵活性,这样既降低了超宽带系统对已有通信系统的干扰,又容易满足 FCC 对功率的限制。

2) LMMSE 组合超宽带通信脉冲

迭代选择系数仅是设定线性组合的一种可能方法,更为系统的方法是采用某种准则使得误差最小。LMMSE 准则是选择基函数组合系数的一种方法,使组

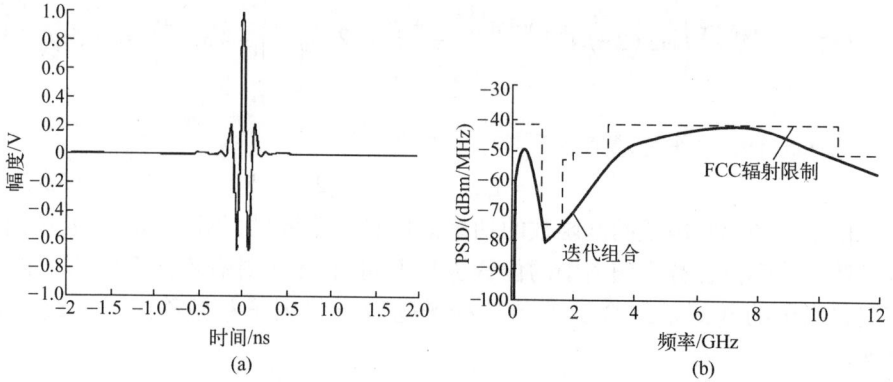

(a)　　　　　　　　　　　　　(b)

图 2-18　迭代组合脉冲波形及其功率谱

（a）迭代组合脉冲的时域波形；（b）迭代组合脉冲功率谱与 FCC 辐射限制的逼近程度。

合函数的 PSD 与 FCC 功率谱限制模板的误差最小,即

$$e(f) = \min_{f} \int_{-\infty}^{\infty} |P_M(f) - P_c(f)|^2 df \qquad (2-78)$$

式中:$P_M(f)$ 为 FCC 功率谱限制模板;$P_c(f)$ 为线性组合的 PSD。

仍以式(2-72)为组合的基函数,采用最小二乘算法求得线性组合系数 w = $(1.09,6.46,0.98,-1.49,9.33)^{\mathrm{T}}$。

LMMSE 准则下的组合脉冲时域波形图及其功率谱与 FCC 功率谱限制模板逼近程度如图 2-19 所示。把迭代组合与 LMMSE 组合的结果都放在图 2-19 (b)中进行比较,由于 LMMSE 组合方法使得组合脉冲的功率谱在 0 ~ 12GHz 频段的整体误差最小,没有考虑 FCC 功率谱限制模板在个别频段的特殊情况,因此 LMMSE 组合方式的结果在某些频段上已经超出了 FCC 功率谱限制模板的限制。

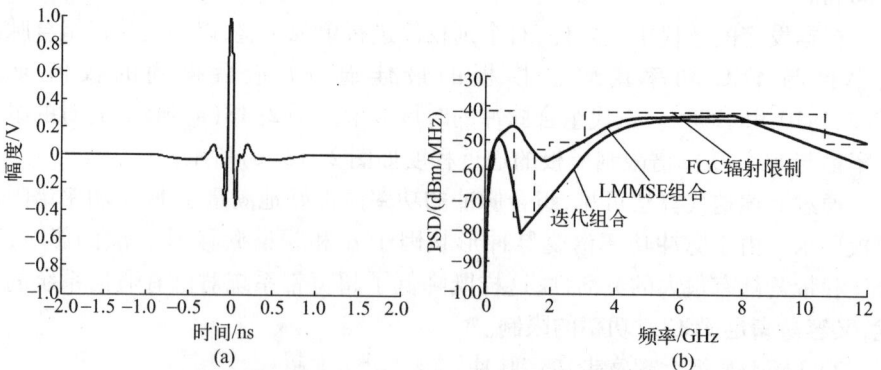

(a)　　　　　　　　　　　　　(b)

图 2-19　LMMSE 组合的脉冲波形及其功率谱

（a）LMMSE 准则下的组合脉冲时域波形;（b）两种组合脉冲 PSD 与 FCC 辐射限制逼近程度。

38

2.3.3 基于窗函数滤波法的设计

为了得到频带利用率高且有好的时频特性的波形,借鉴滤波器设计的思想,将理想频谱用适当的窗函数进行平滑,即用归一化窗函数在频域对理想带通频谱进行卷积处理,给出频域时域性态良好的超宽带脉冲波形。可以利用的频率窗函数有很多,常见的有矩形窗、三角窗、修正余弦窗以及高斯窗等[4],它们具有不同的频率特性,在设计中可以通过比较进行取舍。

这种设计方法给出的波形与选取的窗函数及其参数有密切关系,在设计中选取参数应综合考虑时域和频域特性,以给出理想的超宽带脉冲波形。

文献[5]通过对理想超宽带脉冲加矩形窗来设计超宽带脉冲。为了充分利用 3.1~10.6GHz 频段,理想的超宽带脉冲的 PSD 应具有矩形形状,即

$$H(f) = \begin{cases} 1, & 3.1\text{GHz} < f < 10.6\text{GHz} \\ 0, & \text{其他} \end{cases} \tag{2-79}$$

显然,$H(f)$ 的中心频率 $f_c = 6.85\text{GHz}$。$H(f)$ 的时域波形为

$$h(t) = 2f_H \sin c(2f_H t) - 2f_L \sin c(2f_L t) \tag{2-80}$$

若 $h(t)$ 的持续时间无限长,则根据式(2-79)此脉冲的频谱利用率将为 100%。

1. 矩形窗函数

实际上,$h(t)$ 只能是有限长,相当于 $h(t)$ 被矩形窗 $w(t)$ 截短。$w(t)$ 为

$$w(t) = \begin{cases} 1, & |t| \leq \dfrac{\tau}{2} \\ 0, & \text{其他} \end{cases} \tag{2-81}$$

式中:τ 为 $w(t)$ 的窗宽。

$w(t)$ 的频谱为

$$W(f) = \tau \sin c(f\tau) \tag{2-82}$$

2. 超宽带脉冲波形及其频谱

由理想超宽带波形与矩形窗函数相乘可得到的超宽带脉冲波形及其频谱分别为

$$p(t) = h(t)w(t) \tag{2-83}$$

$$P(f) = H(f) \otimes W(f) \tag{2-84}$$

$w(t)$ 决定了超宽带脉冲 $p(t)$ 的持续时间。图 2-20(a)、(b)分别示出了 $w(t)$ 的 τ 为 0.5ns、1.5ns、2.5ns 及 4ns 时的 $h(t)$ 的归一化时域波形与对应超宽带脉冲 $p(t)$ 的归一化 PSD。由图 2-20(b)知,当 τ 增大时,$H(f) \otimes W(f)$ 逐渐被压缩,若要求不很严格,当 $\tau = 4\text{ns}$ 时,可认为近似满足模板要求,此时频谱利用

率为 74.76%。另外,只要 $\tau > 4$ns,其归一化 PSD 总近似满足模板要求。

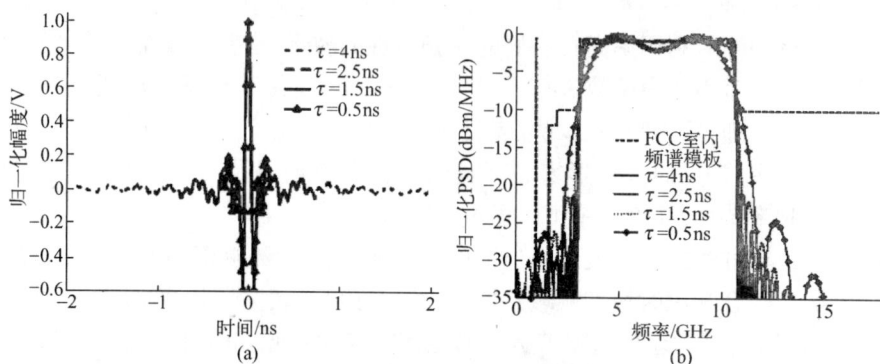

图 2-20　不同时间窗下超宽带脉冲波形和功率谱
(a) 归一化脉冲波形;(b) 归一化功率谱。

虽然当 $h(t)$ 的脉冲宽度为 4ns 时,其归一化 PSD 近似满足 FCC 的频谱要求,但脉冲持续时间长,引起的多址干扰很大,所能容纳的用户数较少。为了提高多址能力,并且适用于多带模板,对式(2-83)所表示的脉冲进行改造,将 $p(t)$ 用

$$p(t) = [h(t)w(t)][h(t)w(t)] \tag{2-85}$$

方式构成,则 $p(t)$ 的持续时间 $T_p = 2\tau$,其频谱为

$$P(f) = [H(f) \otimes W(f)]^2 \tag{2-86}$$

仿真分析,当窗函数 $w(t)$ 的窗宽 $\tau = 0.2$ns,即 $p(t)$ 的持续时间为 0.4ns 时,其 PSD 满足 FCC 的功率谱限制要求。这是因为 $H(f) \otimes W(f)$ 的旁瓣小于 1,其平方值进一步减小,从而很容易满足模板要求。

当 $w(t)$ 的窗宽 τ 在 $0.2 \sim 1$ns 之间取值时,相应的超宽带脉冲 $p(t)$ 的持续时间在 $0.4 \sim 2$ns 之间取值;仿真可得到相应的 PSD 波形。可知,只要 $\tau > 0.2$ns 时,其 PSD 总能满足频谱要求;$\tau = 0.9$ns 时,PSD 上部波动最小,其频谱利用率最高。

3. 满足欧洲电信标准化协会(ETSI)频谱限制模板的波形

当窗函数 $w(t)$ 的窗宽 $T = 0.5$ns,即 $p(t)$ 的 $T_p = 1$ns 时,其 PSD 就能满足 ETSI 的频谱要求,此时频谱利用率为 58.48%。同样,当 $T_p = 1.8$ns 时,其频谱利用率达最大值。T_p 为 1ns、1.8ns 时对应的 PSD 示于图 2-21 中,后者上部波动很小,故频谱利用率大。

4. 双带模板

为了避开 WLAN 所在的频段,将超宽带可用频段分为两段,其归一化功率谱模板为

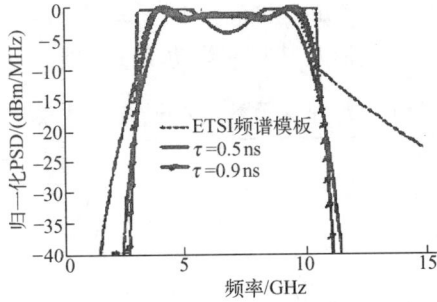

图 2-21　满足 ETSI 的频谱模板的两种情况

$$S(f) = \begin{cases} 0, & 0 \leqslant f < 0.96\,\mathrm{GHz} \\ -34\,\mathrm{dB}, & 0.96\,\mathrm{GHz} \leqslant f < 1.61\,\mathrm{GHz} \\ -12\,\mathrm{dB}, & 1.61\,\mathrm{GHz} \leqslant f < 1.99\,\mathrm{GHz} \\ -10\,\mathrm{dB}, & 1.99\,\mathrm{GHz} \leqslant f < 3.1\,\mathrm{GHz} \\ 0, & 3.1\,\mathrm{GHz} \leqslant f < 5.15\,\mathrm{GHz} \\ -10\,\mathrm{dB}, & 5.15\,\mathrm{GHz} \leqslant f < 5.85\,\mathrm{GHz} \\ 0, & 5.85\,\mathrm{GHz} \leqslant f < 10.6\,\mathrm{GHz} \\ -10\,\mathrm{dB}, & f \geqslant 10.6\,\mathrm{GHz} \end{cases} \tag{2-87}$$

此时式(2-87)中的 f_L、f_H 在低频段分为 3.1 ~ 5.15GHz,在高频段则分为 5.85 ~ 10.6GHz。如图 2-22 所示,满足低频段的要求时,窗函数 $w(t)$ 的 τ 的最小值为 0.7ns,即 $p(t)$ 的最小持续时间为 1.4ns 时,其 PSD 就能满足低频段的要求,此时频谱利用率为 54.06%;高频段时 τ 的最小值为 0.27ns,相应的频谱利用率为 53.99%。

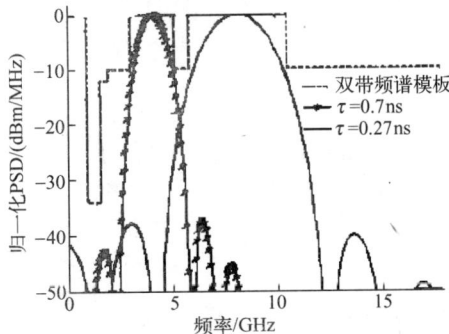

图 2-22　满足双带频谱模板的 PSD

5. 其他窗函数

其他四种不同频率窗给出相应的脉冲设计参见文献[1]。四种窗函数的时域与频域表达式见表 2-1,图 2-23 ~ 图 2-26 分别以高斯窗($\sigma = 7.5\mathrm{ns}$)、三角窗

$(\tau=2.55\text{ns})$、矩形窗$(\tau=2.55\text{ns})$和余弦窗$(\tau=2.55\text{ns})$作为平滑函数给出满足要求的脉冲信号的时域波形及其归一化功率谱曲线。

表 2-1　四种窗函数的时域与频域表达式

窗类型	时域表达式	频域表达式
高斯窗	$s(t)=\mathrm{e}^{-\sigma^2 t^2/2}$	$S(f)=\dfrac{1}{\sqrt{2\pi\sigma^2}}\mathrm{e}^{-f^2/2\sigma^2}, \quad \sigma>0$
三角窗	$s(t)=\left(\dfrac{\sin\pi\tau t}{\pi\tau t}\right)^2$	$S(f)=\dfrac{\tau-f}{\tau^2}[u(f)-u(f-\tau)]+\dfrac{f+\tau}{\tau^2}[u(f+\tau)-u(f)], \quad \tau>0$
矩形窗	$s(t)=\dfrac{\sin 2\pi\tau t}{2\pi\tau t}$	$S(f)=\dfrac{1}{2\tau}[u(f+\tau)-u(f-\tau)], \quad \tau>0$
余弦窗	$s(t)=\dfrac{\sin 2\pi\tau t}{2\pi\tau t}-\dfrac{2\tau t\sin 2\pi\tau t}{\pi(4\tau^2 t^2-1)}$	$S(f)=\dfrac{1}{2\tau}\left(1+\cos\dfrac{\pi f}{\tau}\right)[u(f+\tau)-u(f-\tau)], \quad \tau>0$

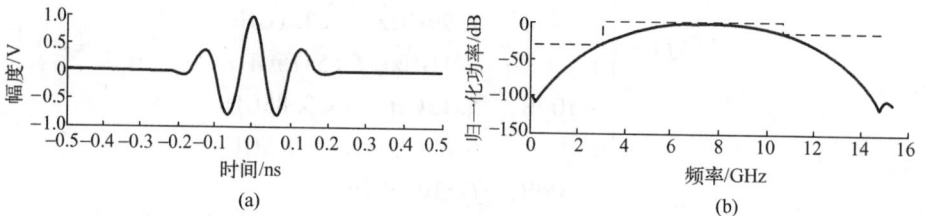

(a)　　　　　　　　　　(b)

图 2-23　高斯窗脉冲信号
（a）时域波形;（b）归一化功率谱。

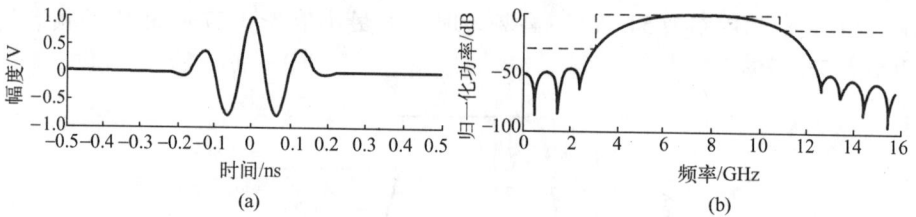

(a)　　　　　　　　　　(b)

图 2-24　三角窗脉冲信号
（a）时域波形;（b）归一化功率谱。

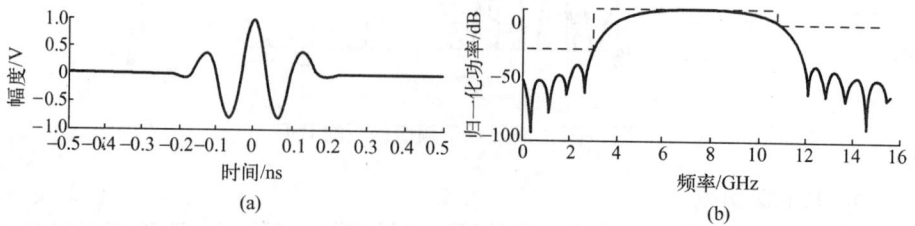

(a)　　　　　　　　　　(b)

图 2-25　矩形窗脉冲信号
（a）时域波形;（b）归一化功率谱。

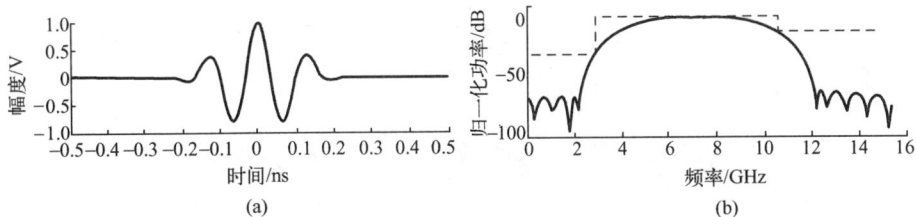

图 2-26　余弦窗脉冲信号

（a）时域波形；（b）归一化功率谱。

参 考 文 献

［1］　赵君喜. UWB 无线电脉冲波形设计研究［J］. 通信学报,2005,26(10):102-106.

［2］　Wu X R, Zhi T, Davidson T N, et al. Optimal waveform design for UWB radio［C］. IEEE International Conference on Acoustics, Speech and Signal Processing, 2004:521-524.

［3］　林志远,魏平. 一种新的 UWB 通信脉冲设计［J］. 通信学报,2006,27(7):122-126.

［4］　Corral C A, Sibecas S, Ernarni S, et al. Pulse spectrum optimization for ultra-wideband communication［C］. IEEE Conference on Ultra Wideband Systems and Technologies, 2002:31-35.

［5］　邹卫霞,聂晶,周正. UWB 脉冲的优化设计［J］. 北京邮电大学学报,2006,29(4):65-68.

［6］　Zeng D S, Annamalai A J, Zaghloul A I. Pulse shaping filter design in UWB system［C］. IEEE UWBST-03, Reston, USA, 2003:66-70.

［7］　Sheng H S, Orlik P, Haimovich A M, et al. On the spectral and power requirements for ultra-wideband trans-mission［C］. 2003 IEEE International Conference on Communications, 2003, 1:738-742.

［8］　Nardis L D, Giancola G, Benedetto M G D. Power limits fulfilment and MUI reduction based on pulse shaping in UWB networks［C］. 2004 IEEE International Conference on Communications, 2004, 6:3576-3580.

［9］　罗振东,高宏,刘元安,等. 抑制多窄带干扰的超宽带脉冲设计方法［J］. 北京邮电大学学报,2005, 28(1):55-58.

［10］　邹卫霞,周正. 基于频段及带宽限制设计 UWB 脉冲的算法［J］. 北京邮电大学学报,2005,28(5):94-97.

［11］　Parr B, Cho B, Wallace K, et al. A novel ultra-wideband pulse deign algorithm［J］. IEEE communications Letters, 2003, 17(5):219-221.

［12］　Zimmer R, Waldow P. A simple method of generating UWB pulses［C］. IEEE Eighth International Symposium on Spread Spectrum Techniques and Applications, 2004:112-114.

第3章　超宽带单极天线

在便携式设备应用中,单极天线形式较多。单极天线有足够大的接地平板,单极的安装、馈电、测量比偶极天线方便。单极天线也方便用于某些带有较大金属外壳的固定设备,如机器设备的外壳、车辆的外壳等。与超宽带偶极天线类似,超宽带单极天线的辐射振子多是旋转对称结构,也有很多平板状,以及很多变形结构,如扇形、三角形、梯形、圆形、水滴形等,通过采用局部短路、调整馈点高度、电抗加载、增加馈电点等技术可灵活控制其工作带宽。

3.1　天线带宽定义

一般情况下天线特性参数是随频率而变化的,天线的频带宽度(简称带宽)是指天线的主要特性参数如增益、方向图、输入阻抗等在一定条件下保持不变或满足设计指标要求的频率范围。

天线带宽可表示为相对带宽或倍频带宽。相对带宽定义为天线的绝对带宽与工作频带内中心频率之比。倍频带宽定义为工作频带的上限频率与下限频率之比。一般来说,窄频带天线多采用相对带宽,宽频带天线多采用倍频带宽。通常认为,倍频带宽大于 2 的天线属于宽频带大线,倍频带宽大于 10 的天线属于超宽频带天线[1]。窄脉冲信号通过天线辐射时,天线的特性参数在超宽频带内基本满足设计要求,称为脉冲天线。

天线带宽主要取决于各项特性参数的频率特性,因此天线主要的特性参数均有各自定义的带宽。

(1) 方向图带宽:方向图带宽是指天线的方向性变化不大的频率范围。

(2) 增益带宽:增益带宽是指增益下降到允许值时的频带宽度。通常定义增益下降到工作频带内最大增益值的 50% 时的频带宽度称为 3dB 增益带宽。

(3) 输入阻抗带宽(简称阻抗带宽):阻抗带宽是指输入阻抗变化不大的频率范围。谐振天线的输入阻抗随频率而变化,当频率偏离谐振频率时,天线的输入阻抗将从谐振时的纯电阻 R_{in} 变为 $Z_{in} = R_{in} + jX_{in}$,且 $X_{in} = R_{in}$ 时,将使输入端电流从谐振时的电流 I_0 下降为 $0.707I_0$,则相应的带宽称为 3dB 阻抗带宽。天线的阻抗带宽也可以用天线输入端的电压反射系数 $S_{11} < -10dB$ 的频率范围或馈线上的驻波比低于 2 的频带宽度来定义。这种表示方法既反映了天线阻抗的频率特性,也说

明了天线与馈线的匹配效果,在天线工程中,这是一项普遍使用的特性指标。

(4)极化带宽:极化带宽是指极化轴比变化在一定范围的频率范围。当频率变化时,天线极化特性往往随之改变。工程上常以主瓣半功率波瓣宽度的角域内轴比$|AR| \leqslant 3dB$的要求确定天线的极化带宽。圆极化天线的极化特性往往是限制工作带宽的主要因素。

3.2　旋转对称结构单极天线

对振子天线,为了展宽频带,通常降低振子的长度直径比l/a(简称长径比),即把振子变粗。这种方法对改善工作频带内的阻抗特性具有明显的效果,因为长径比的减小,输入阻抗随频率变化的敏感性减小,从而改善阻抗的频率特性。粗振子天线结构可以用网状金属代替。采用矩量法中的伽略金法对粗振子的超宽带特性研究表明[2],天线的电流分布、输入阻抗、方向图以及驻波比等具有良好的超宽带性能。

文献[3]用FDTD法对圆柱单极天线进行了分析,并用遗传算法对其形状进行了优化,优化的结果得到一种异形单极天线。遗传算法对天线进行优化,对天线的横向形状及尺寸进行随机编码,编码由多个二进制代码串组成。一副天线所对应的编码表示为1个个体,在这些个体中随机选择10个个体以组成初始种群,优化准则采用目标函数最小,目标函数通过FDTD法得到的天线输入VSWR来确定,要求在30～120MHz时输入VSWR<2.5。优化后的天线的纵截面如图3-1所示,将该截面绕对称轴旋转一周即可得柱状天线体。优化后的天线在30～100MHz时VSWR≈2.0,在30～120MHz时VSWR=2.113,VSWR<2.5的相对频率带宽可达100%,如图3-2所示。在采用高斯脉冲作为激励源的情况下,天线的近区场(E_ρ和E_z)仍为脉冲信号,这说明该天线可以有效地辐射电磁波。此天线可用于超短波频段的超宽带收发信机。

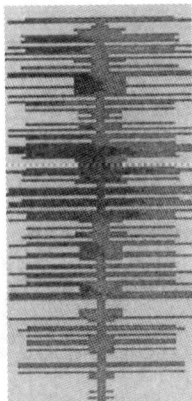

图3-1　遗传算法优化编码的天线纵截面

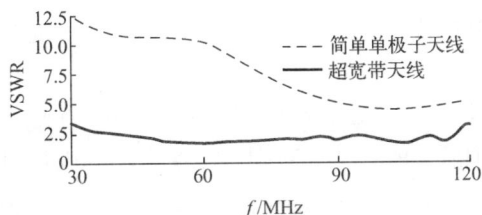

图3-2　天线驻波比曲线

3.2.1 锥形单极天线

由于圆柱天线的特性阻抗沿轴向是变化的,当电流波由馈电点沿振子轴向传播时,就会因特性阻抗改变而引起部分反射,因此阻抗带宽的改善是有限的。为了使天线沿轴向各点的特性阻抗相同,要求天线上各点到馈电点的距离与其直径之比保持不变。也就是说,随长度增加,振子的直径相应变粗,即展开成直径渐变的旋转对称的锥形天线。从理论上讲,无限长锥形天线输入阻抗和方向图与频率无关。基于此理论,有限长宽角锥形天线、盘锥天线等具有较好的宽带特性。20世纪80年代中期,已成功地研制出各种形状的旋转对称结构的振子天线,其带宽可达10∶1以上。

无限长双锥天线起着导引向外球面行波的作用,就像均匀传输线导引平面行波一样(图3-3),具有恒定的特性阻抗,且为纯电阻,输入阻抗等于特性阻抗:

$$R_i = Z_i = 120\ln\cot(\theta/4) \tag{3-1}$$

锥角为90°时,其输入阻抗约为50Ω。双锥天线适合于辐射具有超宽频谱的脉冲信号。实际的双锥天线为有限长,存在一定的反射,可以采用加载的方式来减小反射。为了减小质量,采用裸线双锥天线也具有接近实表面的双锥天线的性能,如图3-4所示。

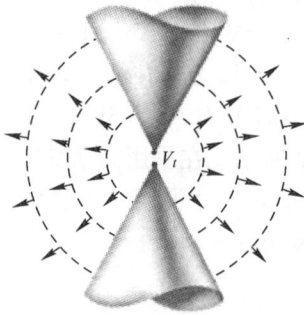

图3-3 无限长双锥天线　　　　　图3-4 裸线双锥天线

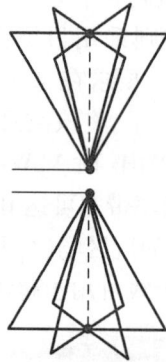

双锥天线的一个锥体改为接地的导电板就构成了单极锥形天线,如图3-5所示。锥顶既可以是平的也可以是其他形状。宽角单锥天线($\psi = 30°$)具有较好的宽带特性,在至少3∶1的波段范围内阻抗、方向图及增益的变化都是不明显的。

为了进一步扩展带宽,对锥体形状做适当改变。图3-6为平滑过渡旋转单极天线。该天线有尺寸为$3m \times 3m$的金属接地板用50Ω的同轴线馈电。图3-6中所标的尺寸是对中心频率$f_0 = 750MHz$时的,这种结构的天线由于在圆锥的上部接有了不同的平滑过渡段使得沿天线表面电流反射很小,从而有效地展宽了阻抗带宽。另外,还有不同形状的旋转对称变形单锥天线结构,如图3-7所示

46

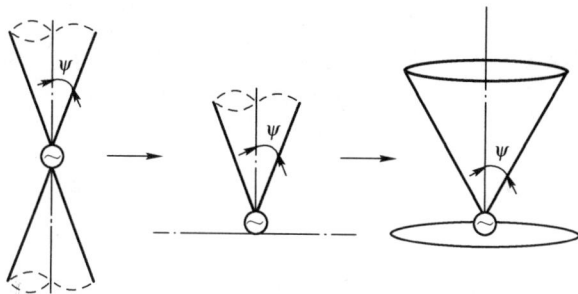

图 3-5 双锥结构过渡到单锥天线

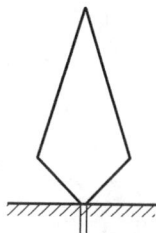

的菱形面旋转单极天线。为了减小天线质量,可用导线栅代替导体面。采用导线数量越多,其性能越接近原来的天线性能。

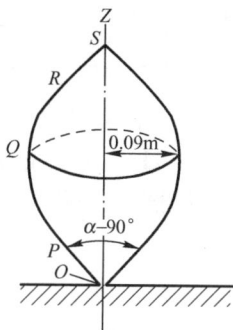

图 3-6 平滑过渡旋转单极天线   图 3-7 菱形面旋转单极天线

盘锥天线是双锥天线的变形,把双锥天线中的一个圆锥振子改成了圆盘,如图 3-8 所示。可直接用同轴线馈电,圆盘与同轴线内导体相连接,圆锥锥顶与同轴线外导体相连。盘锥天线结构简单以及良好的宽频带特性在 VHF、UHF 频段内获得了广泛应用。盘锥单极天线的工作频率与天线尺寸有关。该天线在 H 面内产生全向性的方向图,辐射垂直极化波。盘锥天线具有很低的特性阻抗。

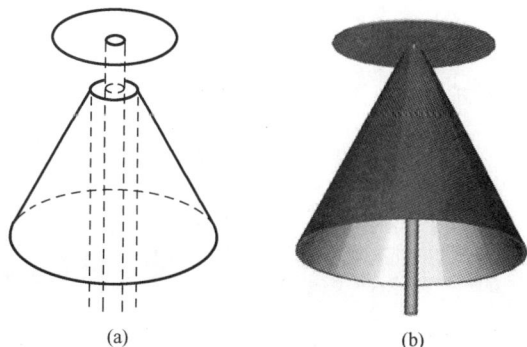

(a)   (b)

图 3-8 盘锥单极天线

锥裙单极天线如图 3-9 所示,其方向图类似长度为 λ/2 的双极天线,辐射垂直极化波,在水平面内为全向。其宽带特性可以用于 VHF 频段和 UHF 频段的广播、电视和通信上。图 3-10 为线形地板的圆柱单极天线,这种形式可减小质量,便于撤收。

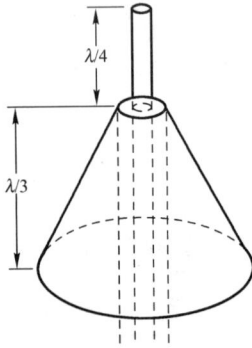 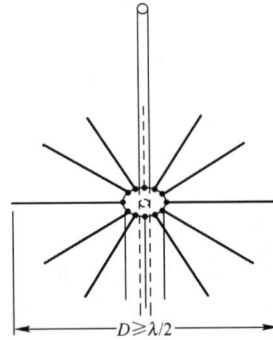

图 3-9　锥裙单极天线　　　　图 3-10　线型地板的圆柱单极天线

圆锥体构成辐射单元的天线如图 3-11 所示[4],在半锥角为 35°,天线高为 2.8cm,圆形地板直径为 30cm、厚为 2mm,在 3 ~ 11GHz 天线反射损耗小于 -10dB。在如图 3-12 所示的时域测试系统中,用圆锥天线作收发天线,在脉冲激励下的接收波形如图 3-13 所示。

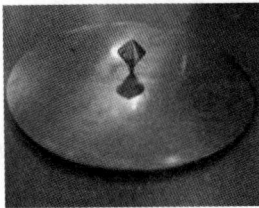

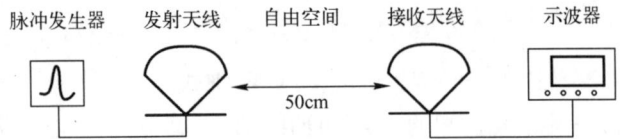

图 3-11　圆锥体构成辐射单元的天线　　　　图 3-12　时域测试系统

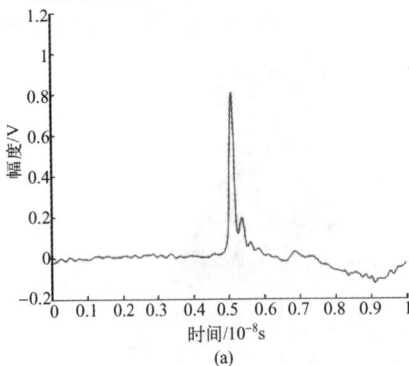

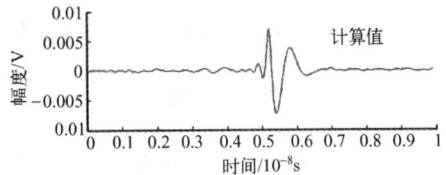

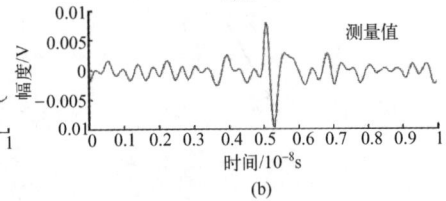

图 3-13　时域测试系统中的输入脉冲与输出脉冲波形

(a) 输入脉冲　(b) 输出脉冲。

在圆形地板上，单极辐射振子为球形超宽带单极天线[5]（图3-14），在频率为2～11GHz时有很低的VSWR。

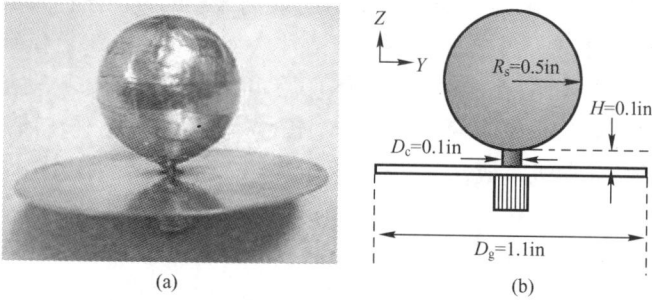

图3-14　球形超宽带单极天线（1in = 2.54cm）

低轮廓超宽带天线如图3-15所示[6]。该天线以盘锥天线为基础，通过调整底盘尺寸、上锥张角的大小、馈电结构等方法，研究盘锥天线的输入和辐射特性随天线结构的变化关系，从而设计主辐射方向在水平面内的低轮廓超宽带天线。天线采用同轴馈电方式，内、外轴之间填充相对介电常数为2.65的介质，通过计算可知，馈电同轴的特性阻抗为50Ω，上锥母线长度为50mm，天线的底盘为0.02mm的覆铜层，其半径 R_4 可以调整。设定连接点高度为2mm。仿真过程中发现，底盘直径大小与辐射场方向图形状密切相关。在 h 为定值时，对天线馈电部分的结构进行优化。天线实现了带宽2.2～16.9GHz，主辐射方向的脉冲保形性很好，可作为脉冲天线。

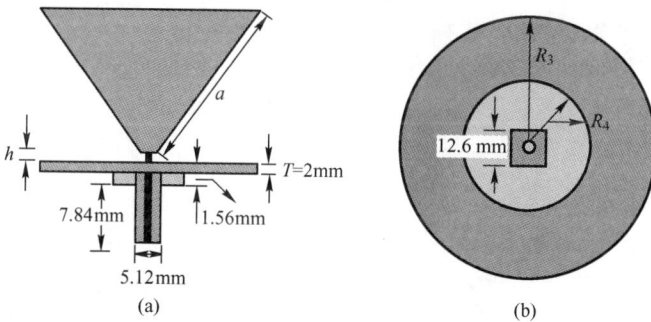

图3-15　低轮廓超宽带大线
（a）正视图；（b）底视图。

3.2.2　套筒单极天线

如图3-16所示，当用同轴线馈电时，同轴线内导体伸出作为天线辐射体的一部分用 L 表示，而外导体则作为套筒用 S 表示[1]。与普通单极天线类似，该天线的总长度（$L+S$）通常取为工作频带下限波长的1/4左右，在总长度确定的情况下,天线电性能主要取决于 L/S。当 $(L+S) \le \lambda/2$ 时,由于上轴射体与套筒外壁上的电流同相,因此辐射方向图随 L/S 的变化不明显,当频率升高时,L/S 对方向图的影响将增大。经验表明,当 $L/S = 2.25$ 时,套筒天线的方向图在 4∶1 频带范围内变化最小,尤其是具有最小的副瓣电平。通常认为,$L/S = 2.25$ 是套筒单极天线的最佳长度比。试验表明,若加粗上辐射体直径,可进一步降低高频段方向图的副瓣电平,一般认为 $D/d = 3$ 是套筒直径 D 与上辐射体直径 d 的最佳比值。工作在 500 ~ 2000MHz 的套筒单极天线,$L+S = 8.3 + 3.7 = 12$ (cm),$D/d = 3.5$。

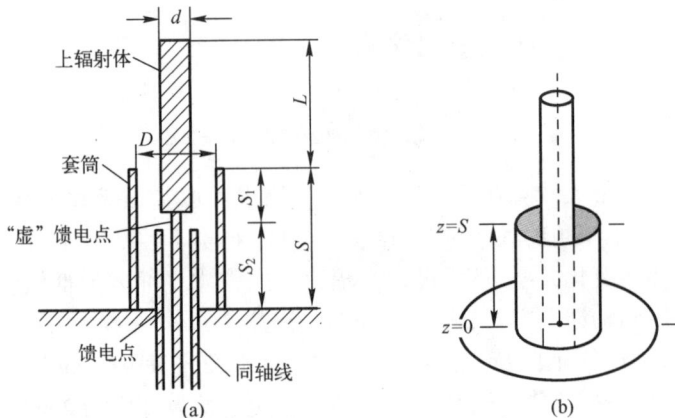

图 3-16 套筒天线

3.2.3 火山烟雾形单极天线

火山烟雾形单极天线如图 3-17(a)所示,由张开同轴线的外导体和火山烟雾形的内导体形成,这种天线具有很宽的带宽。

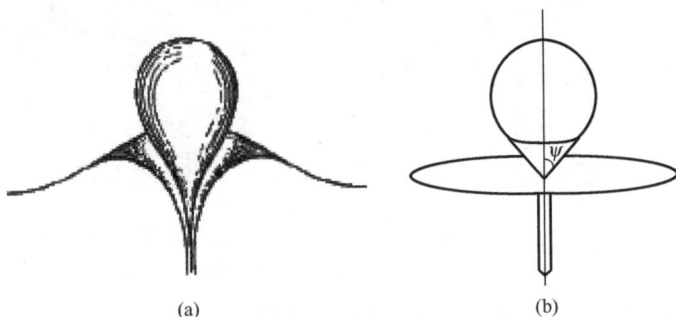

图 3-17 火山烟雾形单极天线与带圆形平板地单极天线
(a) 火山烟雾形单极天线;(b) 带圆形平板地单极天线。

带圆形平板地单极天线由同轴线馈电、天线由圆形地板和水滴形结构组成(图3-17(b)),水滴形由下部的有限长圆锥和上部的球体组成[7]。天线结构与图3-5所示的传统有限长圆锥天线类似,这类天线的输入阻抗由半锥角 ψ 决定。

50

两种尺寸结构的单极天线如图 3-18 所示,图中给出了天线的实物照片和实际尺寸,数值分析采用 CST 仿真软件。天线的半锥角与最大 VSWR 关系如图 3-19 所示,由图可知,在半锥角为 48°时有最小的 VSWR。天线高度与最低工作频率关系如图 3-20 所示,由图可知,天线的最低工作频率与天线的高度成反比。

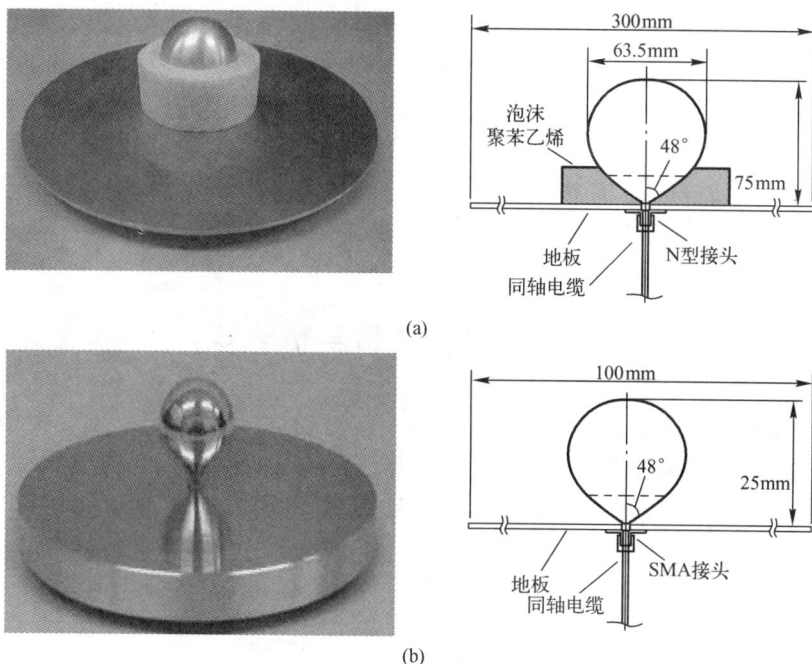

(a)

(b)

图 3-18　两种尺寸结构的单极天线
(a) 类型一结构尺寸;(b) 类型二结构尺寸。

通过三天线法进行天线测试,从数值分析与试验测试的 VSWR 可知,图 3-21 和图 3-22 可知两种类型天线的 VSWR <2 的带宽为 2~10GHz 和 2.5~20GHz。通过类型二天线与加脊喇叭天线、对数周期天线和曲折线天线的 VSWR 值比较结果可知,这种天线的 VSWR 优于其他几种天线。

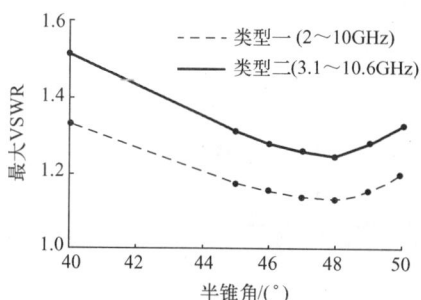

图 3-19　半锥角最大 VSWR 关系

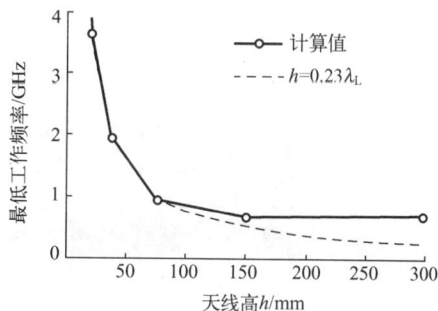

图 3-20　天线高度与最低工作频率关系

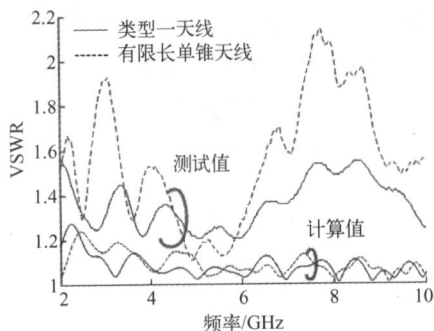

图 3-21 类型一与有限长单锥
天线的 VSWR 比较

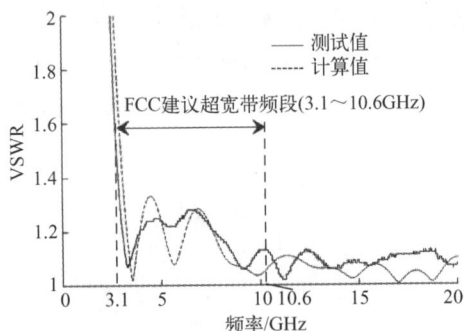

图 3-22 类型二天线的 VSWR

3.3 圆盘超宽带单极天线

圆盘超宽带单极天线带圆形或方形地板,辐射振子为圆形平面辐射板(圆盘辐射振子),馈电点在圆形板下边的中心。文献[5]研究圆形地板上单极辐射振子分别为球形、圆盘形、半圆盘形的三种天线。图 3-23、图 3-24 给出了圆盘形辐射振子和半圆盘形辐射振子天线的结构,同轴线由地板下方连接馈电,同轴线的外导体与地板相连,内导体与辐射单元相连。

图 3-23 圆盘形辐射振子天线(单位为 in)

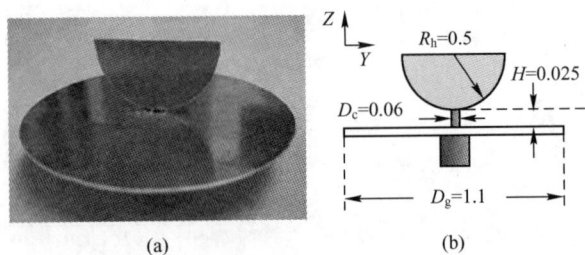

图 3-24 半圆盘形辐射振子天线(单位为 in)

研究测试可知,球形振子和圆盘形振子单极天线的 VSWR <2 的范围为 3 ~ 11GHz,半圆盘单极天线的 VSWR <2 的范围在低频端有所增大。三种振子天线的相位特性在 2 ~ 11GHz 都是线性变化,用同一种天线作为收天线和发天线时,在微波暗室内测试接收端在不同的俯仰角 θ 和方位角 φ 的接收信号波形如图 3-25 和图 3-26 所示,三种天线接收脉冲波形的形状相关不大,只是半圆盘天线的幅度稍低一些,三种天线在水平面内为全向性,波形的最大峰值比较一致,垂直面内与地面夹角为 30°($\theta=60°$)时辐射波形有最大峰值。

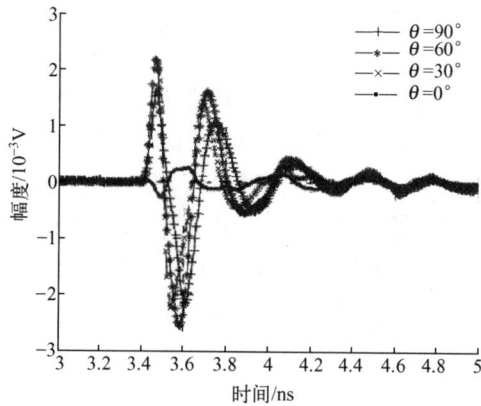

图 3-25　垂直面内不同俯仰角 θ 的脉冲响应波形

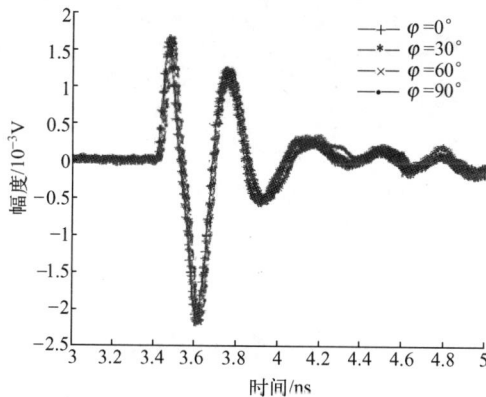

图 3-26　水平面内不同方位角 φ 的脉冲响应波形

圆弧底边超宽带单极天线[8]如图 3-27 所示。经仿真计算,该天线具有大约 30 倍频的阻抗带宽(40MHz ~ 15GHz)和方向图带宽,群延时接近常数,圆盘单极天线不仅在频域具有超宽带特性,而且具有稳定的相位中心,适合作时域通信系统天线。天线的时域反射信号的仿真结果如图 3-28 所示。

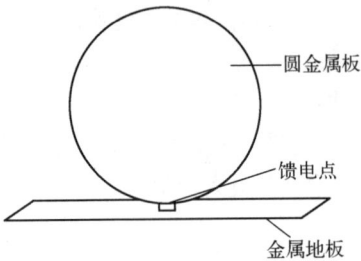

图 3-27　圆弧底边超宽带单极天线

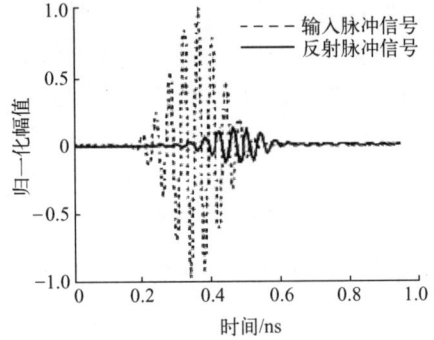

图 3-28　天线的时域反射信号的仿真结果

文献[9]基于矩量法分析了一种椭圆辐射板天线的脉冲辐射特性,模型结构如图 3-29 所示。椭圆板高为 25mm、长为 32mm、厚为 0.5mm,距地板 1mm,激励信号幅度 $E_g = 1V$,内阻 $R_g = 75\Omega$,激励脉冲分别为高斯微分脉冲和具有高斯包络的小波脉冲,脉冲信号在频域上符合频段 3.1～10.6GHz 的要求。分析在 3GHz、7GHz、11GHz 频率点上的辐射方向特性可知,在水平面内具有全向特性,7GHz 时的方向图如图 3-30 所示。高斯微分脉冲和高斯包络的小波脉冲作激

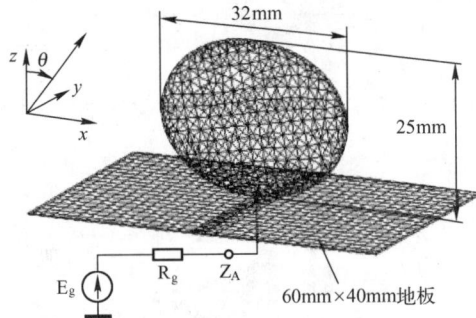

图 3-29　椭圆辐射板天线模型

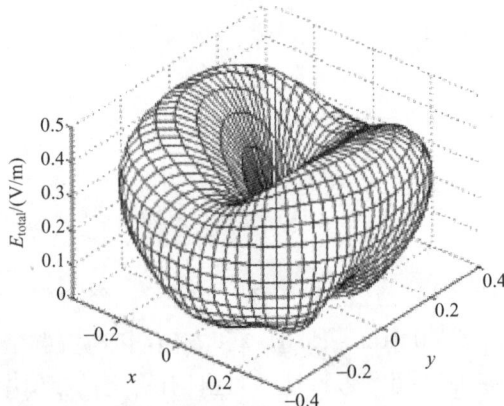

图 3-30　7GHz 时的方向图

励波形时(U_G、U_{wav})，天线在仰角 $\theta = 60°$ 时的辐射电场波形(E_G、E_{wav})分别如图 3-31 和图 3-32 所示。

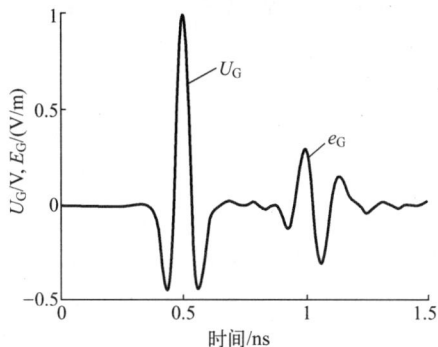

图 3-31　高斯微分脉冲激
励波电场波形

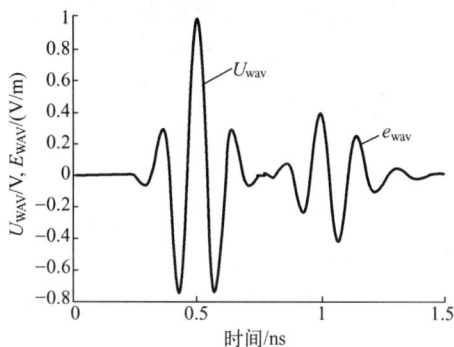

图 3-32　高斯包络的小波脉冲激
励波电场波形

圆片超宽带单极天线的优化设计见文献[10]，研究实现了低风载的双环及多环超宽带单极天线；采用波浪边缘圆片单极天线有效抑制了高端频率，电阻加载圆片单极天线可实现天线的小型化。在民用超宽带频段(3.1～10.6GHz)保持了良好的阻抗特性。圆片单极天线由边长为 d 的正方形地板和垂直于地板的金属圆片组成，采用同轴馈电方式，馈电点为圆片的下端点与地板的中心，馈电高度为 h，制作辐射圆片的材料可选厚为 g 的铜板或铁板，切割成半径为 r 的圆。针对 3.1～10.6GHz 进行设计，取最低频率为 3.1GHz，由相关公式可得 $r \approx 11$mm。经过多组参数调整，综合考虑天线的尺寸参数和性能指标，确定能使圆片单极天线获得良好仿真结果的最优参数：$r = 11$mm，$d = 65$mm，$h = 0.5$mm，$g = 1$mm。

考虑到天线辐射圆片的风阻力，圆片由多个金属同心环代替，多环单极天线能在保证性能的前提下提高天线的抗风能力，三环单极天线如图 3-33 所示，在 3.1～30GHz 反射损耗基本小于 −10dB。针对直线馈电方式，分析了环数和环宽不同时对三环单极天线性能产生影响。

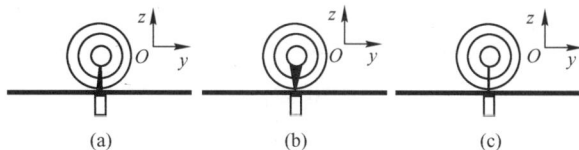

图 3-33　多环单极天线三种馈电结构
(a) 三角馈电；(b) 倒三角馈电；(c) 直线馈电。

圆片超宽带单极天线及其变形阻抗带宽的高频端几乎都在 10.6GHz 以上，为此研究基于圆片超宽带单极天线的一种波浪边缘单极天线(图 3-34)能阻陷天线高频端干扰，切削时将圆周均匀分为 N 份，以每一圆周等分点为圆心，画出

半径为 r_0 的小圆片,切削掉小圆片与原大圆片重合部分。在 $r=11\text{mm}$,$d=65\text{mm}$,$h=0.5\text{mm}$,$g=1\text{mm}$ 条件下,研究了不同 r_0、N 时的天线反射损耗,切削半径 r_0 越大,天线在高频端的反射损耗性能越差,可用带宽范围越窄。$r_0=2\text{mm}$ 时,反射损耗性能适中,小于 -10dB 的频带范围为 $3.1\sim12.5\text{GHz}$。

在圆片超宽带单极天线基础上,加载的电阻 R 垂直连接在辐射圆片的下边缘与地板间。电阻加载单极天线如图 3-35 所示,为获得全向性方向图,在圆片两侧对称地各放置一个电阻,加载以改变天线上的电流分布,改善天线电特性、拓展带宽。讨论了电阻加载天线的加载位置与阻值对天线性能的影响。分析可知,电阻加载在圆片上半部分与地板间时基本无拓展低频带宽作用,当 R 值较小时,天线对低频端的扩展作用不明显。

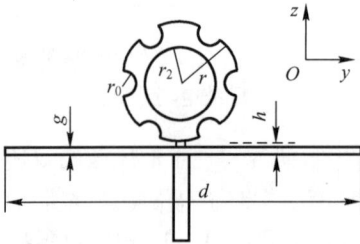

图 3-34　波浪边缘单极天线　　　　图 3-35　电阻加载单极天线

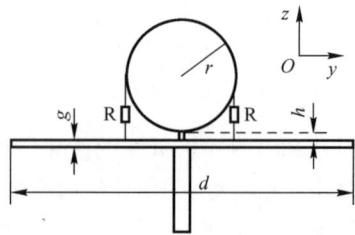

3.4　方形超宽带单极天线

辐射单元板为方形平面导体时,构成的单极天线也具有超宽带特性,在基本的方形辐射板上经过改进,如馈电点偏离方形板的中心点、方形辐射板下面角斜切、方形辐射板的一边增加与地板的短路线以及折返与地板短路等方式可增加天线带宽。

方形板单极天线、双臂卷曲单极天线、带状板单极天线的脉冲辐射的试验研究见文献[11],三种天线的尺寸如图 3-36 所示。天线测试系统如图 3-37 所示,收发天线安装在一平面地板上,相距 236mm。

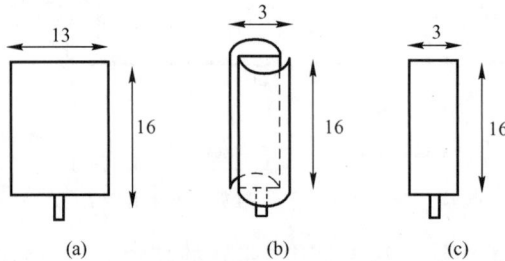

图 3-36　三种结构的单极辐射天线(单位为 mm)

(a)方形板单极天线;(b)双臂卷曲单极天线;(c)带状板单极天线。

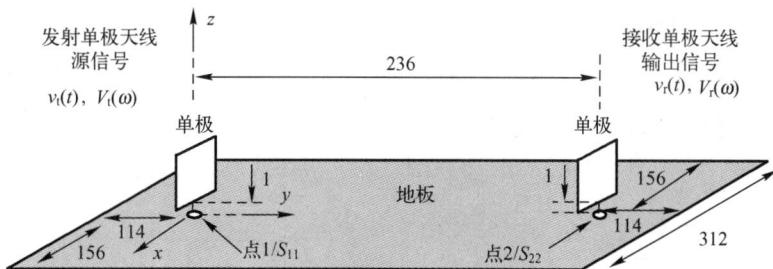

图 3-37　天线测试系统结构(单位为 mm)

测试三种天线的 S_{11}(小于 -10dB),在天线面对面放置时的 S_{11} 和 S_{21} 如图 3-38 所示, S_{11} 分别为 3.4 ~ 10.2GHz、5.3 ~ 9.5GHz、3.8 ~ 5.3GHz。之所以三种天线的结果不同,是因为天线的输入端阻抗匹配情况不同,双臂卷曲单极天线增加了寄生电感和电容,可以通过调整卷曲半径和离地板高度等方式进行优化。带状单极天线的带宽最小,说明辐射板的宽度对天线的带宽有影响。同时测试 S_{21} 如图 3-39 所示,分辐射板面对面、辐射板边对边两种情况。双臂卷曲单极天线的两种情况下的差别最小。

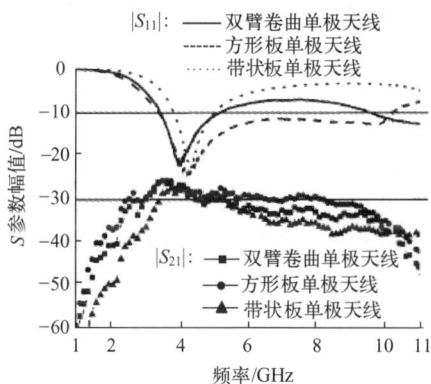

图 3-38　三种天线面对面时
S_{11} 和 S_{21} 测试值

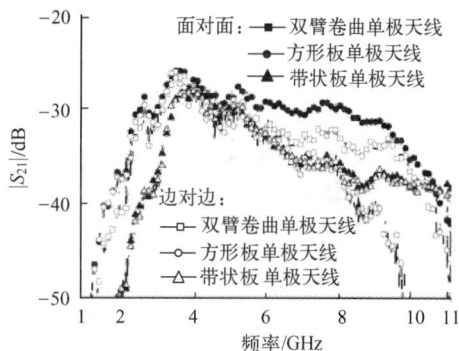

图 3-39　三种天线边对边和面对面时
S_{21} 测试值

激励脉冲为如图 3-40 所示的高斯一阶微分脉冲时,测试得到接收波形,在面对面时,方形板单极天线的接收信号幅度最大,带状板单极天线的最小。双臂卷曲单极天线在天线面对面和边对边两种情况下基本相同,其波形如图 3-41 所示。

平面板单极天线辐射单元为底部具有斜切角的矩形铜片,馈电点偏离辐射单元的中心位置[12],斜切角和不对称馈电的应用有效地扩展了带宽。采用 HF-SS 软件分析天线尺寸、斜切角和馈电点位置等参数对天线特性的影响,可得到这些参数的最佳值。

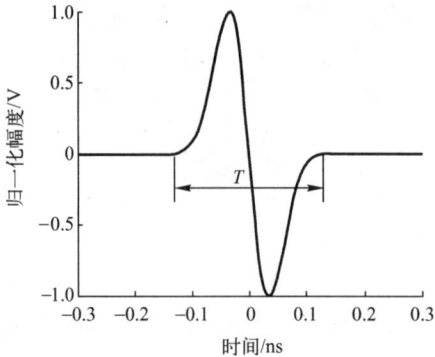

图 3-40　激励脉冲

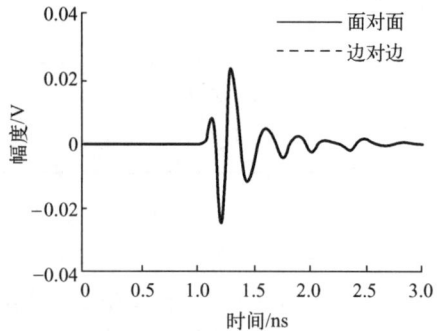

图 3-41　双臂卷曲单极天线
试验时接收脉冲

天线结构顶视图和侧视图分别如图 3-42(a)、(b)所示。辐射单元为矩形铜片,其底部被切去一角。馈电点在辐射单元一边边缘。地板为正八边形。辐射单元高 $H = 1000$mm(约为频带最低频率 70MHz 所对应波长的 1/4),宽为 W,底部的切角为 α,馈电点离辐射单元中轴线的距离为 D,地面半径 $R = 490$mm。VSWR < 3.5∶1 的天线带宽为 70 ~ 3000MHz,频率与 VSWR 之间的关系如图 3-43 所示。

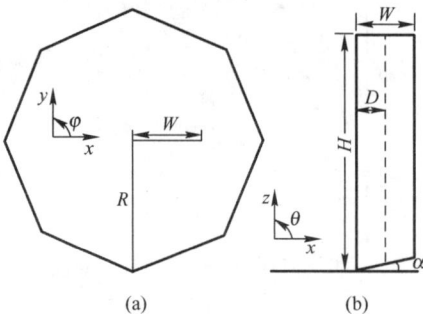

图 3-42　底部具有斜切角矩形
铜片单极天线
(a)顶视图;(b)侧视图。

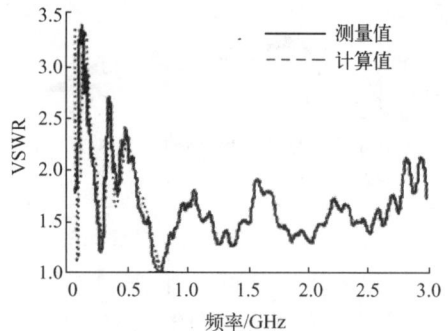

图 3-43　频率与 VSWR 之间的关系

带地板的平面方形单极天线采用 SMA 型射频接头的同轴线馈电,采用金属短路带和辐射板切角技术相结合以提高带宽,如图 3-44 所示[13]。辐射正方形板的边长 $L = 60$mm,离地板间隙为 $h = 12$mm,正方形地板的边长为 200mm、厚为 0.2mm,短路带宽为 2mm。在有短路金属带时,不同斜切角 α 时的 VSWR 如

58

图 3-45 所示。由图 3-45 可知,斜切角越大,VSWR 值越低,同时增加短路带时,VSWR 可降得更低。

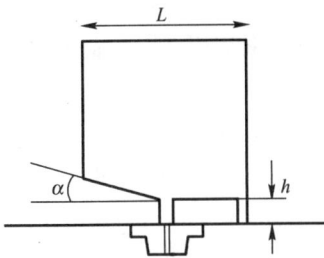

图 3-44　平面方形单极天线

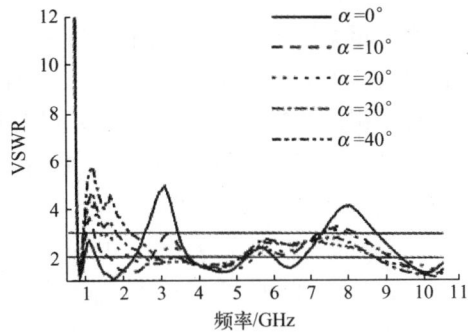

图 3-45　频率与 VSWR 之间的关系

　　紧凑带接地板的超宽带天线如图 3-46 所示[14],馈电点偏离中心点、方形辐射板下面角斜切、方形辐射板折回与地板短路增加天线带宽。偏馈可以在更宽的频带有较好的阻抗特性,增强了天线的阻抗带宽。斜切下边使天线辐射单元的电流分布发生变化,双边斜切也使辐射单元与地板间存在电容效应,使天线的带宽的上限频率更高。短路方式可以增强天线的低频辐射,减少天线的失真。天线尺寸:$g_p = 60\,\text{mm}$,$H_1 = 5.75\,\text{mm}$,$H_2 = 5.2\,\text{mm}$,$W_1 = 15.65\,\text{mm}$,$W_2 = 5.65\,\text{mm}$,$L = 13.7\,\text{mm}$。在超宽带的 3.1 ~ 10.6GHz 可以满足辐射特性(图 3-47),$H_1 + H_2 = 5.75 + 5.2 = 10.95\,(\text{mm})$,这个高度对应超宽带中心频率 6.85GHz 的 $\lambda/4$。

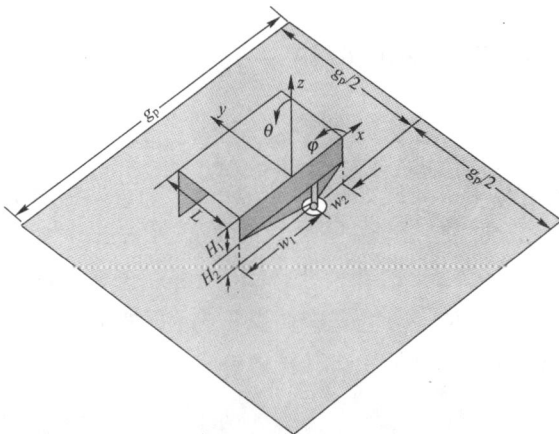

图 3-46　紧凑带接地板的超宽带天线

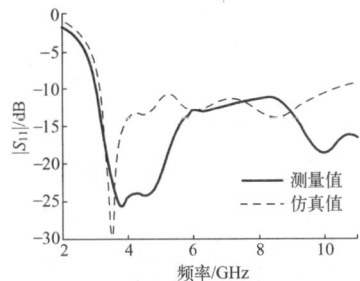

图 3-47　天线的 S_{11} 曲线

59

3.5　带圆孔超宽带单极天线

叶片形超宽带单极天线如图 3-48 所示[15]，在叶片形薄铜片上开三个孔，由于加孔后改变了电流分布，使天线在更宽的频带内阻抗达到匹配。把接地板的金属板换成相对介电常数为 3.5 的单层覆铜板，介质覆铜板在电流的激励下，等效于引入电抗，与辐射振子一起形成多谐振电路，在更宽的频带内与输入阻抗匹配，从而增加阻抗带宽。天线的辐射单元是半径 29.2mm、顶角 64° 的叶片形薄铜片，中间三个孔的半径分别为 10mm、10mm、11mm，介质板采用相对介电常数 $\varepsilon_r = 3.5$、厚 $h = 1.5$mm 的单层覆铜板，尺寸为 80mm × 80mm。实测结果可知，1.3 ~ 29.7GHz 约 22 : 1 的超宽频带上，反射损耗都在 - 10dB 以下，如图 3-49 所示。

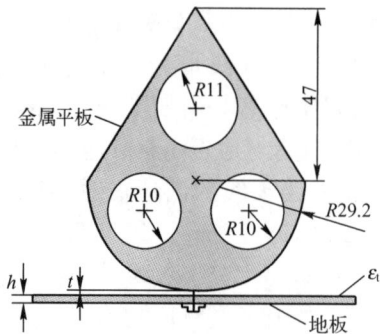

图 3-48　叶片形超宽带单极天线

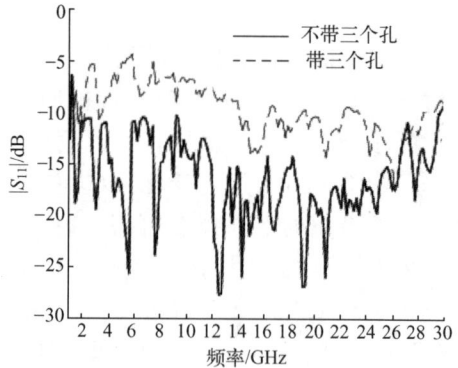

图 3-49　天线的 S_{11} 曲线图

3.6　带 L 形反射板的单极天线

带金属反射板的单极天线更适合雷达应用，因为反射板使天线的辐射方向性更强。带 L 形反射板三角形辐射板单极天线如图 3-50 所示[16]。金属板厚为 2mm，可以获得 0.5 ~ 5GHz 的阻抗带宽，通过在金属板上打孔方式，减小了天线质量且对性能没有明显影响，在孔直径为 6mm，孔与孔之间为 2mm，天线的质量从 350g 减少到 200g。通过在天线的反射背板上安装调谐螺钉（位置地三角形边线的中间位置，螺钉长为从背板到离辐射板 3mm 处，螺钉直径为 4mm）可以进一步降低频带内的 VSWR（小于 1.5）。

带 L 形反射板的橄榄球形单极天线如图 3-51 所示[18]。辐射板为一橄榄球形，由上、下两部分圆弧构成，上部圆弧半径大于下部圆弧半径，但上部圆弧面积

60

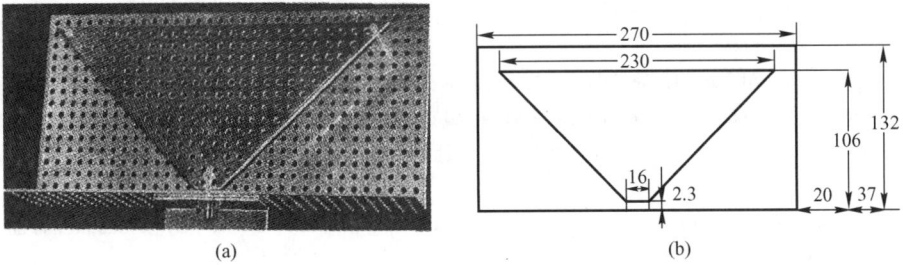

图 3-50　带 L 形反射板三角形辐射板单极天线(单位为 mm)

小于下部圆弧面积。上部圆弧半径影响辐射特性,下部圆弧半径决定天线的输入阻抗。经过 Agilent 公司的 ADS 优化后的天线尺寸如图 3-51 所示。由试验分析知,VSWR <2 的带宽为 0.1 ~ 20GHz。试验研究了窄脉冲辐射时的接收波形,由阶跃恢复二极管(SRD)产生的脉冲信号作激励信号,脉冲宽度为 150ps,上升时间为 80ps,脉冲幅度为 2.5V。由接收脉冲可知,在辐射板法线方向比平面所在方向有更大的辐射,且在与垂直线相夹角 60°时有最大辐射。

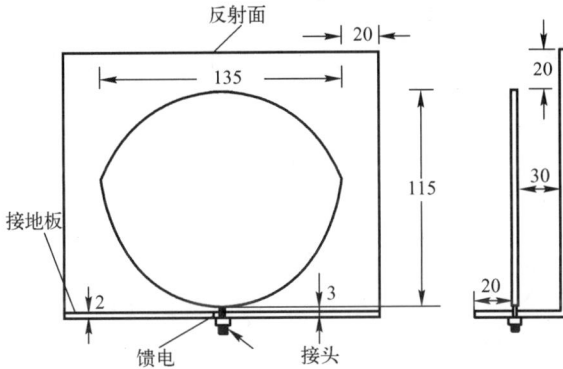

图 3-51　带 L 形反射板的橄榄球形单极天线(单位为 mm)

参 考 文 献

[1]　林昌禄,聂在平,等. 天线工程手册[M]. 北京:电子工业出版社,2002.

[2]　刘刚,王春阳,秦建军. 粗振子天线的超宽带性能分析[J]. 现代雷达,2002,24(1):77－80.

[3]　肖志文,卢万铮,马嘉俊. 一种新型超宽带异形单极天线[J]. 空军工程大学学报,2004,5(6):51－53.

[4]　Shi Y Q, Aditya S, Choi L L. Design and time domain characterization of UWB conical antennas [C]. 2005 IEEE/Sarnoff Symposium on Advances in Wired and Wireless Communication, 2005:61－64.

[5]　Yang T Y, Suh S Y, Nealy R, et al. Compact antennas for UWB applications [C]. IEEE Aerospace and Electronic Systems Magazine, 2004, 19(5) : 16－20.

［6］ 张春青,王均宏,邹卫霞. 一种低轮廓超宽带天线的设计与分析[J]. 济南大学学报(自然科学版),2010,24(3):323－326.

［7］ Takuyata N, Akihide M, Takehiko K. Development of an Omni directional and Low-VSWR ultra wideband antenna [J]. International Journal on Wireless and Optical Communications, 2006, 3(2):145－157.

［8］ 祁嘉然,邱景辉,等. 圆盘单极超宽带天线特性研究[J]. 哈尔滨工程大学学报,2007,28(1):26－30.

［9］ Chavka G G, Garbaruk M. Radiation of ultra-wideband signals by pulse antenna [C]. Ultrawideband and Ultrashort Impulse Signals, 2006:226－228.

［10］ 钟玲玲,李永翔,李鹏. 超宽带圆片单极天线的改进设计[J]. 上海航天,2012,29(6):45－52.

［11］ Chen Z N. Novel bi-arm rolled monopole for UWB applications[J]. IEEE Transactions on Antennas and Propagation, 2005, 53(2):672－677.

［12］ 刘耿烨,杜正伟. 宽带平面单极天线[J]. 电波科学学报,2007,22(3):405－409.

［13］ Ammann M J, Chen Z N. A wide-band shorted planar monopole with bevel [C]. IEEE Transactions on Antennas and Propagation, 2003, 51(4):901－903.

［14］ Ruvio G, Ammann M J. A novel compact shorted UWB antenna [J]. International Journal on Wireless and Optical Communications. 2006, 3(2):173－178.

［15］ 白晓锋,钟顺时,梁仙灵. 叶片形超宽带单极天线[J]. 微波学报,2006,22(增刊):22－24.

［16］ Eskelinen P. Improvements of an inverted trapezoidal pulse antenna [J]. IEEE Antennas and Propagation Magazine. 2001, 43(3):82－86.

［17］ Ruengwaree A, Yuwono R, Kompa G. A noble rugby-ball antenna for pulse radiation [C]. 2005 European Microwave Conference, 2005.

第4章 平面螺旋天线脉冲辐射特性

天线工作频率改变时,天线的线性电长度相应发生变化,从而改变了天线在某一窄频带工作时的性能参量,因性能参量改变过大而恶化天线的工作性能,从而限制了天线的宽频带使用。如果能设计出一种天线的外形只由角度决定而不包含线性长度,则天线的性能就可以不受频率改变的影响,这样天线可以工作在很宽的频带内。例如,无限长的双锥天线,天线的性能只由圆锥顶角的大小决定而与频率无关。平面螺旋天线结构设计为自互补性时,具有超宽的频带、稳定的增益以及较低的轴比,在现代通信中有着广泛的应用。本章分析的螺旋天线其外形由角度决定,可以工作在宽频带范围内,重点研究了在脉冲信号激励时螺旋天线的辐射特性。

4.1 非频变天线理论

当天线外形只由角度决定时,天线的性能就不受频率改变的影响,这种天线称为非频变天线(或称频率无关天线)。要实现非频变天线,天线结构可伸缩,结构由角度决定,结构终端截断而不会对天线电性能产生明显的影响,螺旋天线具备这几种特性。

构成螺旋天线的螺旋线可以用极坐标表示为

$$r = r(\varphi, \theta) \tag{4-1}$$

式中:r 为坐标原点到螺旋线上某点的矢径;φ 为矢径在坐标平面 XOY 上的投影与 X 轴的夹角(方位角);θ 为矢径与坐标轴 Z 轴的夹角(天顶角),如果 $\theta = 90°$,螺旋线在 XOY 平面内,则由此构成的天线为平面螺旋天线。

如果矢径 r 增大 k 倍,则 kr 可以在另一个方位角上满足曲线方程式(4-1),只是把表示 $r = r(\varphi, \theta)$ 的极坐标曲线旋转了一个角度,用数学式表示为

$$r' = kr(\varphi, \theta) = r(\varphi + \varphi', \theta) \tag{4-2}$$

式中:φ' 为 r 增大 k 倍时使整个原始曲线旋转的角度。

式(4-2)说明两种天线在两个频率处有相同的性能,只是方位角不同,而且对天线的任何其他参数,伸缩大小 k 只与旋转角 φ' 相互依赖。因此,式(4-2)两边分别对 φ' 和 φ 求偏微分,可得式(4-2)的解为

$$r = r(\varphi, \theta) = f(\theta) e^{a\varphi} \tag{4-3}$$

式中:$a = \dfrac{1}{k}\dfrac{\mathrm{d}k}{\mathrm{d}\varphi}$;$f(\theta)$为与天线结构$\theta$相关的函数。

由式(4-3)决定的天线是非频变天线。当$f(\theta)$为常数时,这种性质的曲线方程式为

$$\boldsymbol{r} = \boldsymbol{r}_0 \mathrm{e}^{a(\varphi - \varphi_0)} \tag{4-4}$$

式中:φ_0为螺旋线的起始角;r_0为对应φ_0时的矢径;a为与φ无关的常数。$1/a = \tan\alpha$称螺旋率,α为螺旋线切线与矢径r之间的夹角,又称螺旋角。

4.2　阿基米德平面螺旋天线

阿基米德平面螺旋天线为平面螺旋天线的一种特殊形式,在结构上一般有单臂、双臂和四臂三种。单臂螺旋天线可采用同轴线馈电,双臂和四臂螺旋天线结构上是对称的,通常采用平衡馈电。阿基米德平面螺旋天线具有宽频带、圆极化、尺寸小、可以嵌装等优点。

构成阿基米德平面螺旋天线的螺旋线的极坐标方程为

$$\boldsymbol{r} = \boldsymbol{r}_0 + a(\varphi - \varphi_0) \tag{4-5}$$

式中:r为矢径;r_0为起始矢径;φ_0为起始方位角;a为螺旋线增长率,是与φ无关的常数。

单臂阿基米德螺旋天线的臂宽由两条不同起始矢径r_0的同一方程表示,两矢径差为臂宽。

天线的有效辐射区位于$r = \lambda/2\pi$的螺线段上,而在有效辐射区外,电流变得很小,基本没有辐射。有效辐射区与波长有关,其位置随频率在天线上移动,由于螺旋线的几何形状是光滑的,因此当频率变低、有效辐射区离螺旋线中心较远时,其性能变化不大。天线工作的高频段和低频段由螺旋线最小半径$r_{\min}$和最大半径$r_{\max}$决定。天线的周长$C = 2\pi r_{\max}$。在辐射区内,沿着螺旋线相差$\lambda/4$的两点相位相差90°,而此时电流方向是相互垂直的,电流的大小也几乎相等,因此满足了产生圆极化波的条件。螺旋线的绕向决定了辐射圆极化波的旋向。

在外径和内径给定的情况下,螺旋线增长率的变化实质在改变天线臂的宽度和臂间宽度的比值。螺旋线增长率越小,螺旋线缠绕越紧,天线臂越长,终端反射越小,可以改善低频率性能。螺旋天线臂的厚度也对天线性能产生影响,特别是在螺旋线缠绕很紧密时。

通常采用印制电路板技术制作这种天线,并使金属螺旋天线臂的宽度等于臂间间隔宽度,形成互补结构,有利于阻抗的宽带特性。

阿基米德平面螺旋天线属于超宽频带天线,但不是真正的非频变天线。因为天线电流在有效辐射区之后并不明显地减小,以致天线结构在终端被截断后

电特性受到一定的影响，必须在终端加载，以避免波的反射。

图4-1为阿基米德平面螺旋天线结构[1]。天线采用单臂阿基米德平面螺旋线结构，螺旋线和地板分别印制在介质基板的两侧，介质基板的相对介电常数为 $\varepsilon_r = 2.55$，总半径 $R_1 = 30\text{mm}$，厚度 $H = 1\text{mm}$。旋转线增长率 $a = 0.64\text{mm/rad}$，起始幅角 $\varphi_0 = \pi/2 \text{ rad}$，最大幅角为 $13\pi \text{ rad}$，天线臂宽 $D = 2\text{mm}$。馈电部分采用同轴探针直接馈电。同轴线外导体接地板，内导体穿过介质板连接至螺旋臂上。地板半径 $R_2 = 5\text{mm}$，其中心馈电位于螺旋线起始位置下方。实测结果表明，天线在 2～11.4GHz 的频率范围内反射损耗小于 -10dB，轴比小于 3dB 的频率范围为 2.5～8.4GHz。该天线结构简单、工作频带宽，且剖面板低，可作为多种载体的共形天线使用。

锯齿状阿基米德平面螺旋天线结构如图4-2所示[2]，锯齿状阿基米德平面螺旋天线内3圈仍为标准的阿基米德螺旋线，从第4圈开始对螺旋线进行锯齿形调制。锯齿形的折线形成了一种慢波结构，能够在外径尺寸不变的情况下增加电流行进的路程，从而改善天线的低频特性，达到展宽频带的目的。设计制作了频带 2.9～6.2GHz 的锯齿状阿基米德平面螺旋天线，对反射背腔和馈电巴伦进行优化设计。研究测试表明，与普通阿基米德平面螺旋天线相比，该天线能够缩小尺寸，展宽频带，很好地改善天线的低频特性。

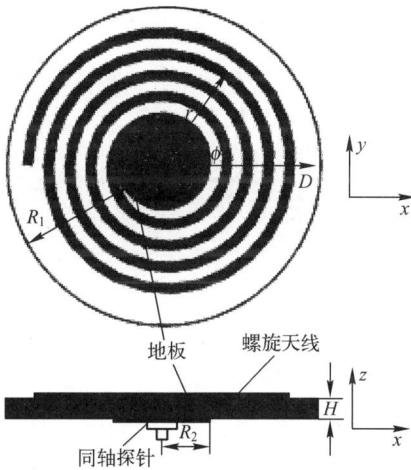

图4-1　阿基米德平面螺旋
天线结构

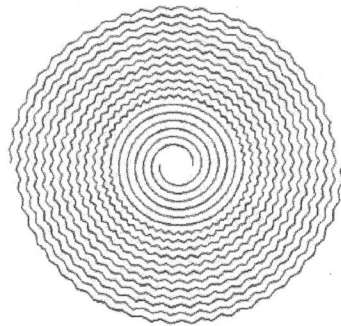

图4-2　锯齿状阿基米德平面
螺旋天线结构

为了更好地实现同轴线馈电时与螺旋天线输入端的阻抗匹配，有学者设计了一种螺旋线馈电的螺旋天线结构，如图4-3所示[3]。图4-3(a)为三维结构，螺旋天线固定在高 $h = \lambda/4$ 的导电地板上以增强上半空间的辐射方向性，螺旋天线外部周长大于2倍工作波长。图4-3(b)为螺旋线顶视图，平面中心到螺旋

臂半径 $r = a_{sp}\phi$，a_{sp} 为螺旋线增长率，φ 为与 x 轴间的旋转角（螺旋线从 J 点到 T 点，旋转角从 φ_{sp}^s 到 φ_{sp}^e），后面分析中取频率为 6GHz，$\lambda = 5\text{cm}$，外部周长 $C_{sp} = 2.3\lambda$，$a_{sp} = 0.0153\lambda/\text{rad}$，$\varphi_{sp}^s = 23.93\text{rad}$。

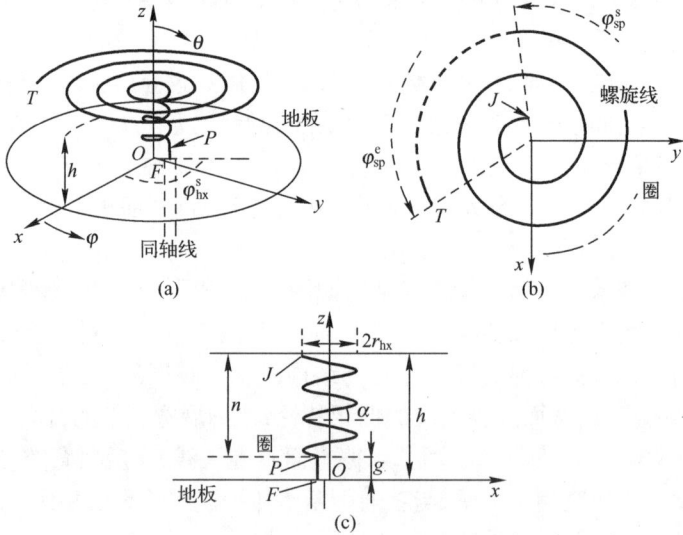

图 4-3　螺旋线馈电的螺旋天线

（a）天线三维结构；（b）螺旋线顶视图；（c）天线侧视图。

天线侧视图如图 4-3（c）所示，螺旋馈线为圆柱体，直径为 $2r_{hx}$，螺旋角 α，圈数为 n，馈电点 F 与螺旋的起始点 P 直线长 g，基本关系如下：

$$2r_{hx} = 2a_{sp}\varphi_{sp}^e \tag{4-6}$$

$$n = (h - g)/(2\pi r_{hx}\tan\alpha) \tag{4-7}$$

$$\varphi_{hx}^s = \varphi_{sp}^e - 2\pi n \tag{4-8}$$

式中：φ_{hx}^s 为螺旋馈线的起始角。

馈电点 F 的坐标为

$$\begin{cases} x = r_{hx}\cos\varphi_{hx}^s \\ y = r_{hx}\sin\varphi_{hx}^s \end{cases} \tag{4-9}$$

研究改变螺旋馈线圆柱的直径和螺旋角与 VSWR 及波束关系。矩量法分析时导电地板为无限大，实验研究时为方形，边长大于 9λ。螺旋天线和螺旋馈电线直径足够小（0.008λ）。当 $2r_{hx} = 0.1\lambda$，$\alpha = 10.5°$ 时，天线相对 50Ω 阻抗的 VSWR、AR、G 与频率的关系如图 4-4 所示。选择合适的馈电尺寸可以获得 50Ω 的输入阻抗，在频率为 6GHz 时，最大方向图与 Z 轴倾斜角 $\theta = 18°$，增益达 8.4dB，VSWR < 2.5 的带宽可达 20%，且宽频带内有较好的圆极化，AR < 3dB，增益变化也很小。

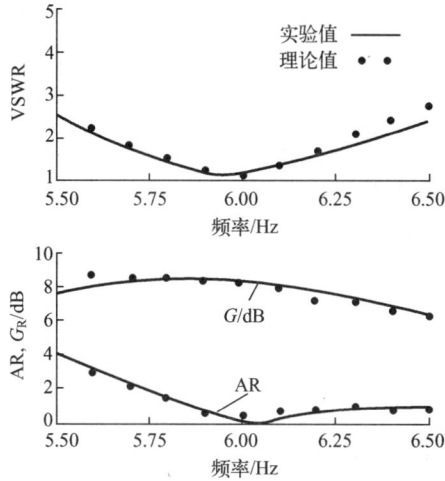

图 4-4 天线 VSWR、AR、G 与频率的关系

设计多臂螺旋天线的垂直同轴线馈电时,需要馈电模式生成器或平衡不平衡巴伦变换器为每臂产生不同的馈电相位。

文献[4]设计的两层四臂螺旋天线结构中不需要模式生成器或巴伦,把螺旋臂制作在介质基板的两面,形成两层四个辐射臂,每一层辐射臂有相同的相位,两层四臂具有自互补结构,图 4-5 为底层与顶层的原型。螺旋天线的直径长 10cm,其理论工作的最低频率为 2GHz,制作在厚 0.51mm 的基板上,螺旋线增长率为 0.2cm/rad。

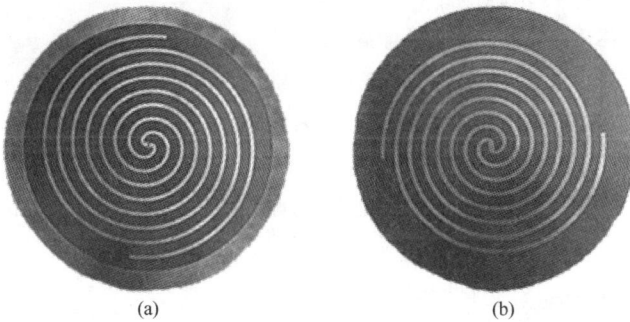

图 4-5 两层四臂螺旋天线
(a)底层;(b)顶层。

同轴线的外导电层与底层螺旋臂相连,同轴线的内导电芯通过基板中心的孔与顶层的螺旋臂相连。同轴线的内外导电层相位差为 180°,这样四臂获得馈电模式的相位分别为 0°、180°、0°、180°。天线可以设计成其他馈电模式。天线基板安装在深 5cm 的腔体内,腔体底填充厚 3cm 的吸收层。天线相对 50Ω 的

67

VSWR 与 $\theta = 38°$ 时的 AR 测试值与仿真值如图 4-6 所示。

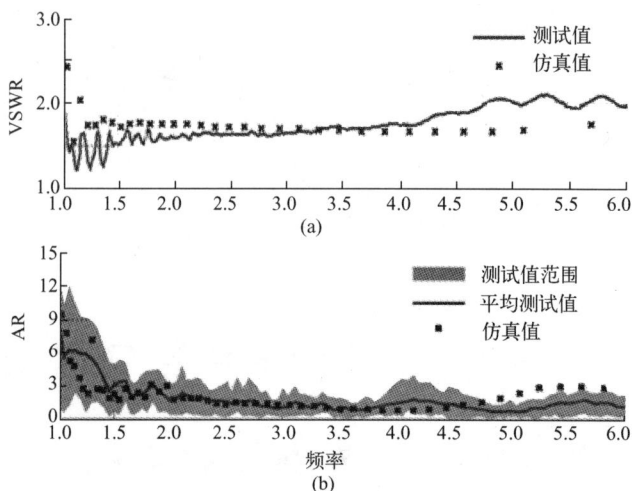

图 4-6　天线的 VSWR 与 AR 测试值与仿真值
(a) 相对 50Ω 的 VSWR；(b) $\theta = 38°$ 的 AR。

螺旋臂的终端用螺旋线加载可以进一步提高性能，结构如图 4-7 所示。可降低在低频和中频端的 AR。与没有终端加载的相比，AR 在 1 ~6GHz 平均低 1dB。

设计在四层结构印制电路板上的平面螺旋天线如图 4-8 所示，包括三层金属层和填充介质层。金属层的最低层为电路中的元器件安装层，最上层为螺旋天线层，中间层为信号地层，起到隔离天线对元器件的影响。填

图 4-7　螺旋天线终端加载螺旋线

充介质层分为顶层、中心层、低层且各层的厚度与参数不同，电路板的各层参数如表 4-1 所示。

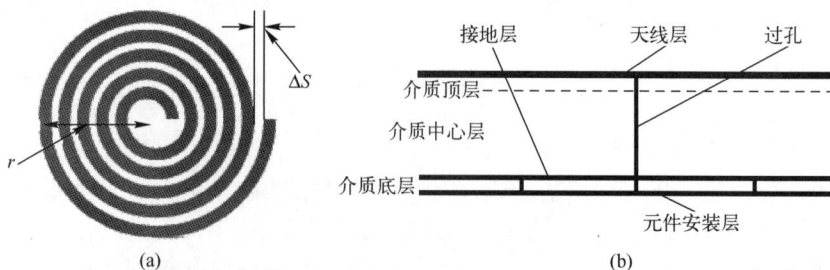

图 4-8　四层结构的印制电路板上的平面结构螺旋天线

68

表 4-1　印制电路板天线的材料参数

介 质 顶 层	树脂涂布铜皮（RCC）	厚度 0.05mm
介质中心层	RO4350B	厚度 1.524mm
介质低层	RCC	厚度 0.05mm
金属层顶层与低层	铜	厚度 $25\mu m$
金属层中间层	铜	厚度 $18\mu m$
金属导电率	—	$5.8 \times 10^7 S/m$
金属表面光滑度	—	0.001mm
介质介电常数	—	3.48 ± 0.05
介质损耗因子	—	0.004

基板损耗与厚度影响天线增益,优化设计可使天线的输入阻抗为50Ω。通过改变天线参数研究天线性能,如改变螺旋线的间距 ΔS、改变天线半径大小 r 等。图4-9 为半径 $r = 7.5cm$ 的单臂天线在 ΔS 分别为 4.5mm、5.5mm、6.5mm 时的 VSWR 数值。由图可知在 3.1 ~ 10.6GHz 内 VSWR <2。

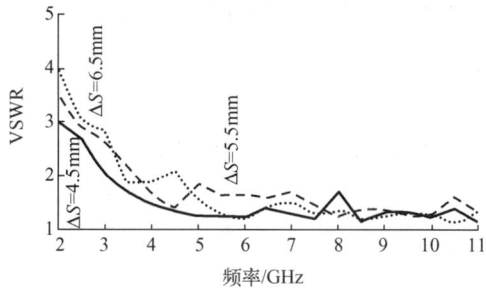

图 4-9　半径 $r = 7.5cm$ 的单臂螺旋天线的 VSWR

进一步的研究可知:半径 $r = 3cm$ 的单臂天线在宽带达 5.1GHz 内 VSWR <3;半径 $r = 5cm$ 的单臂天线在 3.1 ~ 10.6GHz 内 VSWR <3。两个单臂天线组成的天线阵可有更大带宽,在 1.791 ~ 11GHz 内 VSWR <2。

阿基米德螺旋天线的性能与外径、内径、臂宽、臂宽与臂间距离的比以及厚度有关[5]。用二臂与四臂阿基米德螺旋线与旋转抛物面进行共形设计如图4-10 所示,研究这种天线时,结合旋转抛物面的焦距与口径直径参数以及馈电模式的不同分析这种共形天线。共形螺旋天线可作为单脉冲雷达中的无源判向天线应用和抛物面天线反射面应用。

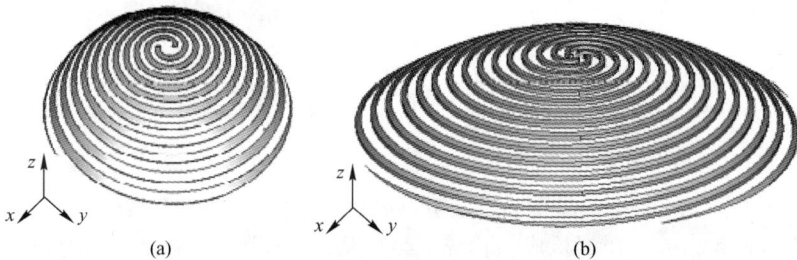

图 4-10　旋转抛物面共形设计阿基米德螺旋天线

（a）二臂；（b）四臂。

69

4.3　等角螺旋天线

由式(4-4)描绘的螺旋线可以构成平面等角螺旋天线(Planar Equiangular Spiral Antenna,PESA),当φ变化时,所描绘出来的平面螺旋线的螺旋角始终保持不变,所以称为等角螺旋线。令φ_0为0、π,可得两条对称的等角螺旋线,即

$$r_1 = r_0 e^{a\varphi}$$
$$r_2 = r_0 e^{a(\varphi-\pi)}$$

(4-10)

显然,若将其中一条螺旋线绕z轴旋转180°,即与另一条螺旋线重合。

实际的等角螺旋天线的每一臂都是有一定宽度,如果两臂等角螺旋天线的两臂对称,每一臂都是由两条起始角相差为$\delta(\delta<180°)$的等角螺旋线构成,两臂等角螺旋天线的四条边缘分别为

$$\begin{cases} r_1 = r_0 e^{a\varphi},\ r_2 = r_0 e^{a(\varphi-\delta)} \\ r_3 = r_0 e^{a(\varphi-\pi)},\ r_4 = r_0 e^{a(\varphi-\pi-\delta)} \end{cases}$$

(4-11)

螺旋天线由r_1、r_2作边缘线围成一臂,r_3、r_4作边缘围成另一臂,r_1、r_3分别为两臂的外边缘,r_2、r_4分别为两臂的内边缘。δ为螺旋天线的角宽度,两臂平面等角螺旋天线的每臂宽度随着半径的增大而逐渐展宽。若取$\delta=90°$,则在任何半径的圆内等角螺旋天线金属臂与其空隙部分的形状完全相同,这样的结构就称为自互补结构,如图4-11所示。

为了扩展低频性能,在两臂的末端采用螺旋臂加载方式,如图4-12所示[6],两臂的加载螺旋臂沿圆柱形表面向下延伸。

图4-11　两臂平面等角螺旋天线　　图4-12　螺旋臂加载的平面等角螺旋天线

如φ_0取0、$\pi/2$、π、$3\pi/2$时,还可构成四臂螺旋天线。每臂要构成一定宽度的四臂螺旋天线,可取$\delta<90°$时构成,如果$\delta=45°$,构成了四臂自互补结构螺旋天线。

平面等角螺旋天线也是满足天线外形只由角度决定的非频变天线,这种天线在螺旋线始端馈电后,随着对中心点距离的增加,天线有一有限长度的有效辐射

区,在其后约一个波长以外的电流衰减可达 20dB 左右,若终端截断不会对天线电特性有明显影响,在较宽的频率范围内有近似非频变特性,这种天线有实际应用意义。

在天线实际应用中,馈电点设计成蝴蝶结形加载并采用合适的阻抗变换器进行阻抗匹配,天线一般安装备在金属反射腔实现定向辐射[7]。对大功率应用,因为散热,还应考虑螺旋线的宽度和间距大小,以及基材的厚度[8]。

电磁带隙(Eelectronmagnetic Band Gap,EBG)或光子带隙(Photonic Band Gap,PBG)结构是一种人工构造的周期性电介质结构,这种结构会在某一特定频率范围内影响电磁波、光波或声波的传播。用在天线结构设计上,EBG 或 PBG 结构可以提高天线的性能,如提高天线增益,增强辐射效率和方向性以及减小天线尺寸等[9],在平面等角螺旋天线的反射平板中插入适当的小型 EBG 结构可以降低天线的极化轴比且不降低增益。

通过在天线两臂外的加金属圆环结构,可改善等角螺旋天线末端的电流效应,得到更好的圆极化轴比特性[10]。加金属圆环的天线结构如图 4-13 所示,金属圆环的宽度为 4mm,离最外边两个臂的距离也为 4mm,基板 FR4 介电常数为 4.4。采用阻抗指数渐变微带线—平行双线形式的宽带巴伦,测试结果显示辐射螺旋天线和巴伦具有很好的宽频带特性,2 ~ 12GHz 频带内天线的增益达到 3.5dB 以上,反射系数 $S_{11} < -10$dB,AR < 3dB。

将等角螺旋线绕在的圆锥面上,就构成了圆锥螺旋天线(Conical Spiral Antenna,CSA),如图 4-14 所示。圆锥螺旋天线具有向锥角方向的单向辐射特性。圆锥螺旋的曲线方程为

$$r = r_0 e^{(a\sin\theta_0)\varphi} \tag{4-12}$$

式中:$a = 1/\tan\alpha$,α 为螺旋的切线与圆锥母线间的夹角(称螺旋角);θ_0 为圆锥的半锥角;r 为从圆锥顶点发出的沿锥面的矢径。

图 4-13　加金属圆环等角螺旋天线

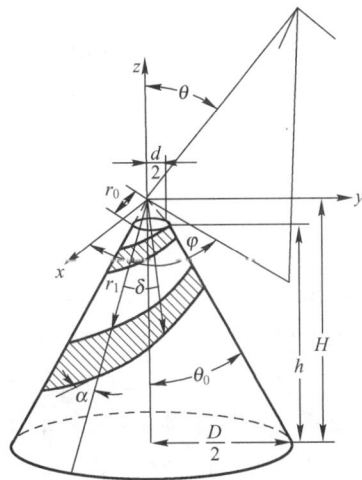

图 4-14　圆锥等角螺旋天线

图 4-14 中，圆锥高为 h，顶平面半径为 $d/2$，底平面半径为 $D/2$。

与平面等角螺旋线相似，α 为常数，当螺旋线从始端向外展开时，α 始终保持不变，所以这种螺旋线也是一种等角螺旋线。由于 r 的对数与方位角 φ 之间有着简单的线性关系，因此这种螺旋天线又称为圆锥对数螺旋天线。显然，当 $\theta_0 = 90°$ 时，退化为平面等角螺旋天线。

两条螺旋臂构成圆锥螺旋天线有对称的平衡馈电，两臂边缘的四条螺旋线分别为

$$
\begin{cases}
r_1 = r_0 \mathrm{e}^{(a\sin\theta_0)\varphi}, & r_2 = r_0 \mathrm{e}^{(a\sin\theta_0)(\varphi-\delta)} \\
r_3 = r_0 \mathrm{e}^{(a\sin\theta_0)(\varphi-\pi)}, & r_4 = r_0 \mathrm{e}^{(a\sin\theta_0)(\varphi-\pi-\delta)}
\end{cases}
\tag{4-13}
$$

若 $\delta = 90°$，就构成了自互补结构的天线。

圆锥螺旋天线参数改变时性能也会变化，图 4-15 为保持圆锥高度不变，改变螺距 S 得到的 VSWR 曲线[11]，三条曲线对应不同的螺距（$S_1 < S_2 < S_3$）。由图 4-15 可知，随着螺距 S 的增大，VSWR 降低，带宽变宽，截止频率降低。图 4-16 为 S 和 N（圈数）均为常数，改变薄铜带宽度（$W_1 < W_2 < W_3$）得到的 VSWR 曲线。由图 4-16 可知，绕制螺旋的铜带越宽，天线 VSWR 越低。

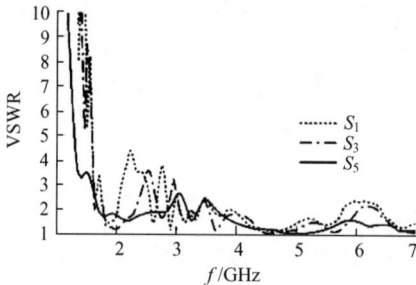

图 4-15　同高圆锥螺旋不同螺距的 VSWR　　图 4-16　不同螺旋臂宽度的 VSWR

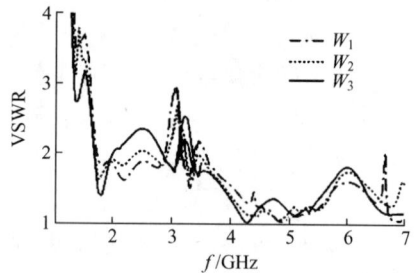

文献[12] 基于 FDTD 法对圆锥螺旋天线发射电磁脉冲进行了数值仿真，结果表明，某一频率的电磁波分量由该天线对应的某个有效区域发射，且发射频率的波长等于有效作用区域的圆锥截面边界周长。如图 4-17 所示，在圆锥螺旋天线工作频带范围内，不同的有效区域发射不同频率分量的电磁波，底端有效区域截面周长等于最低频率对应波长，即 $\pi D = \lambda_{\max}$，顶端有效区域截面周长等于最高频率对应波长，即 $\pi d = \lambda_{\min}$。

由于不同的发射有效区域位于不同的空间位置，使得不同频率分量的信号到达主辐射方向上的某一观察点所需时间上产生差异，从而使发射信号产生变形，即为色散特性。观察点得到的信号不再是相似的高斯脉冲信号，而是具有脉冲包络形状的振荡波形，如图 4-18 所示。该振荡电场波形的高频分量比低频分量先到达观察点，这是因为频率越高，在天线上的发射有效区域越靠近天线顶端，距离观察点的距离就越小，因此所需传播时间越短。

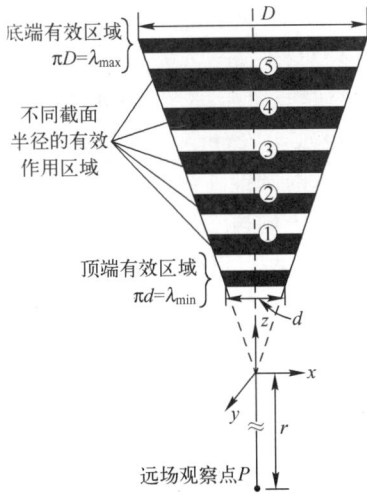

图 4-17　有效作用区域的
圆锥截面

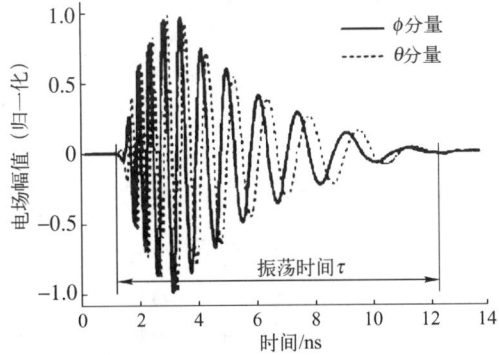

图 4-18　高斯微分脉冲激励下
圆螺旋天线的辐射波

4.4　螺旋天线脉冲激励分析

平面缝隙天线及其互补天线的输入阻抗之积等于自由空间本征阻抗(约377Ω)的平方的1/4,这是著名的巴比涅 – 布克(Babinet – Booker)原理[13]。当天线满足自互补结构时,其输入阻抗为自由空间本征阻抗的1/2(188.5Ω),即满足拉姆塞(Rumsey)原理。螺旋天线满足自互补结构时输入阻抗保持不变,在很宽的频带内有平坦的幅频特性,可以认为是一种非频变天线,天线带宽的高频受限于螺旋的内半径,低频受限于外半径,这种天线在雷达、导弹系统中有不少应用研究[14,15]。

本节采用基于 RWG(Rao Wilton Glisson)基函数的矩量法(MOM)分析研究两臂平面等角螺旋天线和圆锥螺旋天线的脉冲激励下的辐射特性。RWG 基函数[16,17]是 1978 年由 Glisson 提出,后由 Rao、Wiliton、Glisson 发展而来的一种分析天线电流分布的矩量法分域基函数。结合天线表面的平面三角形网络剖分,可建立 RWG 基函数。线天线的横截面可以是任意形状,既可以是圆形也可以是任意多边形,既可以是实心也可以是空心。此外,可方便地分析零厚度或具有一定厚度面状结构的天线或立体形结构的天线。

4.4.1　天线表面三角化

平面螺旋线极坐标方程参考式(4-11),在内半径 $r_0 = 0.5$ cm, $a = 0.221$,要形成螺旋天线的两臂,需要四条螺旋线, $\delta = 90°$,取 $\varphi_0 = 0$ 时螺旋线构成天线的第一臂, $\varphi_0 = \pi$ 时螺旋线构成天线的第二臂。天线臂转动 2.5 圈(5π)时的外半径长约为 16cm。螺旋两臂限定在以外半径为大小的圆内使得天线的两臂与两臂间的空隙具有完全相同的形状和面积,保持自互补对称性。

圆锥螺旋线的极坐标方程可由式(4-13)表示,它是三维坐标,θ_0 为圆锥半顶角,取 $\theta_0 = 15°$,φ_0 与 δ 取法同平面螺旋天线,顶端半径 $r_0 = 0.5$cm,在天线臂转动 5 圈(10π),$a = 0.5$ 时的圆锥体的底端半径约为 15cm,这时圆锥高约为 55cm。

天线臂表面三角形网格处理方法:每螺旋臂沿螺旋方向再三等分得到四条螺旋线,φ 以 π/18 为步进取值并得到螺旋线上的坐标点,这些点就构成三角形顶点,每个三角形的中心点坐标也可计算出。利用 Matlab 中的 delaunay 函数进行三角形网格处理可得到螺旋天线的图形,图 4-19、图 4-20 分别为外半径 16cm 的平面螺旋天线三角网格图和高 55cm 的圆锥螺旋天线三角网格图。螺旋中心部分网格结构处理为对称形式,天线的馈电点在天线的中心的三角形边上,如图 4-21、图 4-22 所示,图中给出了平面螺旋天线的中心结构和圆锥螺旋天线的顶端结构。

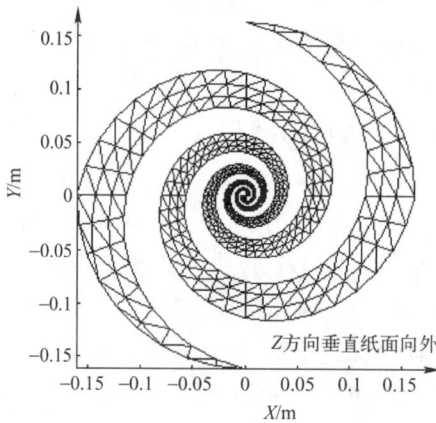

图 4-19　平面螺旋天线三角网格图

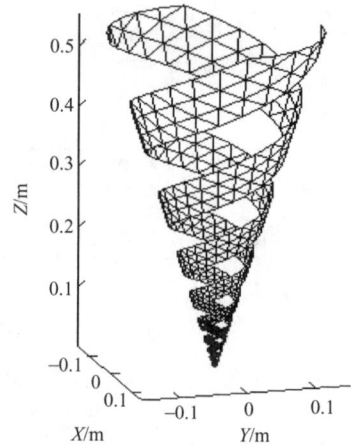

图 4-20　圆锥螺旋天线三角网格图

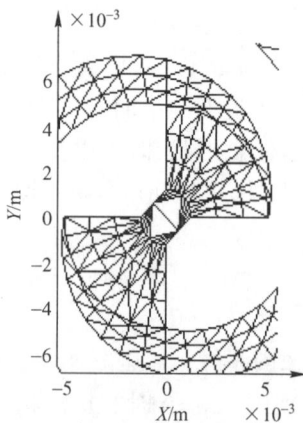

图 4-21　天线中心部分三角网格图

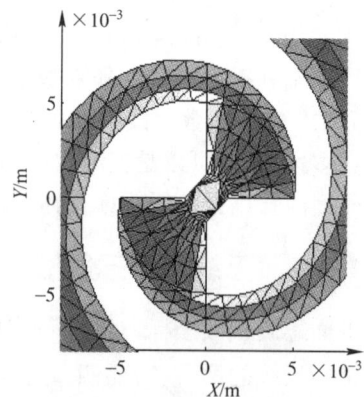

图 4-22　天线表面电流分布

74

4.4.2 基于 RWG 基函数的矩量法

用矩量法求解电场积分方程,把方程中的未知数用展开的多项式表示,方程中待求解量为表面电流密度。螺旋天线表面三角化后,每相邻两三角(T^+ 与 T^-)构成 RWG 边元模型[18,19],每一三角对(边元)对应一基函数,天线上每一边元的表面电流又与其他边元的基函数有关。即每一边元表面的电流密度 J 为所有边元贡献之和,因此可以展开成 M 个的 RWG 基函数 f_m 的线性组合来代入,用下式表示:

$$J = \sum_{m=1}^{M} I_m f_m \, (\mathrm{A/m}) \tag{4-14}$$

式中:I_m 为待求电流密度系数;M 为内部边元数,即天线进行平面三角剖分后的两相邻三角公共边的个数;f_m 为 RWG 子域基函数,该基函数的作用域为有一公共边的两个相邻三角形函数,用来表示流过这两个三角形公共边上的电流矢量,可表示成

$$f_m = \begin{cases} (l_m/2A_m^+)\boldsymbol{\rho}_m^+(\boldsymbol{r}), & r \text{ 在 } T_m^+ \text{ 内} \\ (l_m/2A_m^-)\boldsymbol{\rho}_m^-(\boldsymbol{r}), & r \text{ 在 } T_m^- \text{ 内} \\ 0, & \text{其他} \end{cases}$$

其中:l_m 为边元 m 的长度(两三角形公共边的长度);$A_m^{\pm}$ 为三角形 $T_m^{\pm}$ 的面积;$\boldsymbol{\rho}_m^+(\boldsymbol{r})$ 为从三角形 T_m^+ 的自由顶点指向观察点 $\boldsymbol{r}$;$\boldsymbol{\rho}_m^-(\boldsymbol{r})$ 为从观察点 $\boldsymbol{r}$ 指向三角形 T_m^- 的自由顶点。

待求电流密度系数 I_m 构成矢量 $\boldsymbol{I} = \{I_m\}$,它是下面阻抗方程(矩量方程)的唯一解:

$$\boldsymbol{Z} \times \boldsymbol{I} = \boldsymbol{V}$$

式中:$\boldsymbol{V} = \{V_m\}$ 是长度为 M 的天线激励电压列矢量。V_m 对应每个边元的激励:对于接收天线,入射电场在每个边元上产生的激励可计算出来;对发射天线,天线馈电电压 V 只加其中一个边元或几个边元上(一般在坐标原点处),除这几个边元以外的其他边元,没有激励电压。计算这个边元激励方法有多种,由于采用 RWG 基函数,把这个边元的公共边等效为一小间隙,用 δ 函数发生器法描述间隙间的场[16]。

$\boldsymbol{Z}$ 为不同边元之间相互作用的阻抗矩阵($M \times M$),阻抗元素可表示为[21]

$$Z_{mn} = l_m \left[j\omega \left(\boldsymbol{A}_{mn}^+ \cdot \boldsymbol{\rho}_m^{c+}/2 + \boldsymbol{A}_{mn}^- \cdot \boldsymbol{\rho}_m^{c-}/2 \right) + \Phi_{mn}^- - \Phi_{mn}^+ \right] \tag{4-15}$$

式中:$\boldsymbol{\rho}_m^{c+}$ 为从三角形 T_m^+ 的自由顶点指向 T_m^+ 的中心点 $\boldsymbol{r}_m^{c+}$ 的矢量;$\boldsymbol{\rho}_m^{c-}$ 为从三角形 T_m^- 的中心点 $\boldsymbol{r}_m^{c-}$ 指向三角形 T_m^- 的自由顶点的矢量。每一边元可用有效长度为 $|\boldsymbol{r}_m^{c-} - \boldsymbol{r}_m^{c+}|$ 的偶极子 m 代替。因此,Z_{mn} 表示等效偶极子 n 通过辐射场对等效偶极子 m 的电流贡献,Z_{nm} 表示等效偶极子 m 通过辐射场对等效偶极子 n 的

电流贡献。矢量 $\boldsymbol{A}$ 与标量 $\boldsymbol{\Phi}$ 有如下形式[21]:

$$A_{mn}^{\pm} = \frac{\mu}{4\pi}\Big[\frac{l_n}{2A_n^+}\int_{T_n^+}\boldsymbol{\rho}_n^+(\boldsymbol{r}')g_m^{\pm}(\boldsymbol{r}')\mathrm{d}S' + \frac{l_n}{2A_n^-}\int_{T_n^-}\boldsymbol{\rho}_n^-(\boldsymbol{r}')g_m^{\pm}(\boldsymbol{r}')\mathrm{d}S'\Big] \quad (4\text{-}16)$$

$$\Phi_{mn}^{\pm} = \frac{1}{4\pi\mathrm{j}\omega\varepsilon}\Big[\frac{l_n}{A_n^+}\int_{T_n^+}g_m^{\pm}(\boldsymbol{r}')\mathrm{d}S' - \frac{l_n}{A_n^-}\int_{T_n^-}g_m^{\pm}(\boldsymbol{r}')\mathrm{d}S'\Big] \quad (4\text{-}17)$$

式中

$$g_m^{\pm}(\boldsymbol{r}') = \frac{\mathrm{e}^{-jk\,|\,r_m^{c\pm}-r'\,|}}{|\,r_m^{c\pm}-r'\,|} \quad (4\text{-}18)$$

矩量法求出系数 $\boldsymbol{I}$ 后,可得 RWG 边元的表面电流,由此可以计算出整个天线上各个三角上的电流分布,用三角的颜色深浅来表示电流大小,电流越大,颜色越浅,如图 4-22 显示了天线中心部分的电流分布。由此可知,电流主要分布在螺旋天线臂的边沿。

采用偶极子模型法[20],可求得空间任一点 $\boldsymbol{r}'$ 的电磁场。偶极子模型法假设每一边元与具有常数电流且位于两相邻三角中心之间的偶极子有类似的辐射特性。偶极矩量 $\boldsymbol{m}$ 为有效的偶极电流与有效偶极长度之积,即

$$\boldsymbol{m} = \int_{T_m^+ + T_m^-} I_m \boldsymbol{f}_m(\boldsymbol{r})\mathrm{d}S = l_m I_m(\boldsymbol{r}_m^{c-} - \boldsymbol{r}_m^{c+}) \quad (4\text{-}19)$$

偶极子 $\boldsymbol{m}$ 在某点 $\boldsymbol{r}'$ 处产生的辐射场为

$$\begin{cases} \boldsymbol{H}(\boldsymbol{r}) = \dfrac{\mathrm{j}k}{4\pi}(\boldsymbol{m}\times\boldsymbol{r})C\mathrm{e}^{-jkr} \\[2mm] \boldsymbol{E}(\boldsymbol{r}) = \dfrac{\eta}{4\pi}\Big((\boldsymbol{M}-\boldsymbol{m})\Big[\dfrac{\mathrm{j}k}{r}+C\Big] + 2\boldsymbol{M}C\Big)\mathrm{e}^{-jkr} \end{cases} \quad (4\text{-}20)$$

式中

$$C = \frac{1}{r^2}\Big[1 + \frac{1}{\mathrm{j}kr}\Big], \quad \boldsymbol{M} = \frac{(\boldsymbol{r}\cdot\boldsymbol{m})\boldsymbol{r}}{r^2}, \quad r = |\boldsymbol{r}|, \quad \eta = \sqrt{\mu/\varepsilon} = 377(\Omega)$$

空间某一点的总辐射场是 M 个偶极子辐射之和。

在此基础上,可以进行天线的输入阻抗、增益、辐射功率、方向性的分析。

4.4.3 天线参数

1. 输入阻抗

天线输入阻抗为馈电处的电压与电流之比,V_n 为馈电边元的电压,l_n 为馈电边元长,I_n 为馈电边元电流密度,可得输入阻抗

$$Z_A = \frac{V}{l_n I_n} = \frac{V_n}{l_n^2 I_n} \quad (4\text{-}21)$$

激励电压为 1V,从螺旋天线的等效模型中计算出中心馈电外的电流后,就

可得到天线的输入阻抗,通过设计程序对前面进行分析,计算程序在 0 ~ 5GHz 的 400 个频点上分别计算输入阻抗值,并绘制成曲线。

图 4-23(a)给出了外半径为 16cm 平面等角螺旋天线在 0 ~ 5GHz 内的输入阻抗。频率在大于 0.5GHz 时,输入阻抗变化很小,曲线平坦,输入阻抗的实部为 183 ~ 190Ω,虚部为 0 ~ 32Ω,天线的输入阻抗近似等于自互补结构天线的输入阻抗的理论值 188.5Ω(自由空间本征阻抗 1/2),天线带宽的下限值为 0.5GHz。

外半径为 8cm 天线,平面等角螺旋天线输入阻抗如图 4-23(b)所示。天线带宽的下限值为 1GHz,天线频带宽为平坦输入阻抗曲线所在的频率范围,天线下限频率由天线的外半径大小决定。可知,天线外半径增大 1 倍,其下限频率就减小 1/2,并且外半径大小约为下限频率波长的 1/4。

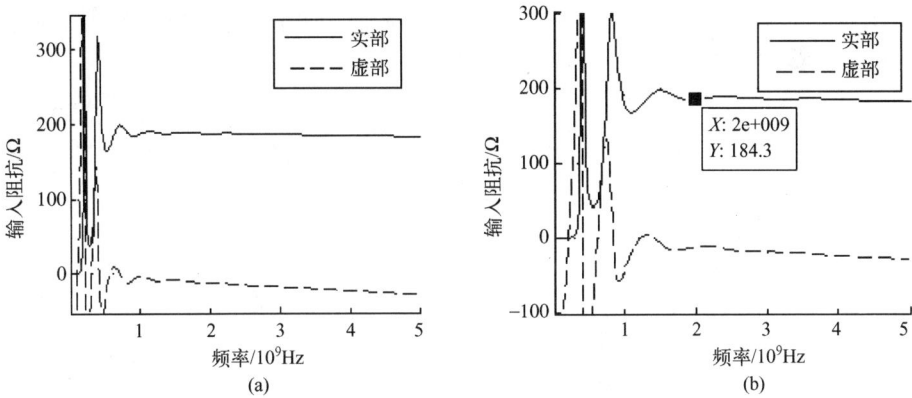

图 4-23　平面螺旋天线外输入阻抗

(a)外半径 16cm;(b)外半径 8cm。

图 4-24(a)和(b)分别给出了圆锥螺旋天线两种尺寸(圆锥底面半径分别为 15cm 和 3cm)的输入阻抗曲线。由图可知,在很宽的频带内,其阻抗值也近似为自互补结构天线的理论值,即有恒定的阻抗 188.5Ω(空间本征阻抗 1/2),满足拉姆塞原理。研究同时也显示输入阻抗不受锥角 θ_0 的影响。

圆锥底半径也满足下限频率对应 $\lambda/4$ 这一关系。两类天线在外形尺寸不变时,a 越小,螺旋旋转的圈数越多,但对大线频带内的输入阻抗的影响不大。

比较平面螺旋天线与圆锥螺旋天线可知,圆锥螺旋天线的输入阻抗曲线在低频端的振荡次数比平面螺旋天线更多,这是由于要达到相同的外半径,圆锥螺旋臂旋转的圈数更多(10π)。要使带宽的低频端一致,圆锥螺旋天线的尺寸要远大于平面螺旋天线,用作脉冲天线时,平面螺旋天线应用更方便。

2. 方向图

图 4-25 给出了平面螺旋天线 XOZ 平面和 YOZ 平面的方向图,两个面的方

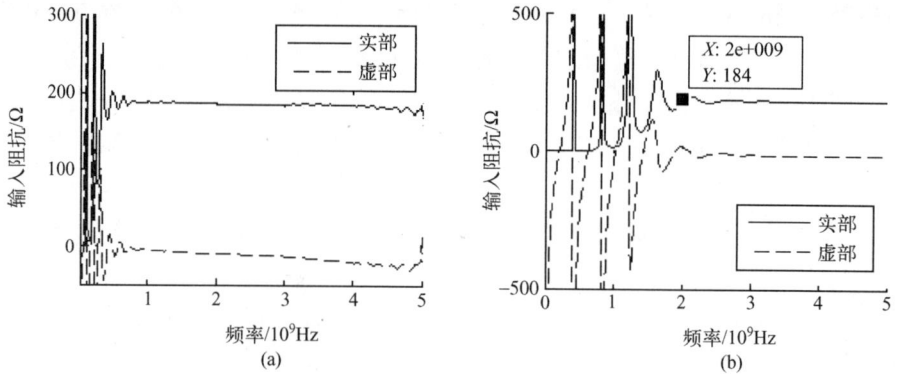

图 4-24 圆锥螺旋天线圆锥输入阻抗

（a）圆锥底半径 15cm；（b）圆锥底半径 3cm。

向图比较一致,主要辐射方向在垂直于天线平面的两法线方向（Z 轴方向）,频率越高,方向性越明显。

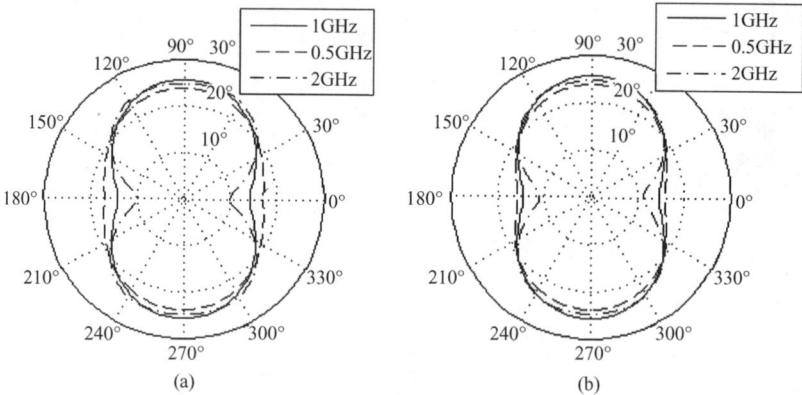

图 4-25 平面螺旋天线方向图

（a）XOZ 平面；（b）YOZ 平面。

图 4-26 给出了 3GHz 时圆锥螺旋天线 XOZ 平面和 YOZ 平面的方向图。结合图 4-20 圆锥螺旋天线的坐标关系,天线的主要辐射方向在圆锥顶方向（Z 轴负方向）,并且锥角 θ_0 越小,方向性越强。进一步研究显示,在相同外形尺寸下,a 越小,圆锥螺旋天线的圈数更多,主方向波束宽度稍有加宽。平面螺旋和圆锥螺旋两种天线在输入阻抗平坦的频带内方向性随频率的变化不大。

圆锥螺旋天线的方向性受频率的变化大。图 4-27 为高 11cm 的圆锥螺旋天线在 YOZ 平面不同频率时的方向图。从图 4-27 可知:频率低时,螺旋周长远小于波长,方向性在 Z 轴两个方向;频率高（大于 2GHz 后,即工作频带内）时,辐射方向在圆锥顶方向更明显。

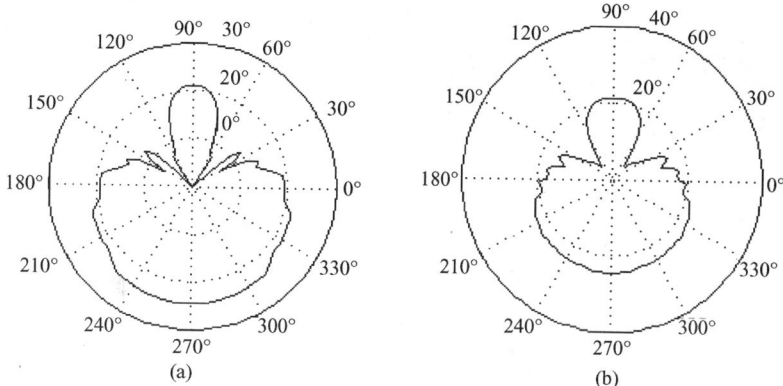

图4-26　圆锥螺旋天线方向图

（a）*XOZ* 平面;（b）*YOZ* 平面。

3. 增益和辐射功率

平面螺旋天线外半径16cm 时,在 0 ~ 5GHz 频带内的增益如图4-28 所示,天线辐射功率如图4-29 所示。由图4-28 和图4-29 可知,在频率大于 0.5GHz 后,天线的增益为 4 ~ 6dB,辐射功率在 2.7mW 左右,这说明在输入阻抗平坦的频带内增益与辐射功率也保持比较稳定的数值。这种特性在圆锥螺旋天线上也同样存在,如图4-30 和图4-31 给出了高为 55cm 的圆锥螺旋天线的增益与辐射功率。可看出,在频率高端（大于 4GHz）,曲线值有所增大,这是受馈电处建模方式的影响。

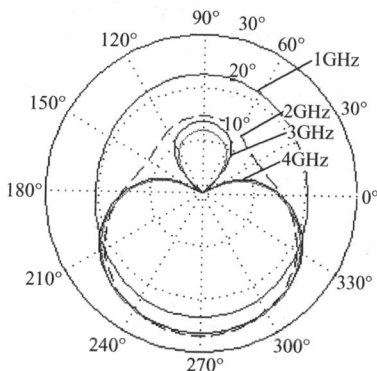

图4-27　圆锥螺旋天线不同频率的
YOZ 平面方向图

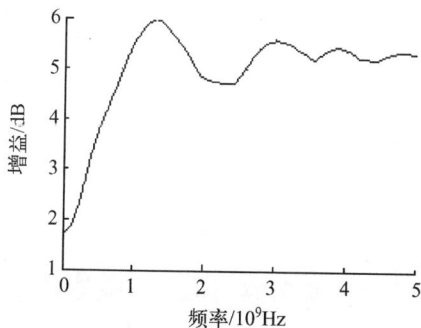

图4-28　平面螺旋天线增益

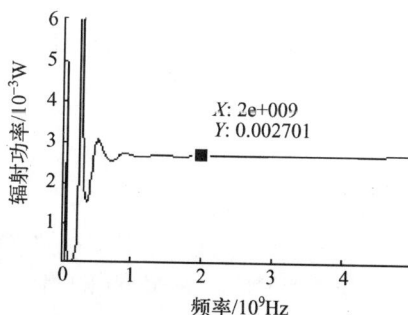

图4-29　平面螺旋天线辐射功率

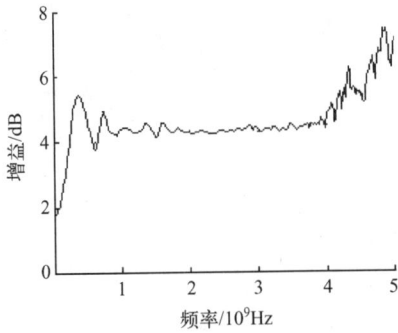

图 4-30　圆锥螺旋天线增益

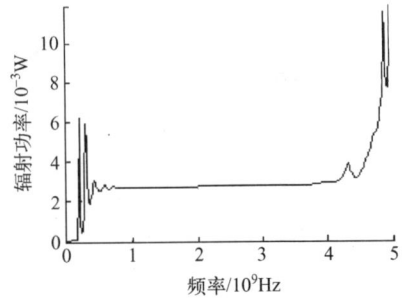

图 4-31　圆锥螺旋天线辐射功率

4.4.4　天线—自由空间转移函数

天线到自由空间的转移函数定义为不同频率时空间某点的辐射电场与一输入电压的比值。输入电压保持 $1V$ 不变，矩量法计算天线阻抗矩阵、求解矩量方程后，再利用等效偶极子辐射原理可得到空间距离天线中心 $1m$ 处的辐射场。因此，距离天线 $1m$ 处天线的转移函数就为该点的辐射电场。

辐射电场矢量有 E_x、E_y、E_z 三个分量，图 $4-32$ 给出了平面螺旋天线（图 4-19）正 Z 方向距离天线中心 $1m$ 处天线辐射电场的三个分量的幅值和相位随频率变化关系，即天线—自由空间转移函数。可以看出，Z 方向分量几乎为 0，说明在 Z 方向为横电波。从带宽上看，在 $0.5GHz$ 以后，E_x 与 E_y 的幅值都很平坦且相位变化具有较好的线性关系，天线类似于一个高通滤波器，E_x 与 E_y 的幅值大小基本相等，其相位变化也基本相同。

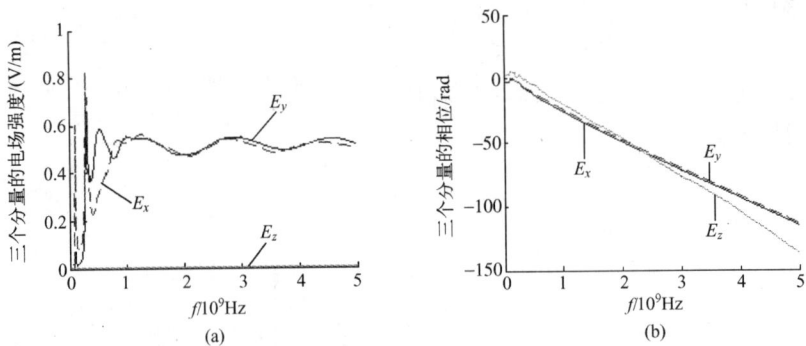

图 4-32　平面螺旋天线转移函数

（a）电场幅值频率关系；（b）相位频率关系。

图 4-33 是高为 $55cm$ 的圆锥螺旋天线在主要辐射方向 $1m$（Z 轴负方向，$Z = -1m$）处的电场频率关系，即天线—自由空间转移函数。其特性与平面螺旋天线的特性相同。

80

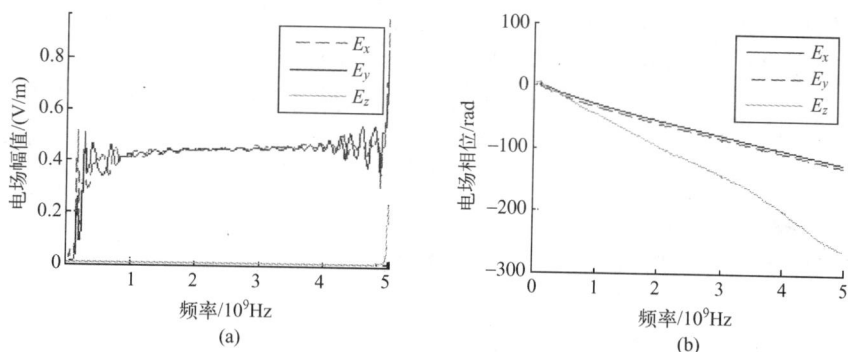

图 4-33 圆锥螺旋天线转移函数

（a）幅频特性；（b）相频特性。

4.4.5 螺旋天线脉冲辐射特性

1. 脉冲辐射特性数值计算分析

计算螺旋天线在脉冲信号激励下辐射电场波形方法：首先分别计算出输入电压保持 1V 不变，频率在 0～5GHz 内 400 个频点（频率间隔 12.5MHz）的空间某点处的辐射场（天线—自由空间转移函数）；天线转移函数乘以激励脉冲信号的频谱就是空间某点的辐射信号频谱；再对辐射信号频谱进行离散傅里叶反变换（IDFT）就可得到空间的辐射电场时域波形。

天线的激励脉冲信号采用高斯微分脉冲[18]：

$$p(t) = \frac{t}{\tau}\exp(-t^2/2\tau^2) \tag{4-22}$$

式中：τ 为脉冲的特征时间参数，考虑脉冲的有效持续时间为 $7\tau = 1\text{ns}$ 时情况，其频谱峰值处的频率约为 1GHz，脉冲的频谱主要在 0～5GHz 内，半功率频谱带宽为 0.6～2GHz，脉冲的时域波形和频谱图如图 4-34 所示。

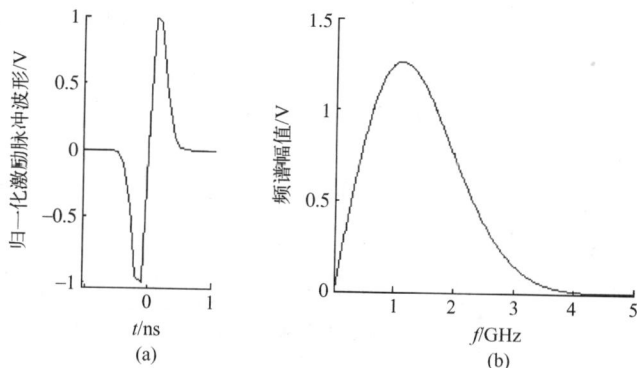

图 4-34 高斯微分脉冲的时域波形和频谱图

（a）时域波形；（b）频谱图。

使用 IDFT 时,负频率处的转移函数值定义为相应正频率上的值的复共轭,由于共有 400 个正频率点,把从负频率点到正频率点的频率序列全变换到正频率点上,可有 800 个频率点。电压脉冲 $p(t)$ 的离散傅里叶变换(DFT)可以写成

$$P(n) = \sum_{k=0}^{N-1} p(k) \exp\left(\frac{-\mathrm{j}2\pi kn}{N}\right) \tag{4-23}$$

式中:时域与频域都取 N 个点,$N=800$;$P(n)$ 为脉冲频谱的 N 个值;$p(k)$ 为时域脉冲波形的 N 个采样值,采样时间间隔满足奈奎斯特间隔。

用 $T_x(n)$ 表示天线转移函数(电场 X 轴分量),X 轴方向的辐射电场时域波形由

$$E_x(k) = \frac{1}{N} \sum_{n=0}^{N-1} P(n) T_x(n) \exp\left(\frac{+\mathrm{j}2\pi kn}{N}\right) \tag{4-24}$$

IDFT 变换可得。

图 4-35 表示三个观测点与平面螺旋天线关系,平面螺旋天线位于 XOY 平面内,在 YOZ 平面上 A、B、C 三个点位置距离天线中心都为 1m 且与 Z 轴夹角分别为 0°、30°、60°。图 4-36 分别给出图 4-35 中 A、B、

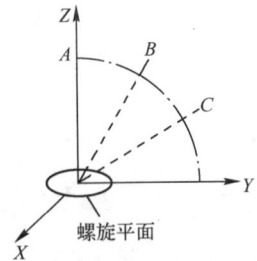

图 4-35 观测点空间关系

C 三个点处的 X 方向的电场 E_x 时域波形(前一脉冲波形激励脉冲)。可以看出,辐射电场波形类似高斯二次微分波形,且 A 点幅度最大,C 点幅度最小,说明辐射电场在 Z 轴方向辐射最强,且离 Z 轴方向轴向角越大,辐射电场越弱。

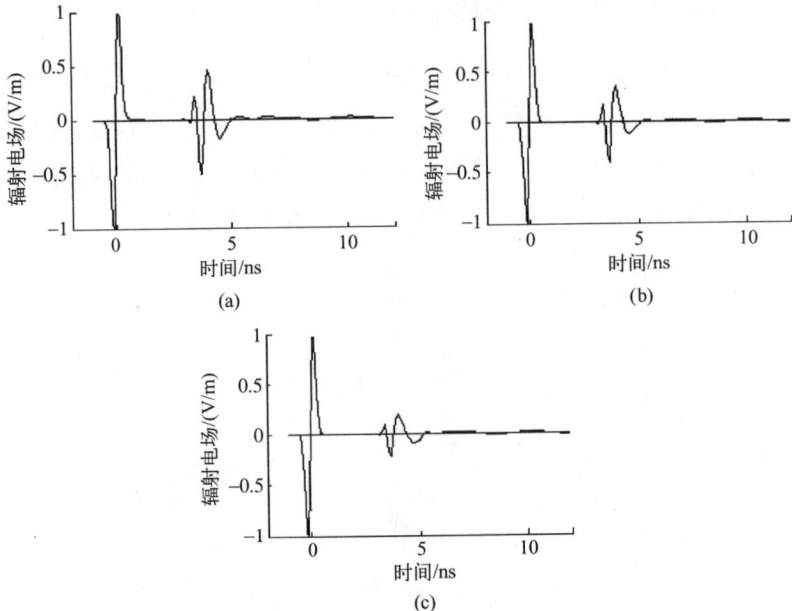

图 4-36 空间点的电场辐射波形

(a) A 处的电场辐射波形;(b) B 处的电场辐射波形;(c) C 处的电场辐射波形。

82

图 4-37 为锥底半径为 15cm 的圆锥螺旋天线离锥顶 1m 处的辐射波形，图 4-38 为锥底半径为 3cm 的圆锥螺旋天线离锥顶 1m 处的辐射波形。图 4-37 与图 4-38 相比，由于天线锥底半径大，频带低端截止频率更低，有更多脉冲频谱被辐射，使得辐射脉冲失真更小，基本没有脉冲拖尾，更有利脉冲接收。平面螺旋天线也有类似特性，因此螺旋天线作脉冲辐射天线，要增强天线低频部分的辐射能力，需要增大天线的尺寸，但应用中不利于小型化，需要结合其他参数折中选择。

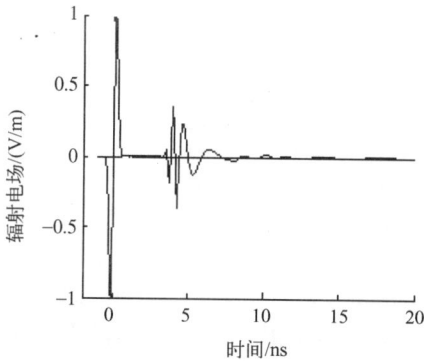

图 4-37　锥底半径为 15cm 圆锥螺旋
天线辐射波形

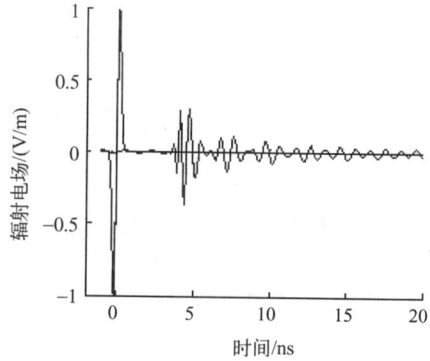

图 4-38　锥底半径为 3cm 圆锥螺旋
天线辐射波形

2. 脉冲辐射特性实验研究

制作了两个半径为 8cm 的平面螺旋天线模型，如图 4-39 所示，采用 Agilent E5071C 矢量网络仪进行 S 参数测试，两天线分别接 Agilent E5071C 的两端口，天线面间距 50cm，其 S_{11} 曲线如图 4-40 所示，图中只给出 0～5GHz 的曲线（横坐标每格 800MHz），在大于 756MHz 的频率范围内 S_{11} < -10dB。

图 4-39　平面螺旋天线实物

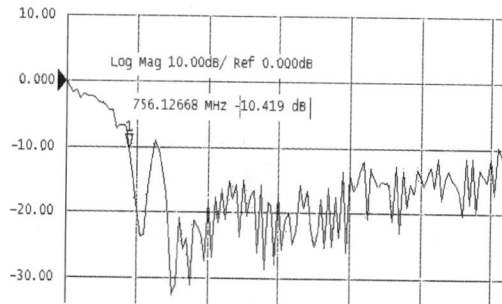

图 4-40　天线 1 的 S_{11} 参数值（单位为 dB）

采用一种高斯微分脉冲信号作天线的激励源，脉冲信号的产生电路参考9.2 节，由 Agilent 54855A 示波器观测激励脉冲波形及频谱如图 4-41 所示，激励

脉冲的正负半周共有约 1ns 的时宽,峰 - 峰值为 800mV, - 10dB 频带宽为
200MHz ~ 1.8GHz。

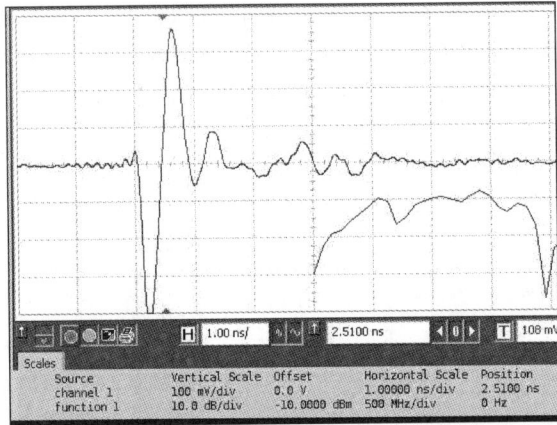

图 4-41　高斯微分脉冲的波形

　　脉冲激励源直接加在发射天线的一个平面螺旋天线上,另一平面螺旋天线
作接收天线直接连接示波器 Agilent 54855A,收发天线相距 50cm。示波器上显
示的接收信号如图 4-42 所示,接收信号有高斯微分脉冲的再次微分形状,脉冲
峰 - 峰值约为 10mV 左右,其时间宽度约为 1ns,其后有脉冲的拖尾存在。

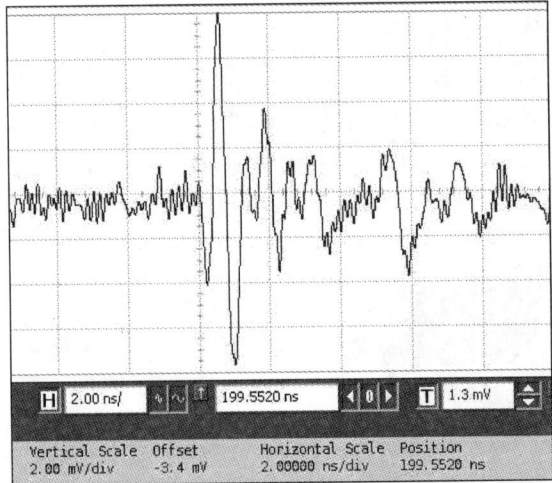

图 4-42　示波器显示的接收信号

　　理论结果与实验研究表明,天线对输入激励脉冲有微分特性。理论与实验
的差距在于理论分析是在理想匹配下进行的,实际的天线馈电匹配有一定的误
差。如果发射端加上脉冲功率放大器,则可以提高接收信号幅度。因此,合理选
择天线尺寸,螺旋天线也可作为脉冲辐射天线。

参 考 文 献

[1] 刘宗全,钱祖平,韩振平. 一种共形宽带圆极化螺旋天线的设计[J]. 电讯技术,2011,51(1):94 –98.

[2] 李卉. 一种新型平面阿基米德螺旋天线的分析与设计[J],雷达与对抗,2006,(3):43 – 45.

[3] Hisamatsu N, Yosuke O, Hiroaki M. A Monofilar spiral antenna excited through a helical wire[J], IEEE transaction on antennas and propagation. 2003, 51 (3):661 – 664.

[4] Buck M, Filipovic D. Bi-layer, mode 2, four-arm spiral antennas[J]. Electronics letters, 2007, 43 (6): 112 – 113.

[5] 张书鹏. 无源判向超宽带天线研究[D]. 哈尔滨:哈尔滨工业大学,2011

[6] Eibert F T, Volakis J L, et al. Antenna Engineering Handbook (4th edition)[M]. New York:The McGraw-Hill Companies. 2007.

[7] 崔景波,徐风清. 一种超宽带平面螺旋天线的设计[J]. 通信对抗,2013,32(4):35–42.

[8] 徐风清,王玉峰. 一种大功率平面螺旋天线的设计[J]. 通信对抗,2013,32(4):31 – 34.

[9] 刘宁川,李浩,李家胤. 加载电磁带隙结构的低剖面等角螺旋天线[J]. 现代电子技术,2011,34 (23):95–97.

[10] 罗旺. 一种新颖的超宽带平面等角螺旋天线的设计[J]. 通信技术,2013,46(6)12 – 14.

[11] 董楠. 超宽带螺旋天线的仿真设计[J]. 制导与引信,2005,26(2)48 – 51.

[12] 陈多,袁建生. 圆锥螺旋天线的脉冲信号发射色散特性与数值仿真[J]. 电波科学学报,2007,22 (4):589 – 592.

[13] Kraus J D, Marhefka R J. 天线(上册)[M]. 3 版. 章文勋,译. 北京:电子工业出版社,2006.

[14] 陈小娟,袁乃昌. 平面螺旋天线的设计与实现[J]. 雷达与对抗,2004(4):31 – 33.

[15] Hisamatsu N, Hajime Y, Junji Y. Numerical analysis of two-arm spiral antennas printed on a finite-size dielectric substrate [J]. IEEE Transactions on Antennas and Propagation, 2002, 50 (3):262 – 270.

[16] Makarov S N. MoM Antenna simulations with matlab:RWG basia functions [J]. IEEE Transactions on Antennas and Propagation, 2001, 43 (5): 100 – 107.

[17] 董健,柴舜连,毛钧杰. 任意形状线、面、体组成导体目标的电磁建模[J]. 电子学报,2005,33(9): 1654–1659.

[18] 马卡洛夫. 通信天线建模与Matlab仿真分析[M]. 许献国,译. 北京:北京邮电大学出版社,2006.

[19] Rao S M, Wilton D R, Glisson A W. Electromagnetic scattering by surfaces of arbitrary shape [J]. IEEE transactions on antennas and propagation,1982,AP – 30(3)::409 – 418.

[20] Leat C J, Shuley N V, Stickley G F. Triangular-patch modeling of bowtie anatennas:validation against brown and woodward[J]. IEE Proc. Microwave Antennas Propagation,1998,145(6):465–470.

[21] Makarov S N. Antenna and EM modeling with Matlab[M]. New York :John Wiley and Sons,2002.

第5章 超宽带平面天线

超宽带平面天线主要为平面印制板天线形式,平面印制板天线由覆在介质基片同侧或两侧的金属贴片和导体地板构成。天线是单极天线结构或双极天线结构,采用微带线馈电或共面波导馈电,同时在印制板电路上设计超宽带巴伦结构以实现馈电与天线的阻抗匹配及平衡变换,也便于天线与电路元件及芯片的集成设计。

为了展宽频带,可以选择不同介电常数的介质基片或改变金属贴片的形状。在印制板上设计金属缝隙的缝隙印制板天线也得到了大量的研究,通过改变缝隙形状和采用不同的馈电结构来展宽阻抗带宽,可实现超宽带特性。为了避免超宽带通信对其他处于这个频带内通信系统的干扰,天线设计成具有带阻特性(或陷波特性),以减小辐射干扰,增强超宽带与现有通信系统的共存性。

5.1 超宽带平面单极天线

偶极天线作为结构最古老、最简单的天线形式,可作为印制板偶极天线应用。然而,为了进一步提高集成度、降低系统的体积和成本,常采用印制板单极天线。较早出现的是带状线馈电的三角形单极天线[1],在此基础上又出现了采用微带馈电的三角形单极天线,平面单极天线的结构虽然千差万别,但其性能、工作原理都类似。

一种单极天线如图 5-1 所示[2],该天线由带有弧边的金属贴片(正面)与开槽接地板(背面)构成,通过等腰梯形与圆弧形相结合的方式对接地板进行开槽,将其等分为相互耦合的两部分,起到了阻抗匹配与拓宽带宽的效果。整个介质基片长 $L = 30$mm、宽 $W = 28$mm,采用厚度 $H = 1.6$mm、相对介电常数为 4.4 的 FR4 材料,根据微带线的特性阻抗计算公式,可以得出微带线宽度为 3mm。在如图所示尺寸下,仿真结果表明,反射损耗在 -10dB 以下

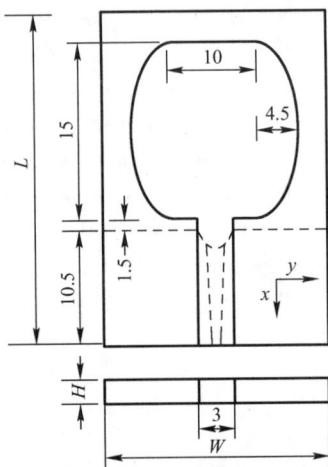

图 5-1 带有弧边的金属贴片与开槽接地板天线

的频率覆盖范围为 3～11.8GHz(图5-2),满足 FCC 规定的超宽带带宽3.1～10.6GHz 的要求,并且在 3.4～11.2GHz VSWR 在 1.5 以下,具有良好的全向辐射特性。

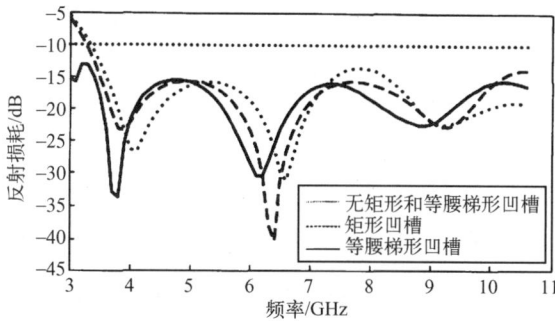

图5-2　天线反射损耗比较

通过调整辐射金属贴片两弧边的弧度变化改善中低频带的反射损耗,并通过在接地板开等腰梯形凹槽和半圆形槽拓宽带宽仿真还发现,在一定范围内调整微带线的长度可以有效地将谐振点左移,从而改善低频带性能。随着椭圆弧度的增加,两谐振频率点间距缩小,使 3～6GHz 内的反射损耗变小,有效地拓展了低频带带宽,改善了低频带反射系数。在地面开槽可以使谐振频率点左移,使低频性能变优;同时发现渐变的等腰梯形凹槽效果好于矩形槽。随着地面圆弧切口的增大,低频谐振频率点性能变优,为了满足低频处 3.1GHz 最小频点的性能要求,应选择较大的圆弧切口。

将矩形贴片 4 个顶点部分切除 4 个相同的直角三角形变成一个八边形的辐射贴片的单极天线如图5-3所示,通过调整切除三角形尺寸,可以改善天线的低频特性[3];同时,地板刻一尺寸为 $L_1 \times W_1$ 凹形的槽也能改善天线的高频特性。这样,天线在 3～11GHz 内就显示出良好的阻抗匹配。

在地板不开凹形槽的情况下,改变 a_1、b_1 就可以改变大线的低频特性,随着 a_1、b_1

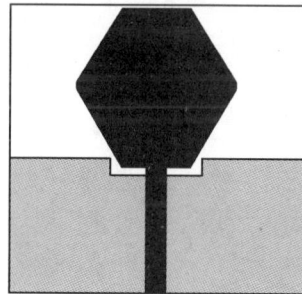

图5-3　八边形的辐射片天线结构

的减小,天线在低频段的反射损耗得到很好改善;而在高频段,随着 a_1、b_1 的减小,天线的高频特性也能得到改善,驻波比逐渐降低。

通过在地板开凹形槽,使天线在高频段的特性得到很大改善,槽宽 W_1 越大,改善效果越明显,这时 L_1 也不能随意取值,若偏小,6～8GHz 内的阻抗特性就会变差。

遗传算法对超宽带微带天线结构的参数进行优化如图5-4[4]所示。

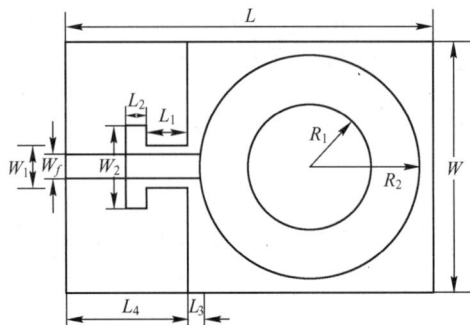

图 5-4 遗传算法对超宽带微天线结构的参数进行优化

天线的辐射单元为一内外半径分别为 R_1、R_2 的圆环形薄片,印制于高 $L=$ 42mm,宽 $W=30$mm 的 FR4 介质板上(天线水平放置)。接地板位于介质板的另一侧,采用矩形结构,其高为 L_4,宽为 W,其上蚀刻有尺寸分别为 $L_1 \times W_1$,$L_2 \times W_2$ 的矩形缝隙,用以调节阻抗匹配。此外,间距 L_3 用于调节圆环形辐射贴片与接地板之间的电磁耦合。缝隙尺寸 (L_1,W_1)、(L_2,W_2),圆环内内半径和外半径 R_1、R_2,辐射贴片与接地板之间的间距 L_3 为影响天线阻抗带宽的重要参数,需要对参数进行优化设计。

通过优化设计,在一种尺寸下,天线输入端的反射损耗在频段 3 ~ 11GHz 均小于 −10dB,频带宽度约为 3.7:1,完全可以覆盖 FCC 分配给超宽带业务的频段 3.1 ~ 10.6GHz。

超宽带单极天线的设计如图 5-5 所示[5],天线有半径 $R=15$mm 的半圆盘的辐射单元,在半圆盘上打三个圆孔,三个孔的直径 $R_1=$ 3mm。介质基板的相对介电常数 $\varepsilon_r=2.7$,厚 $h=2$mm,尺寸为高 $H=35$mm,宽 $W=42$mm。利用 50Ω 特性阻抗的共面波导进行馈电,共面波导线宽 G、缝宽 S 可通过计算确定其大小。H_1 为馈电点离地之间的高度,H_1 的大小对阻抗匹配带宽有重要的影响,经计算和优化得到 $H_1=0.6$mm。

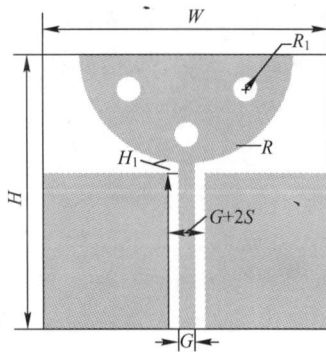

图 5-5 超宽带单极天线

利用 HFSS 仿真软件分别对同等半径的圆盘、半圆盘、打孔半圆盘单极天线进行仿真比较,结果如图 5-6 所示。由图 5-6 可见:圆盘单极超宽带天线 VSWR≤2 频率范围为 1.32 ~ 15.48GHz,适合于超宽带通信;相同半径的半圆盘单极天线在频率为 1.46 ~ 9.48GHz 区间 VSWR≤2,与圆盘单极相比带宽稍微变窄了;而设计的打孔半圆盘单极天线 VSWR≤2 频率范围为 1.9 ~ 24.6GHz,天线的带宽得到了很大的改善。

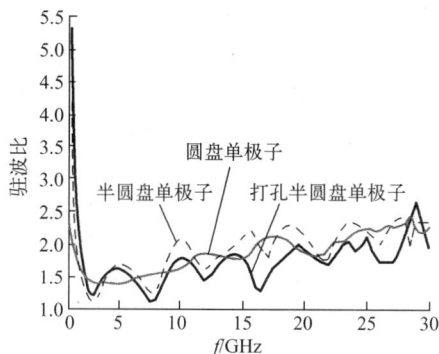

图 5-6　圆盘单极子、半圆盘单极子、打孔半圆盘单极比较

梳形槽接地板单极天线结构如图 5-7 所示[6]，该天线由微带贴片、介质板和接地板组成。天线最大尺寸为 40×32mm，贴片天线采用了一级阻抗变换，在接地板上附加梳形槽等方法来展宽天线的带宽，采用 CST 软件仿真，仿真结果表明天线反射损耗 −10dB 以下的带宽为 3～11.4GHz，可完全覆盖 FCC 通信的所有频点，在所有反射损耗小于 −10dB 带宽内，方向图全向性良好，具有较高的实用价值。

具有分形概念的矩形树状超宽带天线结构如图 5-8 所示[7]。矩形树状宽带天线辐射单元宽度为 W、高度为 L，馈线宽度 W_f，辐射单元蚀刻在 FR4 基板上（厚度 $h=1.5mm$，$\varepsilon_r=4.4$），基板尺寸为 $L_{sub}\times W_{sub}$，天线背面有部分接地面，尺寸为 $L_g\times W_{sub}$，部分接地面与辐射单元底端距离为 G。天线是在矩形树基础上蚀刻出台阶形缺口，从而形成两个分枝，对应缺口的尺寸为 $W_1,W_2,\cdots,W_7$ 和 $L_1,L_2,\cdots,L_7$。在一种尺寸下制作具有双分枝树形超宽带天线，馈电采用 50Ω 同轴线侧馈，反射损耗小于 −10dB 带宽 2.7～5.7GHz。

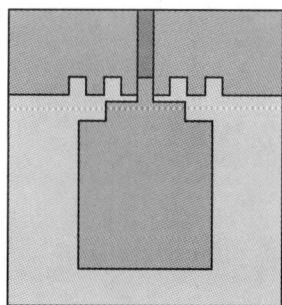

图 5-7　梳形槽接地板单极天线

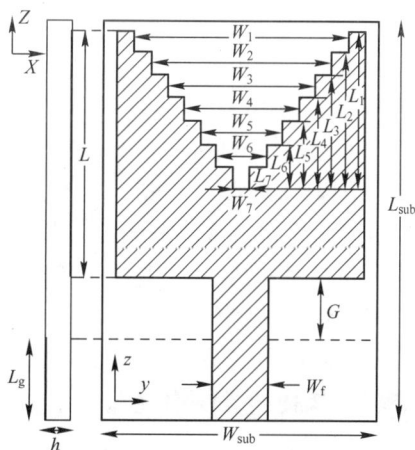

图 5-8　矩形树状超宽带天线结构

改进的杠铃形超宽带天线结构顶视图如图 5-9 所示[8]，改进的杠铃形超宽带天线在矩形辐射片上蚀刻出台阶形缺口，使天线反射损耗更小，馈电采用 50Ω 同轴线侧馈，反射损耗实测结果小于 −10dB 的带宽 3.45～7.56GHz，如图 5-10 所示。

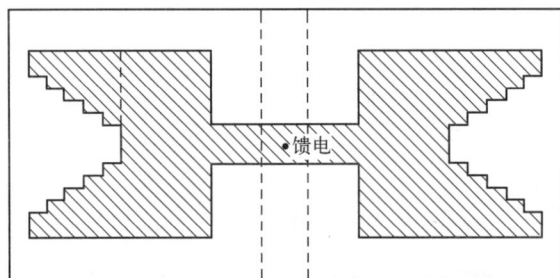

图 5-9　改进杠铃形超宽带天线结构

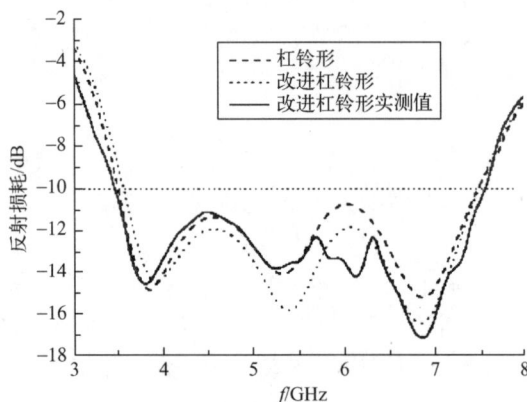

图 5-10　杠铃形超宽带天线反射损耗曲线

一种微带线馈电小型化超宽带天线如图 5-11 所示[9]，天线基于微带单极天线结构设计，将矩形贴片底部改成梯形结构，以展宽天线的带宽。地板上部中心位置增加凹槽，起到进一步改善阻抗匹配的作用。辐射贴片中间加入一个倒 L 形缝隙结构，实现在中心频率 3.5GHz 的陷波频段。L_1、L_2 决定了陷波频段，可通过改变长度来改变陷波频段。其位置的变化也会对天线的阻抗匹配性能产生影响。同时，陷波频带的宽度由缝隙的宽度决定：缝隙越宽，陷波频段越宽；缝隙越窄，陷波频段越窄。

利用遗传算法（Genetic Algorithm，GA）结合 FDTD 设计超宽带天线见文献[10]，首先对辐射平面导体进行一定大小的网格划分，利用 GA 的阻抗带宽达到某一要求为目标决定每个小网格金属的去掉或保留，设计出了一种新型平面超宽带天线，如图 5-12 所示（白色网络表示去掉的网络），该天线在 3～11GHz 频

90

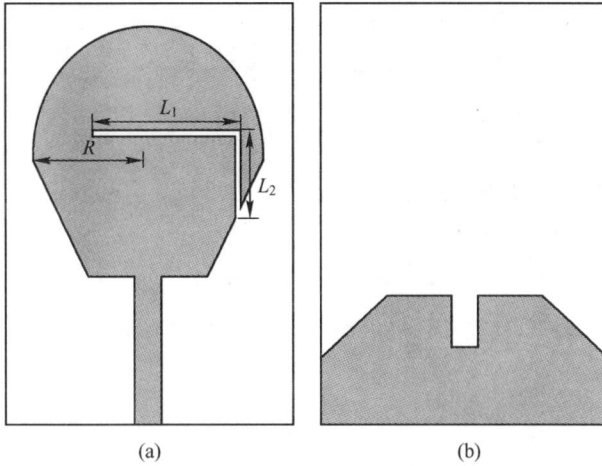

图 5-11　微带线馈电小型化超宽带天线

（a）天线正面；（b）天线背面。

段内 VSWR < 2，满足了 FCC 规定的指标要求。

　　混合印制板电路单极天线结构如图 5-13 所示[11]，金属平面分为三层，最下层为地板（宽 W_G，高 L_G），中间长条为单极振子（宽 F_W，长 $F_L + F_M$），最上层方形块为耦合层（长 L，宽 W）。天线尺寸 40.5mm × 45mm × 3.2mm，包含馈线和地板，其他尺寸含义如图所示。工作在 2.425GHz 频段，VSWR < 2 的带宽有 975MHz（相对带宽 40%）可覆盖 2.4GHz 的 WLAN 频段，增益为 7.1dBi。

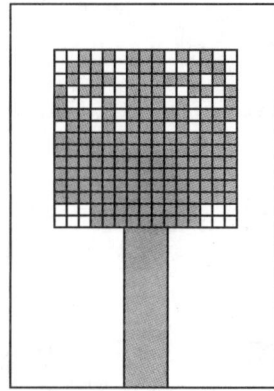

图 5-12　遗传算法设计超宽带天线

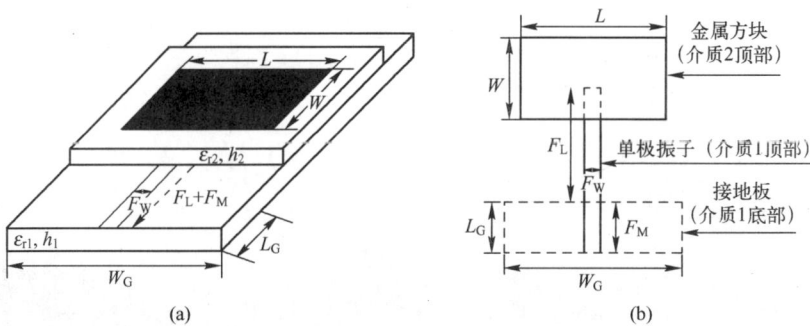

图 5-13　混合印制板电路单极天线

5.2 超宽带平面缝隙天线

随着平面结构微波电路的出现和广泛应用,出现了共面带状线(Coplanar Stripline, CPS)馈电、共面波导(Coplanar Waveguide ,CPW)馈电等平面传输线馈电的缝隙天线。缝隙天线以其交叉极化小、结构简单紧凑、辐射性能良好等优点,已广泛应用于各种无线通信设备中。基本结构的缝隙微带天线最大的缺点是阻抗带宽太窄。因此,其宽带化技术一直得到重视,已出现了多种增加微带缝隙天线阻抗带宽的方法,如较早时期采用微带线偏馈和电抗补偿技术使缝隙微带天线的工作带宽提高到30%[12]。

一种缝隙天线的缝隙部分被设计成折线环形状,采用叉状微带枝节进行馈电,如图5-14所示[13]。由于宽缝隙的周围金属屏蔽导体较少可以视为一种环形天线。这种结构不仅可以获得宽带工作特性,还能实现尺寸缩减。天线的输入特性主要取决于调谐枝节的尺寸,考察叉状调谐枝节的几个尺寸参数 g、L 和 W,最终选取 $g = 11\text{mm}$,$L = 9.5\text{mm}$,$W = 10\text{mm}$。制作的天线样品,频段 3 ~ 12GHz 输入反射系数基本上均低于 -10dB,如图5-15所示。

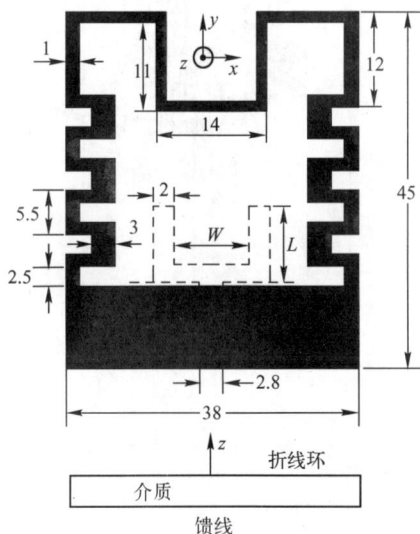

图5-14 叉状微带枝节馈电的
折线环天线(单位 mm)

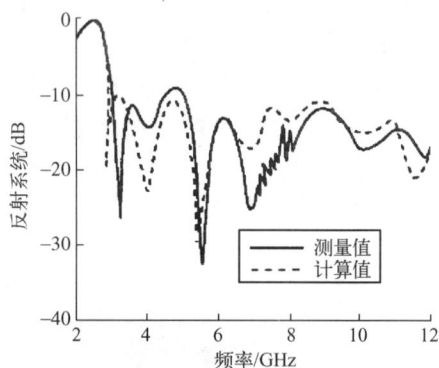

图5-15 天线输入反射系数

采用折合振子结构可使天线的工作带宽提高到60%[14];采用多个缝隙、引入"多谐"特性也可扩展工作带宽,采用多枝节结构对长宽比相对较大的缝隙天线进行馈电,同样能产生多谐特性[15]。

由于窄缝隙天线的工作带宽有限,因此一般采用宽缝隙结构设计超宽带缝隙天线。文献[16]采用宽缝隙作为辐射单元,实现了阻抗带宽达到近100%的矩形微带宽缝隙天线,而且可任意选择馈线末端的调谐枝节结构,如十字形结构、T形结构或者多叉指形结构。

文献[17]设计的共面波导馈电带调谐枝节的蝴蝶结天线如图5-16所示,天线适用于 WLAN 通信系统中,天线的 S_{11} 曲线如图5-17所示,带宽可达55%,在蝴蝶结缝隙中增加的两个调谐枝节使其有两个谐振点(1.8GHz、2.4GHz),这种结构比普通蝴蝶结缝隙天线有更大的带宽。

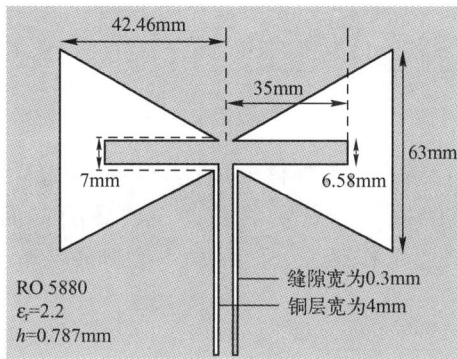

图5-16　带调谐枝节蝴蝶结缝隙天线

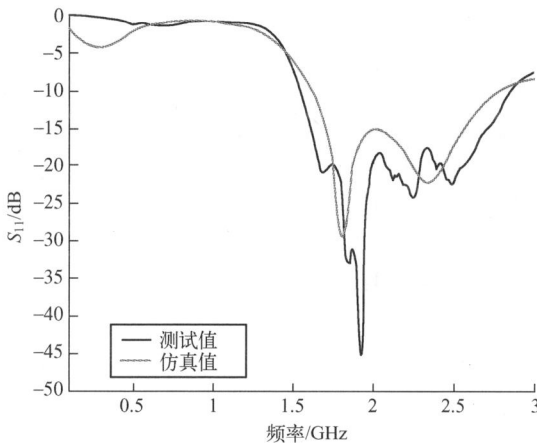

图5-17　蝴蝶结缝隙天线的 S_{11} 曲线

增加扇形寄生贴片的蝴蝶结缝隙天线如图5-18所示[18],天线采用半圆与三角形组合形状构成蝴蝶结缝隙,并增加扇形寄生贴片以拓宽频带。通过采用导带线性渐变的方式进行阻抗变换,在很宽的频带内实现了阻抗的良好匹配,天线阻抗带宽为 4.3 ~ 21.7GHz。微带线馈电的圆形辐射振子的缝隙天线如

图 5-19 所示[19],$S_{11} < -10\text{dB}$ 的带宽为 $1.5 \sim 10.6\text{GHz}$。

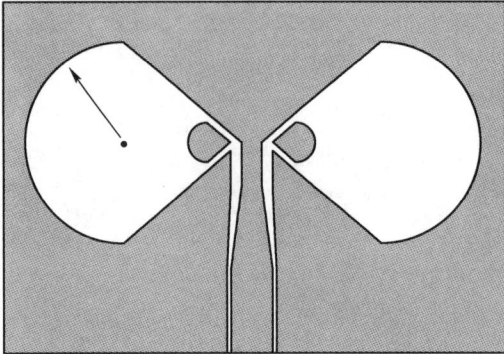

图 5-18　增加扇形寄生贴片蝴蝶结缝隙天线　　图 5-19　圆形辐射振子的缝隙天线

文献[20]研究背面带有屏蔽导体共面波导馈电的缝隙天线,如图 5-20 所示。图 5-20(a)中虚线框部分所示的是共面波导的背面屏蔽导体,面积为 30mm × 5.5mm。为增加工作带宽,采用了叉状调谐枝节与多边形宽缝隙的设计。

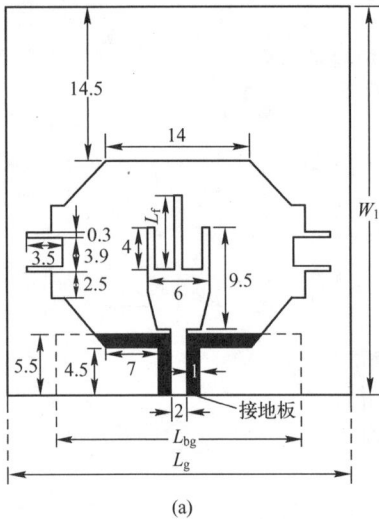

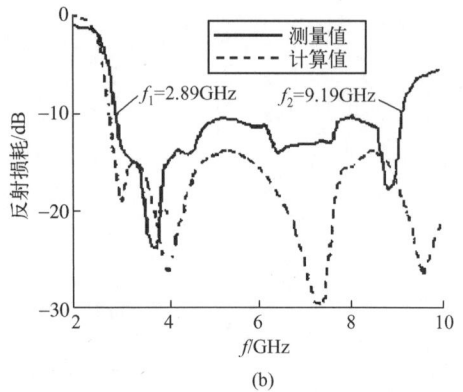

(a)　　　　　　　　　　　　　　(b)

图 5-20　背面带有屏蔽导体的缝隙天线及阻抗特性
(a)天线结构图(单位 mm);(b)反射损耗曲线。

利用软件 IE3D 对该天线进行了分析计算,研究显示,天线的输入反射特性对缝隙周围的屏蔽导体尺寸并不敏感(L_g、W_1),因而有利于实现天线的小型化设计。馈线背面的屏蔽导体尺寸变化主要影响天线高端的反射特性,中、低频段的特性变化相对较小。因此,设计这种天线时,为了改善高端反射特性、增加高频段的工作带宽,必须合理考虑背面屏蔽导体的宽度。

调谐枝节的尺寸是设计中的重要参数,仿真分析时取 $L_g = 33\text{mm}$, $W_1 = 36\text{mm}$, $L_{bg} = 30\text{mm}$ 的反射损耗曲线如图 5-20(b)所示。

采用 FDTD 法可以对天线的时域工作特性进行数值模拟。图 5-21 为天线在脉宽为 2ns 的高斯一阶导数脉冲激励下,在天线平面垂直方向上的近区时域响应波形。

末端为圆形枝节圆形宽缝隙天线如图 5-22 所示[21]。为改善天线阻抗匹配特性,将共面波导馈电线中心导带设计成阶梯状,为改善天线的辐射方向图,在圆缝隙中加载带状结构。总尺寸为 $78\text{mm} \times 60\text{mm}$,基片选择厚度为 1.5mm、相对介电常数为 4.1 的材料。

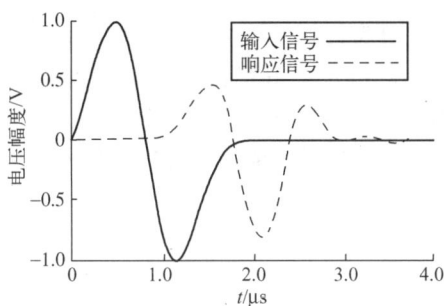

图 5-21 时域响应波形

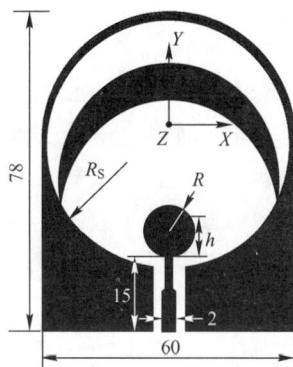

图 5-22 末端为圆形枝节圆形宽缝隙天线

仿真发现:圆形缝隙尺寸影响天线的低频特性,圆形馈电枝节影响天线的高频特性,并且缝隙尺寸越大、圆形枝节越小,阻抗带宽越宽。经优化设计得出参数:宽缝半径 $R_S = 29\text{mm}$,馈电枝节半径 $R = 8\text{mm}$,阶梯过渡段长度 $L = 6\text{mm}$,阶梯过渡段宽度 $W = 1.7\text{mm}$。

宽缝隙天线在进行带状加载后低频端反射损耗增大,但在 3~12GHz 的频带范围内,反射损耗均小于 -10dB。测试结果显示,相对带宽大于 120%,且与仿真结果吻合较好,满足超宽带特性,如图 5-23 所示。

带状加载可有效改善天线的辐射特性,对加载前后天线的辐射方向图特性进行研究,测得在 3GHz、7GHz 和 10GHz 时增益分别为 4.6dB、6.1dB 和 4.4dB,并且在工作频带内增益均大于 2.6dB,除在 7GHz 时天线近似定向辐射,其他频段变化相对平坦。

超宽带天线发射与接收纳秒级脉冲信号,仿真时在远场放置探针计算脉冲波形的保真特性。入射信号为高斯脉冲,探针接收到的远场信号与一阶高斯脉冲信号波形相似,如图 5-24 所示,通过仿真不同方位角接收的信号,可以计算

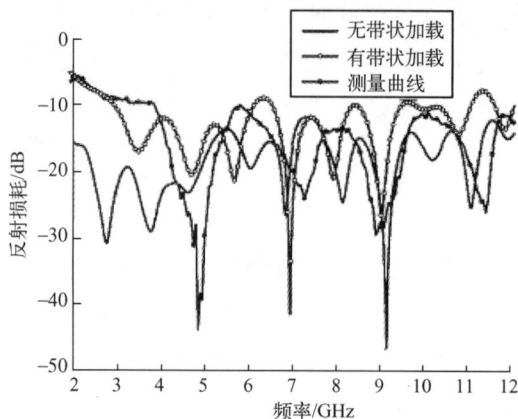

图 5-23　反射损耗曲线

出波形保真系数保持在 0.8 以上,说明该天线具有良好的脉冲波形保真特性。

　　在上述带状加载宽缝隙天线基础上,采用在共面波导的圆形末端上加载圆环窄缝隙实现带阻特性或陷波特性,其结构如图 5-25 所示,带阻频带中心频率点由开口圆形缝隙的半径决定,半径越大,带阻中心频率越低,而缝隙的宽度决定了带阻频带的宽度,缝隙越窄带阻频带越窄。

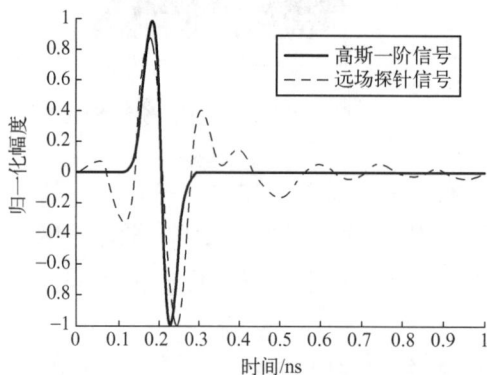

图 5-24　探针接收的脉冲波形

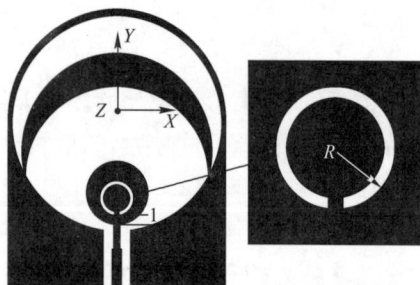

图 5-25　加载圆环窄缝隙实现带阻特性

　　文献[22]设计的超宽带折合环天线如图 5-26 所示,该天线采用共面波导馈电,馈线末端带有矩形贴片状调谐枝节,印制电路板的两面分别制作了两个相同结构的"子环",由馈线附近的两列金属化过孔将它们连接成一个完整的折合环,引入五边形的折合环结构,工作带宽提高了 1 倍,天线制作在相对介电常数 $\varepsilon_r = 2.65$、厚度 $h = 2\text{mm}$,损耗角正切 $\tan\delta \leqslant 0.001$ 的聚四氟乙烯基板上。天线体积为 $110\text{mm} \times 90\text{mm} \times 2\text{mm}$。

　　研究尺寸参数 g、W_s 和 L_s 对天线输入反射性能的影响。g 的轻微变动对天线的阻抗带宽影响极大：g 较小时，低频的反射特性较差，高频的反射特性变化较平缓；g 较大时，中频的反射特性变差，低频、高频的反射特性都有所改善；当 $g=2.5\text{mm}$ 时，全频带内的反射系数分布比较均匀，表明此时调谐枝节与折合环之间的耦合达到临界状态，使得谐振频点之间的耦合达到最佳，阻抗特性比较平缓均匀，带宽最宽。因此，为了控制调谐枝节与折合环之间的耦合程度，必须调整馈电缝隙 g。W_s 的变化敏感程度不如 g，主要影响高频谐振点的耦合程度。L_s 主要影响中低频率谐振点的特性，其变化敏感程度也不如 g。在三个参数取最优值后进行了实验研究，天线反射系数低于 -10dB 的阻抗带宽为 $0.81\sim$ 3.85GHz，达到 $4.75:1$，即相对带宽超过 130%。

宽槽圆角缝隙天线如图 5-27 所示[23]，宽槽四角采用不同半径的倒圆角形式构成，并对中间的辐射贴片设计为中间矩形与两边椭圆形相结合的形式。而中间馈线采用圆形渐变的阻抗变换形式构成，使天线在很宽的频带范围内都能保持良好的匹配。辐射贴片与中间馈线之间采用倒圆角的方式连接，改善了电流的分布，大大改进了整个频带特性。

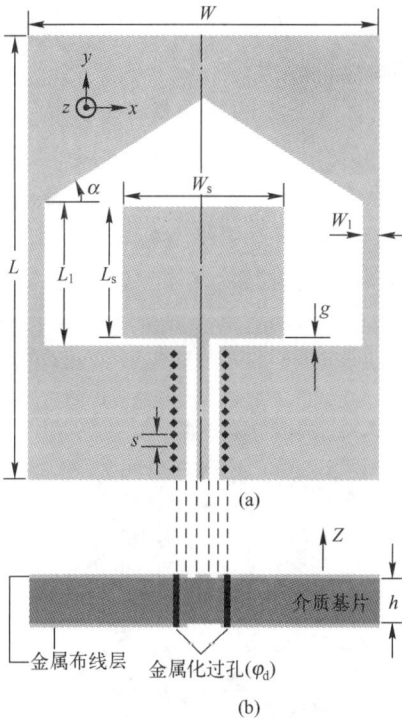

图 5-26 超宽带折合环天线

(a) 顶视图；(b) 侧视图。

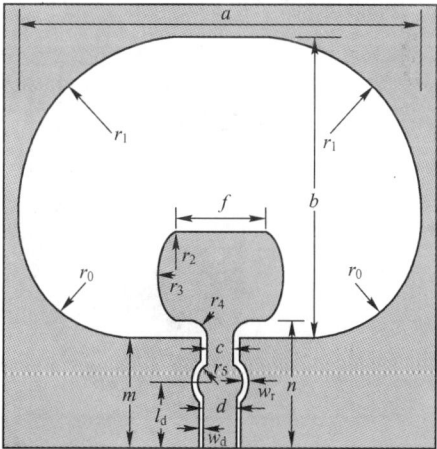

图 5-27 宽槽圆角缝隙天线

天线制作在介质厚度为 1mm、介电常数为 3.38 的印制板上，其尺寸为

$40\text{mm} \times 40\text{mm}$。$r_0$ 为影响天线输入特性的一个重要参数,它决定整个频带的平稳性,当 r_0 很小时,中频段效果不佳,随着 r_0 的增大,低端频率逐渐增加,当 r_0 增大到 14mm 时,中频段变化剧烈,由此可选择 $r_0 = 10\text{mm}$ 使天线在整个频带内达到良好的匹配。

辐射贴片位置过低时,天线在频段范围内无法形成谐振,天线驻波比过高,信号不能很好地辐射出去,当贴片位置逐渐增大时,天线形成多个谐振,达到很好的辐射效果;而贴片位置过高时,天线频带变窄。当 $n = 11.5\text{mm}$ 时,天线既能达到良好的谐振,又可以得到较宽的频带。

适当调节 r_4 的尺寸可使贴片上的电流趋向平稳,改善电流分布,降低天线反射系数,极大地拓展天线带宽。中间馈电采用圆形渐变方式进行阻抗变换,其性能主要由参数 w_r、r_5、l_d 决定,w_r 决定馈电的匹配程度,选择 $w_r = 0.6\text{mm}$ 可使天线特性阻抗在很宽的频带内实现良好的匹配。

所实现的超宽带平面天线具体结构参数:$a = 37\text{mm}$,$b = 27\text{mm}$,$m = 10\text{mm}$,$n = 11.5\text{mm}$,$r_0 = 10\text{mm}$,$r_1 = 15\text{mm}$,$l_d = 6\text{mm}$,$w = 0.25\text{mm}$,$d = 3\text{mm}$,$c = 2.2\text{mm}$,$r_2 = 4\text{mm}$,$r_3 = 2\text{mm}$,$r_4 = 1.8\text{mm}$,$r_5 = 2\text{mm}$,$w_r = 0.6\text{mm}$,$w_d = 0.25\text{mm}$,$f = 7.5\text{mm}$,天线在反射损耗 -10dB 时的带宽为 $2.7 \sim 18.8\text{GHz}$。在 $3.1 \sim 10.6\text{GHz}$ 频段效果良好,同时天线在很宽的频带范围内基本实现全向辐射。

T 形辐射贴片缝隙天线结构如图 5-28 所示[24],天线的外围是环形结构,在天线输入端两侧各有一个圆弧三角形,这两个部分共同构成共面波导的地导体。天线采用 FR-4 环氧树脂材料,相对介电常数 $\varepsilon_r = 4.4$、厚度 0.76mm 的电路板,电路板尺寸为 $32\text{mm} \times 32\text{mm}$。环形的外直径为 32mm、内直径为 27mm,$H = 6.9\text{mm}$。在环形地面导体内部腔内是 T 形的馈电和辐射贴片导体。通过计算可

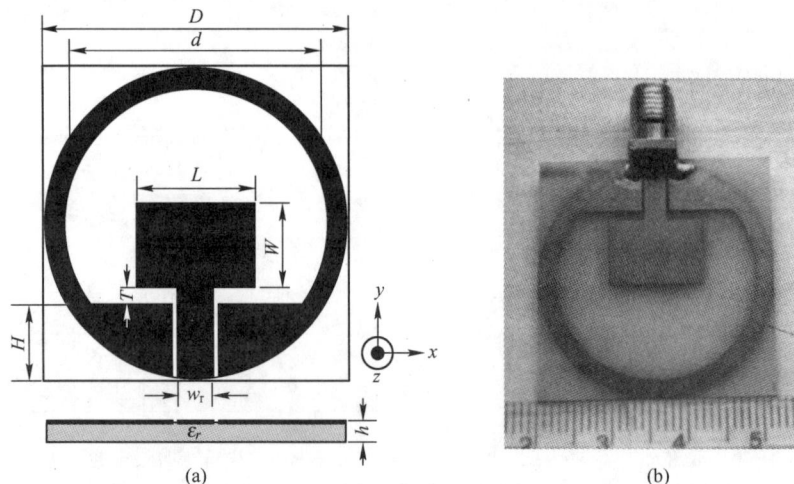

图 5-28 T 形辐射贴片缝隙天线

(a) 结构图;(b) 实物图。

知,在上述的介质板中,50Ω 共面波导传输线的内导体宽度 $W_f = 3\text{mm}$,导体与地面之间的距离 $G = 0.3\text{mm}$。T 形辐射贴片导体有长度 L、宽度 W 以及贴片到共面波导地之间的距离 T 三个尺寸。在天线的外围地尺寸确定后,通过优化这三个参量可以获得在 $3.0 \sim 11\text{GHz}$ 频率范围内 VSWR < 2。

5.3　具有陷波功能的超宽带平面天线

考虑超宽带通信系统的工作频段内还存在如 WLAN 的 $2.4 \sim 2.5\text{GHz}$ 以及 $5.5 \sim 5.25\text{GHz}$ 工作频段、全球微波互联接入(Worldwide Interoperability for Microwave Access,WiMAX)工作频段 $3.4 \sim 3.6\text{GHz}$ 和 C 波段卫星通信系统工作频段 $3.7 \sim 4.2\text{GHz}$ 等其他通信系统。从系统兼容与频谱复用的角度出发,为了有效抑制超宽带通信系统对这些窄带通信系统的干扰,使超宽带天线在这些窄带频段内没有辐射或辐射很弱,从天线的输入端看在这些窄带频段内呈现较大的反射系数,即具有"陷波功能或带阻功能",以降低天线在重叠频段内的辐射能力或接收灵敏度。国内学者对具有陷波功能的小型超宽带天线进行了比较全面的总结[25,26]。

在超宽带天线设计中,主要通过改变天线结构以影响天线上电流分布的方法来实现天线陷波特性的。电流分布被改变后的天线相当于增加了一个带阻滤波器,从而实现频带抑制功能。从目前的研究看,主要有以下五种方法可以实现。

5.3.1　开槽的方法

在辐射贴片上开槽的方法应用最广泛,开槽结构简单,易于调节,并且对天线的整个频带内的阻抗匹配影响不大。其基本原理是:在天线的辐射贴片上开总长度为陷波中心频率对应的波长 1/2 的槽,在相应的陷波频率下电流集中在槽处,而且槽口两边的电流反向,使得电流所产生的电场相互抵消,破坏了原来天线的辐射特性,从而实现天线在相应频段的陷波功能。改变槽的长度和宽度可以调整陷波的频率范围,具有很强的灵活性。

也可以在天线地板或微带馈线开槽。槽的形状也可各式各样,常见的开槽形状有直线形、U 形、V 形、E 形、C 形、T 形和 H 形等。无论开槽的形状如何变化,其目的是一样的,都是为了改变天线的电流分布,达到陷波的目的。

CPW 馈电陷波超宽带天线如图 5-29 所示[27]。通过辐射片上的 C 形槽线产生了中心频率为 3.5GHz 的陷波阻带和地板上两条对称的蛇形槽线实现共同产生中心频率为 5.5GHz 的第二个陷波阻带,并且利用馈线上的 U 形槽线来实现第三个陷波阻带,产生天线的高频截止特性,三种开槽形状见图 5-29(b)。改变槽线的长度和宽度和位置便可得到理想的带阻频带特性。VSWR 测量与仿真结果如图 5-30 所示。

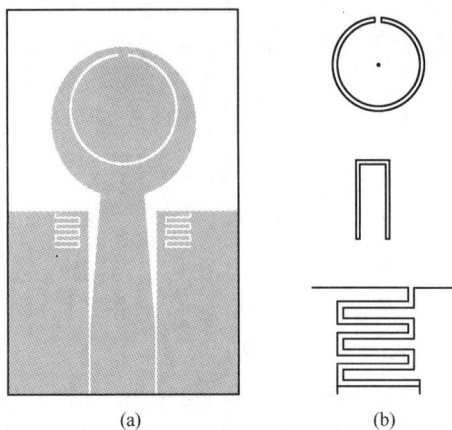

图 5-29　CPW 馈电陷波超宽带天线
（a）天线结构；（b）开槽形状。

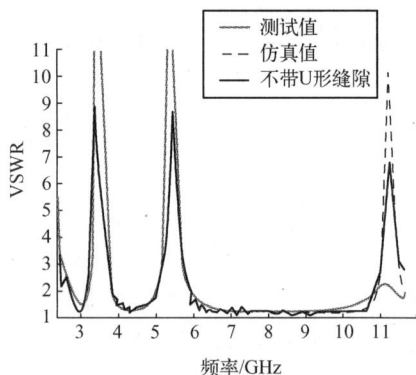

图 5-30　VSWR 测量与仿真结果

在陷波阻带谐振频率处，电流主要集中在槽线的边沿上，电流流向相反，相互抵消，以致电磁波无法辐射出去，使得天线产生阻抗失配，形成陷波阻带。

对于超宽带天线来说，其传输的是时域脉冲信号，讨论天线的时域特性更能说明问题。利用 CST 软件的探针功能，通过在天线的远场区的四个不同方位（0°、30°、60°、90°）分别放置一个探针的方法来观察其波形保真度。图 5-31（a）为激励脉冲信号，包含的频率范围为 2 ～ 12GHz，方位 90°探针观察的波形如图 5-31（b）所示。

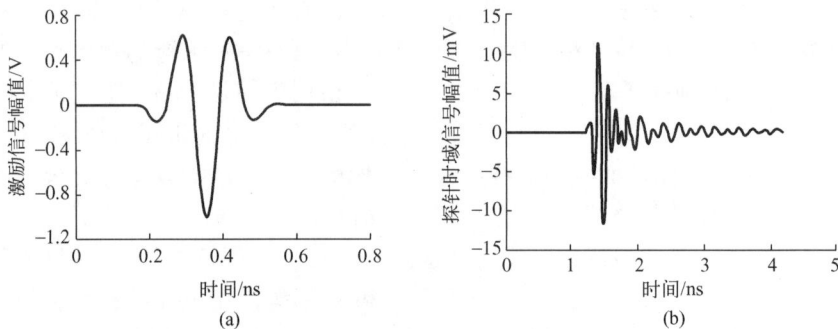

图 5-31　天线的时域特性
（a）激励脉冲信号；（b）$\theta = 90°$ 处探针接收到的信号。

为了使超宽带天线的陷波阻带具有良好的矩形度，在天线辐射体或馈线微带上嵌入多个耦合谐振槽，同时通过调节槽之间的耦合强度对陷波阻带进行可控调节，槽线的长度是其谐振频率上的电长度的 1/2（λ/2），把槽线的长度调节

100

到谐振频率的 $\lambda/2$ 就可以得到该频率的带阻特性。当槽是开路时,它的长度仅为其对应谐振频率的 $\lambda/4$。文献[28]研究的 U 形辐射体陷波天线印制在低耗 FR4 基板上,厚为 0.8mm,介电常数为 2.55,天线的尺寸为 30mm × 36mm。如图 5-32 所示,天线辐射体是一个呈 U 形的贴片,地板位于基板的另一侧,可获得良好的阻抗匹配效果。两个长度对应谐振频率 5.7GHz 处 $\lambda/4$ 的 L 形开路槽嵌在天线 U 形辐射体的内侧;另外一个对应谐振频率 5.2GHz 处 $\lambda/2$ 的 U 形槽则嵌在微带馈线端。为了与陷波超宽带天线进行性能分析和对比,引入该天线的非陷波结构超宽带天线,如图 5-33 所示。

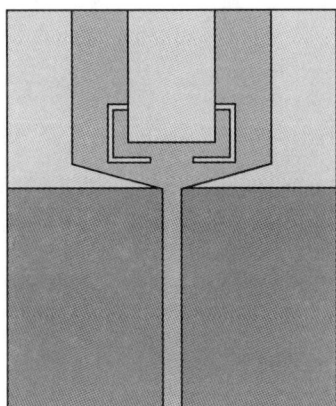

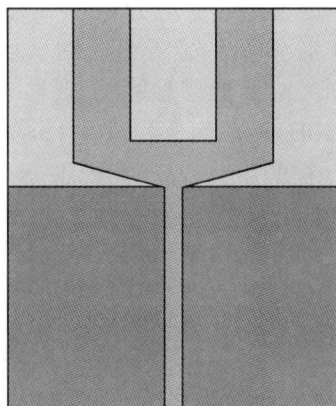

图 5-32　U 形辐射体陷波超宽带天线　　　图 5-33　U 形辐射体陷波非陷波超宽带天线

为了描述由于引入陷波结构而导致传输信号的失真变化,图 5-34 给出了非陷波和陷波超宽带天线对在模拟环境中接收天线的输出信号。从输出信号可以看出,陷波超宽带天线的脉冲传输过程有一些失真和拖尾现象。这是因为超宽带脉冲天线辐射脉冲信号时,在脉冲电流从天线输入端流到天线末端的这段时间内,收发天线在陷波频段内的宽带阻抗不匹配,脉冲天线不能把电磁能量全

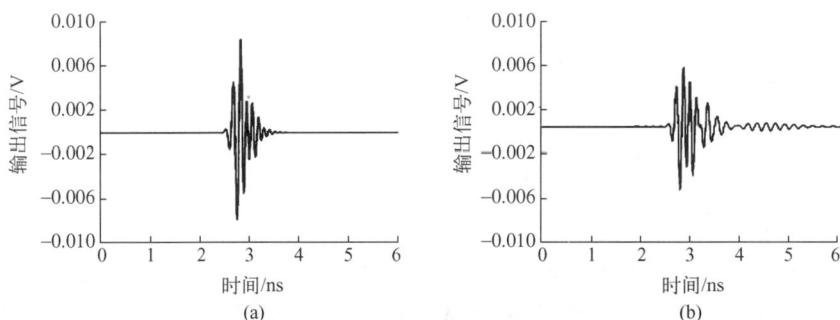

图 5-34　天线辐射脉冲信号
(a)非陷波超宽带天线;(b)陷波超宽带天线。

部辐射出去,从而在天线末端有剩余的脉冲电流,剩余脉冲电流会在天线中沿原来的路径返回,在此后的过程中继续辐射电磁能量。这样,在天线的辐射脉冲波形中就会有拖尾脉冲。如用在雷达设备中,这些拖尾脉冲会与来自目标的信号在时间上重叠,对目标信号有一定的干扰。

文献[29]研究的圆形辐射贴片上开T形槽的天线结构如图5-35所示。辐射单元采用一个圆形金属调谐枝节,微带屏蔽导体上开一个宽矩形槽。为了实现陷波功能,在圆形辐射贴片上开了四个呈对称分布的T形槽,相当于在天线结构中引入了$\lambda/2$的谐振结构。当调整四个对称T形槽的总长至所需抑制频率的$\lambda/2$时,在该频率点及其附近输入阻抗失配,实现陷波阻带特性。

分别优化T形槽参数,T形槽参数取合适时,天线在2.26~4.94GHz和6~11.68GHz两段频带范围内VSWR<2,在4.94~6GHz的频带范围内实现了陷波。在陷波中心频率5.48GHz处VSWR=40。天线在整个工作频段内具有较好的增益特性,在WLAN 5.2~5.8GHz频段内,增益显著下降(图5-36),表明天线具有明显的陷波特性。

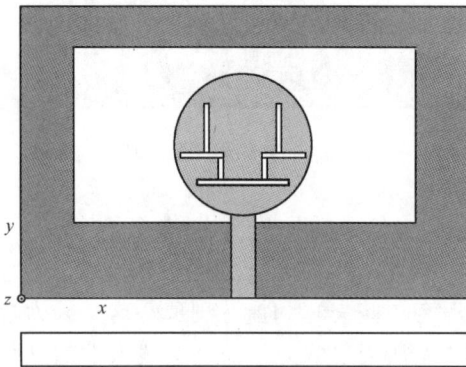

图5-35 圆形辐射贴片开T形槽天线

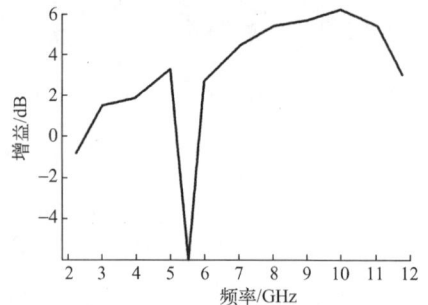

图5-36 增益特性

文献[30]设计倒V形槽的缝隙天线的结构如图5-37所示。类似于一般的宽缝隙微带馈电天线;天线的中间为矩形调谐枝节,为了获得陷波特性,在这个枝节上开一个倒V形槽,调整其总长度约等于相应频段中心波导波长的1/2,获得陷波特性。文献[31]给出的缺角圆形贴片天线如图5-38所示,天线尺寸为25mm×29mm×0.8mm。超宽带天线由50Ω的微带线馈线、缺角圆形贴片和三个圆弧槽等组成。在天线辐射单元上开槽,槽线破坏了原先的电流分布,增加了电流路径,在待定频率上引起谐振,实现陷波效应。通过合理设计尺寸,超宽带频率范围为3.1~12GHz,在4.8~6GHz和7.15~7.95GHz范围内具有陷波特性,其他范围内有良好的阻抗特性和小于−10dB的反射损耗。

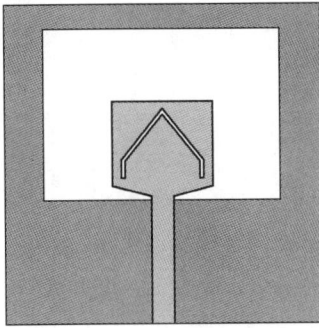

图 5-37　倒 V 形槽的缝隙天线

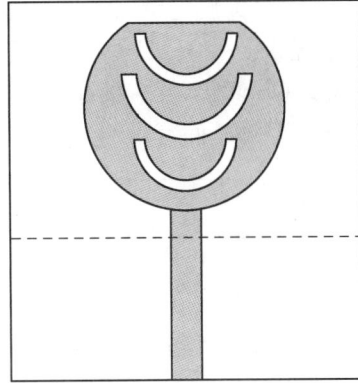

图 5-38　缺角圆形贴片天线

5.3.2　引入寄生单元的方法

通过引入寄生单元也能实现天线的陷波特性,该方法常用于印制板单极天线的设计中。通过在辐射贴片、馈电系统或者接地板旁边引入寄生单元,在陷波阻带范围内,寄生单元上的电流方向与辐射贴片上的电流方向相反,从而有效抑制超宽带系统对 WLAN 等窄带通信系统的干扰。但是,引入寄生单元增加了天线的辐射面尺寸,有可能影响到天线的辐射性能。寄生单元的结构及形式多种多样,不同长度和宽度的寄生单元可实现使天线在不同的频段内产生陷波。一般陷波频带对长度的响应要比对宽度的响应更为敏感。文献[32－36]给出几种引入寄生单元的方法实现陷波特性的天线设计实例。图 5-39 给出了通过在介质层底层引入 E 形寄生单元实现陷波。

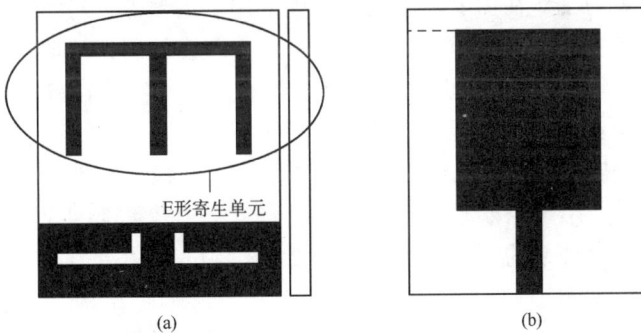

图 5-39　引入 E 形寄生单元实现陷波天线
(a) 底层;(b) 顶层。

金属开口谐振环结构的双陷波平面超宽带天线如图 5-40 所示[37]。通过在天线的辐射贴片上加载 U 形槽和在接地板上引入寄生条带的方法实现了双陷波特性。利用仿真软件研究了 U 形槽和寄生条带的物理尺寸对陷波特性的影

103

响,并对所设计的超宽带天线进行了制作和测量。仿真和测试结果表明,天线在超宽带系统 3.1 ~ 10.6GHz 工作频段内的 VSWR < 2,分别在 3.15 ~ 4.02GHz 和 5.15 ~ 5.95GHz 两个频段具有良好的陷波特性,有效地抑制了超宽带通信系统与窄带通信系统之间潜在的干扰。

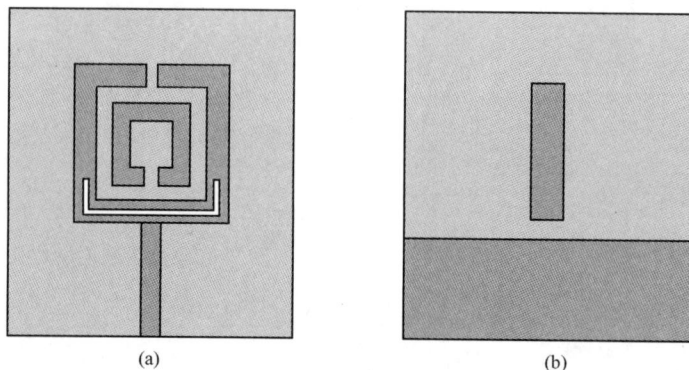

图 5-40　金属开口谐振环结构的双陷波平面超宽带天线
(a) 正视图;(b) 底视图。

5.3.3　添加匹配枝节的方法

开槽的方法是从天线的结构上挖去一部分,而引入寄生单元的方法是通过间接的电磁耦合实现对天线表面电流的影响,与二者不同,添加匹配枝节的方法是直接在天线结构上增加与天线相连的部分,增加辐射单元来改变天线上电流分布或相位来实现其陷波功能。这种在天线结构上添加匹配枝节的方法类似于容性加载,等效为工作在需要陷波的频带内的串联谐振器,以达到频带抑制的目的。枝节在天线上添加的位置也视情况而定,一般在辐射片或微带线上做处理。文献[38-40]给出了多种通过添加匹配枝节的方法实现陷波特性的天线设计实例。图 5-41 给出了两种天线结构形式。

添加匹配枝节缝隙天线如图 5-42 所示[41],天线尺寸为 40mm × 35mm × 1mm,基质材料选用聚四氟乙烯,介电常数为 2.2。在宽缝隙中增加了两个特殊的枝节结构,每个枝节的总长度近似为 1/2 谐振波长。枝节 1 由两个短枝节构成,在中心频率 3.5GHz 处形成陷波频段;枝节 2 为 E 形结构,对应陷波频段的中心频率为 5.6GHz。天线背面为带有阶梯的梯形辐射单元,在很宽的范围内实现阻抗匹配。

天线在 3.5GHz 左右,端口处的电阻值和电抗值都近似为 0,可以认为天线回路中发生串联谐振;在 5.6GHz 左右,天线电阻值和电抗值达到最大值,此时呈现并联谐振特性,电磁能量分别存储在两个枝节中,不能正常辐射,即具有陷波特性。

104

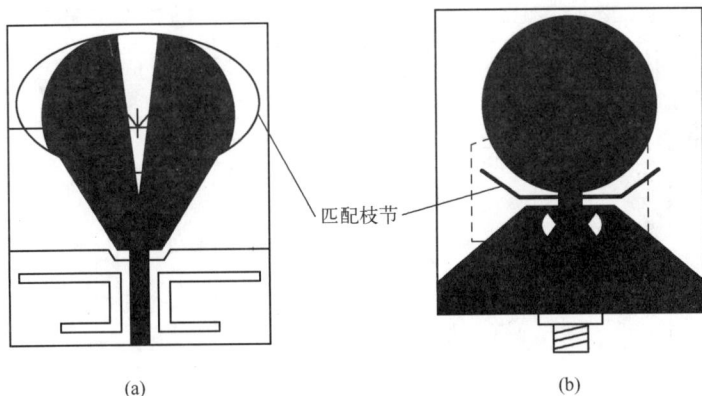

图 5-41　添加匹配枝节实现陷波两种天线
(a) 天线一;(b) 天线二。

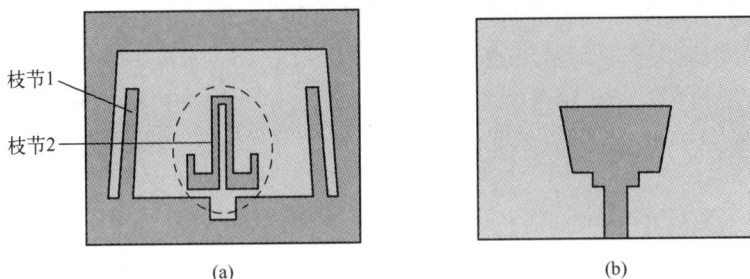

图 5-42　添加匹配枝节陷波天线
(a) 正面结构;(b) 背面结构。

天线反射系数小于 -10dB 的带宽为 2.5 ~ 10.7GHz,其中包含 3 ~ 3.9GHz 和 5 ~ 6GHz 两个陷波频段。通带内的增益比陷波处增益要高 5dB 以上,陷波频段增益和辐射效率均很低,达到解决超宽带与 WLAN 和 WiMAX 之间干扰的目的。

特尼格尔设计的扇形辐射单元矩形缝隙天线如图 5-43(a) 所示[42],末端带有扇形辐射单元的共面波导馈电,扇形辐射单元能展宽天线的频带。扇形辐射单元半张角为 θ,半径 R。

共面波导特性阻抗为 50Ω,在共面波导中心导带与扇形辐射单元之间使用阶梯过渡,可以展宽工作带宽,改善天线的阻抗匹配特性。有阶梯过渡时,反射损耗小于 -10dB 的频率范围为 2.4 ~ 11GHz,当阶梯端长度达到 7mm 时,匹配较好,可以使反射损耗在整个工作频带内均小于 -10dB。

缝隙的宽度 W 和长度 L 是影响天线的阻抗匹配特性的主要参数,随着 W 的增大,绝对带宽变宽,整个通带向低频端移动,当 $L = 15$mm 时能够获得最大的阻抗带宽,2.4 ~ 11GHz 范围内反射损耗小于 -10dB。

在矩形宽缝隙中采用扇形辐射单元可以获得较宽的阻抗带宽,扇形半径及

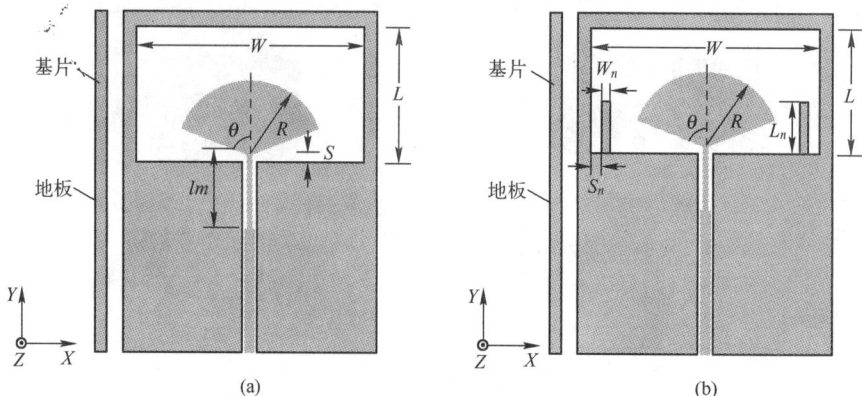

图 5-43 扇形调谐枝节矩形缝隙天线

（a）非陷波结构；（b）增加开路枝节实现陷波。

张角是影响天线阻抗匹配的重要参数。当 $R=10\text{mm}$ 时，天线获得了 8.6GHz 的阻抗带宽，覆盖了整个超宽带通信频段。扇形张角 2θ 对辐射单元的电抗具有决定性的作用，当 2θ 在一定范围变化时，扇形辐射单元的电抗变化趋于平缓并接近于 0，适当选取扇形辐射单元的张角及半径，可以极大地展宽天线的阻抗带宽。θ 越大，高频特性越好，当 θ 达到 50° 时，阻抗匹配特性较好，在整个超宽带频段内反射损耗小于 -10dB。

在矩形宽缝隙超宽带天线设计的基础上，采用开路枝节实现陷波特性，即在矩形宽缝隙边缘插入对称的两段 $\lambda_g/4$（λ_g 为阻带频率对应的波导波长）开路枝节，如图 5-43（b）所示。

采用缺陷地结构（DGS）陷波天线如图 5-44 所示[43]，地板采用新型的缺陷地结构扩展带宽，如图 5-44（b）所示。通过在八边形天线的辐射贴片上加载两个 U 形槽（如图 5-44（a））实现了 3.4~3.9GHz 和 5.2~5.8GHz 频段内的双陷波特性，并在馈线上加载枝节进一步改善天线的陷波特性。

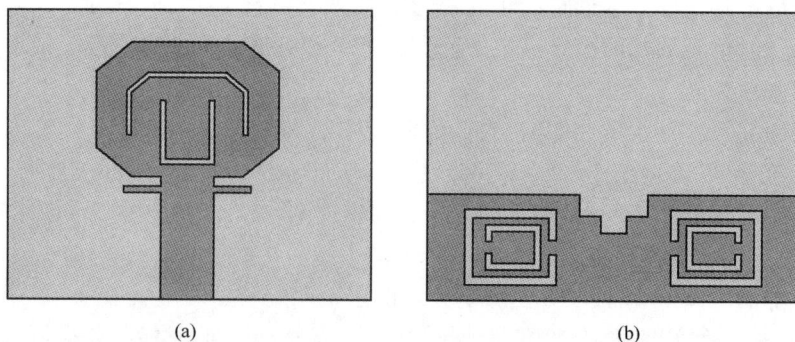

图 5-44 缺陷地结构陷波天线

（a）正面；（b）背面。

106

5.3.4 采用分形结构实现陷波

采用分形结构方式实现陷波特性的原理是通过一个特定的分形结构,在需要陷波的频段处让天线发生阻抗失配,从而形成陷波。由于分形结构具有空间可填充性,所以传统的 Koch 曲线、Sierpinski 三角和 Minkowski 等分形技术已经在超宽带天线设计中得到应用。具有陷波功能与分形调谐枝节的新型超宽带缝隙天线如图 5-45(a)所示[44],通过采用 Cantor 分形结构的调谐枝节,利用其边界灵活多变的花样,实现了良好的匹配与陷波功能;但是,这种情况下分形的自填充特性未能加以利用天线的体积仍然较大,结构也相对复杂,与一般的设计方案相比,其优势并不突出。基于 Koch 分形实现陷波的超宽带缝隙天线如图 5-45(b)所示[45],利用 Koch 分形曲线的自填充特性,以边界花样作为开路寄生单元,实现半波长谐振结构,引入了陷波特性,该天线的体积得到了显著缩小,同时具有超宽带特性与陷波特性,具有较大的实用意义。

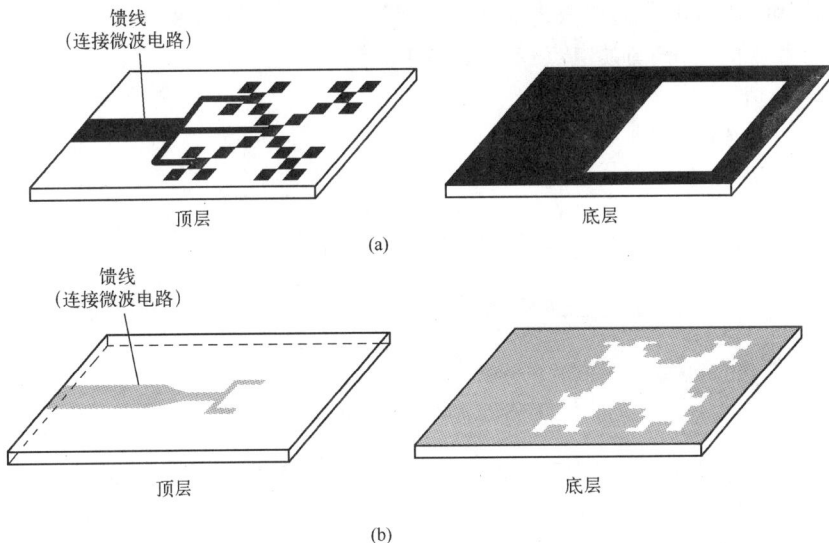

图 5-45 采用分形结构缝隙天线实现陷波
(a)采用 Cantor 分形结构;(b)利用 Koch 分形曲线。

5.3.5 遗传算法实现陷波

运用遗传算法设计的双陷波超宽带天线如图 5-46 所示[46]。首先将矩形微带贴片辐射单元分成若干等尺寸的小矩形辐射片,如图 5-46(a)所示。根据天线的辐射频段,确定算法优化目标;通过遗传算法来确定每一个小矩形辐射片是否应该存在。图 5-46(b)为经过遗传算法计算后所确定的天线贴片分布情况,图 5-46(c)为背面图。这种天线不用开槽,也不需要添加任何其他部分就能在所需频段产生陷波。

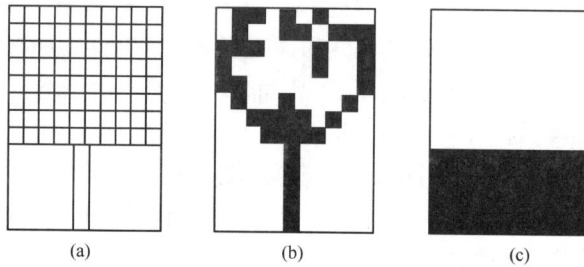

图 5-46　遗传算法设计的双陷波超宽带天线

（a）正面等分小矩形辐射片；（b）计算后小矩形辐射片；（c）背面地。

5.4　超宽带平面双极天线

椭圆形辐射单元的双极天线如图 5-47 所示[47,48]，可以得到 3.1 ~ 10.6GHz 频段的带宽特性，平衡馈电点在天线的中心点。

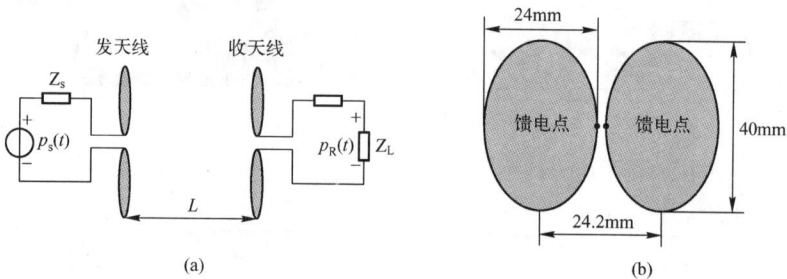

图 5-47　椭圆形辐射单元的双极天线

阶梯宽臂双极天线如图 5-48 所示[49]，相比单纯宽臂天线来说增大了天线带宽，天线用于高分辨率成像雷达系统中，实验显示阻抗带宽（反射损耗小于 -10dB）的范围 0.5 ~ 2.7GHz。天线 H 面和 E 面的冲激响应时域波形如图 5-49 所示。

安装于背腔的宽臂双极天线[50]在 3.1 ~ 10.6GHz 内的 VSWR < 1.5，在探地雷达中背腔的作用使辐射方向性更强，电阻加载情况性能提升，减小脉冲的振铃。图 5-50 中：$W = 10\text{mm}$，$L = 15\text{mm}$，$C_x = 37\text{mm}$，$C_y = 17\text{mm}$，$C_z = 20\text{mm}$，加载电阻值为 82Ω 时，天线馈电处的电流时域响应波形如图 5-51 所示。

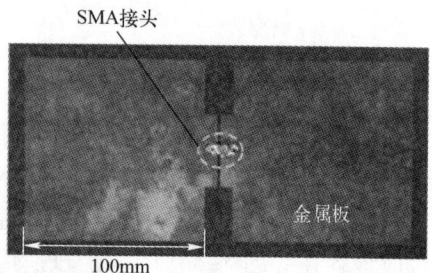

图 5-48　阶梯宽臂双极天线

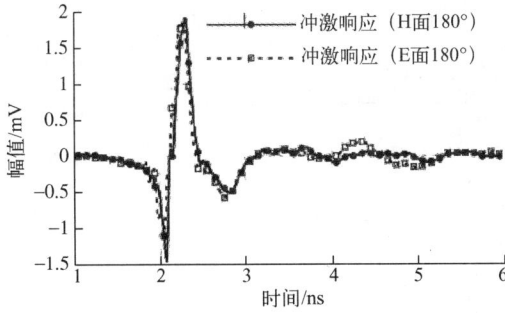

图 5-49　天线 H 面和 E 面的冲激响应时域波形

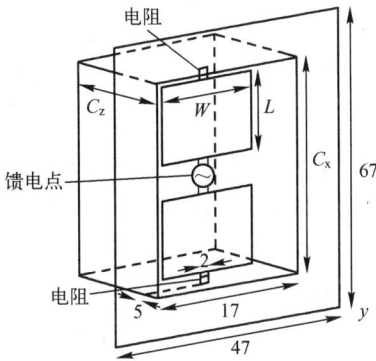

图 5-50　带背腔的宽臂双极天线

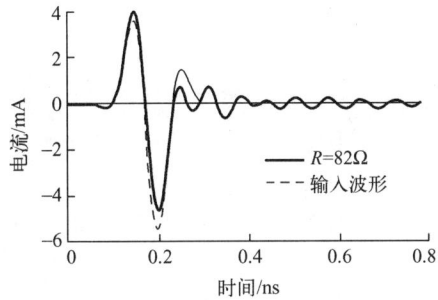

图 5-51　电流时域响应波形

　　如图 5-52 所示的蝴蝶结形天线[51]，由宽边耦合带线馈电,蝴蝶结天线的两臂分别在基板的两面,臂长 W,臂张角为 θ。1/4 波长传输线把微带线转换为宽边耦合带线馈电,通过混合位积分方程法分析天线的输入阻抗特性,天线在 $\theta =$ 90°角时有最宽的带宽,在 2.4GHz 频段应用,VSWR < 1.5 带宽有 19%。共面波导馈电的蝴蝶结形天线如图 5-53 所示,可以得到类似的结果[52]。

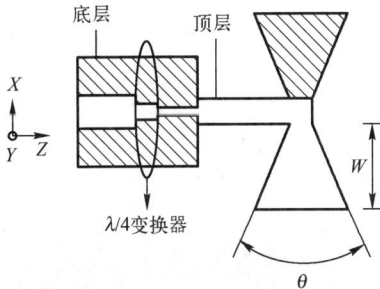

图 5-52　宽边耦合带线馈电蝴蝶结形天线

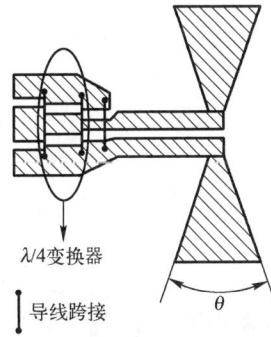

图 5-53　共面波导馈电蝴蝶结形天线

印制板平行带线馈电的蝴蝶结天线如图 5-54 所示[53]，其带宽可达 50%，天线的两臂在基板的两面，天线的 S_{11} 曲线如图 5-55 所示。

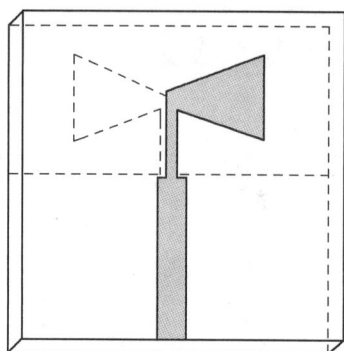

图 5-54　印制板平行带线馈电的蝴蝶结天线

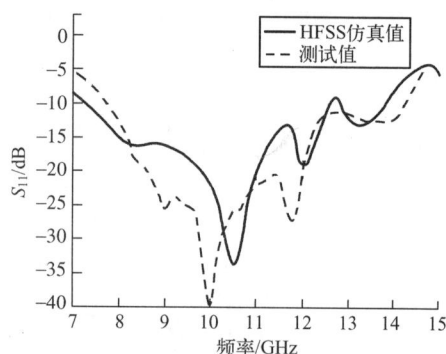

图 5-55　天线的 S_{11} 曲线

平面蝴蝶结天线具有很宽的频带，适合脉冲信号的辐射，特别是在探地雷达系统中有很好的应用。背腔式探地雷达蝴蝶结天线的工程化设计，步骤如下：

（1）分析信号频谱，确定天线的工作频段；

（2）根据天线的频率要求，确定蝴蝶结天线的尺寸；

（3）根据信号的最强频点，确定背腔高度；

（4）根据系统小型化需要选择背腔长度和宽度。

周游等[54]针对 4ns 的高斯脉冲信号，天线工作频段为 125～505MHz，信号最强频点为 315MHz，设计了背腔式探地雷达蝴蝶结天线。为了系统的小型化，选择蝴蝶结天线的张角为 60°，设计天线臂长为 23cm，考虑 10% 左右的设计裕量实际可取为 25cm。由信号最强频点求得背腔高度为 24cm。选择背腔侧壁紧贴蝴蝶结天线设计背腔长度和宽度，即长度取为 50cm。背腔宽度可通过天线臂长和张角计算出，为 14.5cm。实验测试驻波特性在 100～1300MHz 的测试范围 VSWR < 2.5。

郭晨等[55]设计实现了一种中心频率为 400MHz 的吸波材料填充式背腔蝴蝶结天线，并将此天线应用于超宽带探地雷达系统，组装完成了一套 400MHz 无线控制探地雷达系统样机，如图 5-56 所示。探地雷达系统的收发天线背腔安装结构示意如图 5-57 所示，蝴蝶结天线如图 5-58 所示，背腔式设计的探地雷达收发天线可以克服传统蝴蝶结天线在 H 面全向辐射所带来的缺点，从而提高雷达系统的信噪比及收发天线之间的隔离度。

图 5-56　探地雷达系统样机

110

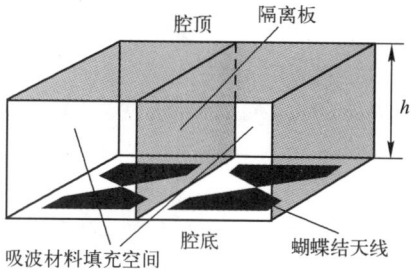

图 5-57　收发天线背腔安装结构

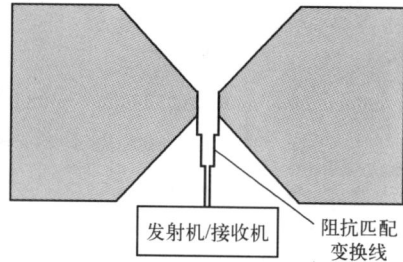

图 5-58　蝴蝶结天线

　　通过背腔设计及吸波材料的填充,天线系统背面对空的辐射场被明显抑制,仿真分析过程中在天线系统的正向和背向距离 15cm 处分别设置了探针,接收到的信号波形对比如图 5-59 所示,背向接收信号幅度低于正向信号幅度的 5% 。

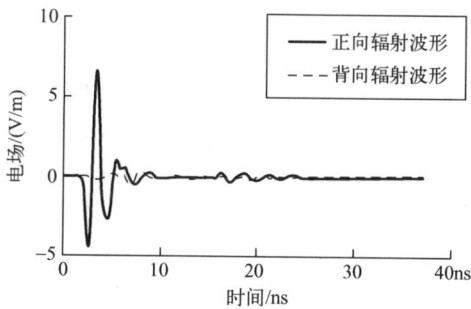

图 5-59　正向和背向信号波形

　　利用宽带阻抗匹配传输线的办法来解决发射机与天线馈点间的失配问题。宽带阻抗匹配传输线由几段不同间距的平行传输线组成。如图 5-58 所示。每段传输线的长度与间距由仿真软件优化得到,优化目标是每段匹配线之间及匹配线与天线和发射机之间反射最小。

　　李太全[56]结合脉冲激励电路(图 5-60)设计了蝴蝶结天线,如图 5-61 所示,图 5-60 中 Z_{L1}、Z_{L2} 为天线的两臂的等效电路。激励脉冲通过耦合传输线变压器输送到天线。电阻 R_{o1}、R_{o2} 一方面与电容 C_5、C_6 组成脉冲宽度控制电路,另一方面作为匹配电阻吸收来自传输线变压器的反射波。激励信号通过传输线输送到天线,由于天线的对称性,传输线采用平衡传输线且与天线垂直连接。在天线的馈电点,即天线与传输线的连接点,由于电流方向的突变,会在此产生反射。这一反射会导致天线上以及激励电路中各自产生多次反射。为了克服在天线馈电点的反射,将脉冲产生电路直接搭建在天线上。图 5-61

111

为天线结构示意,与电容 C_5、C_6 相连的其他电路在图 5-61 背面,未画出。电容 C_5、C_6 在天线中心直接与天线连接,由于反射波集中在天线的两侧边缘,所以,图 5-60 中的 R_{o1}、R_{o2} 在图 5-61 中分别被分为 R_{o11}、R_{o12} 和 R_{o21}、R_{o22} 两个部分,连接在天线的两侧边缘处,以保证有效地吸收来自天线末端的反射波。此时 R_{o11}、R_{o12} 和 R_{o21}、R_{o22} 的阻值根据天线的输入阻抗来估计。计算表明,在天线采用上述改进方式激励的情况下,与常规激励方式比较,天线激励点的二次反射波下降 3 ~ 10dB。

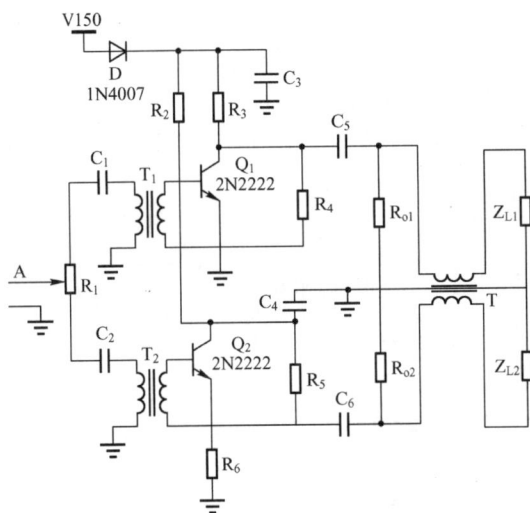

图 5-60　雪崩晶体管脉冲形成电路

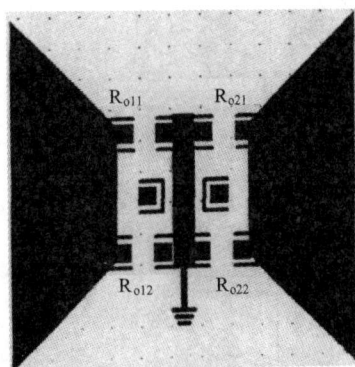

图 5-61　天线结构示意

比较分析金属板蝴蝶结和三角网平面蝴蝶结天线的宽带特性[57]可知,金属板蝴蝶结天线有最大的带宽(图 5-62),而三角网平面蝴蝶结天线有多个工作频带(图 5-63)。

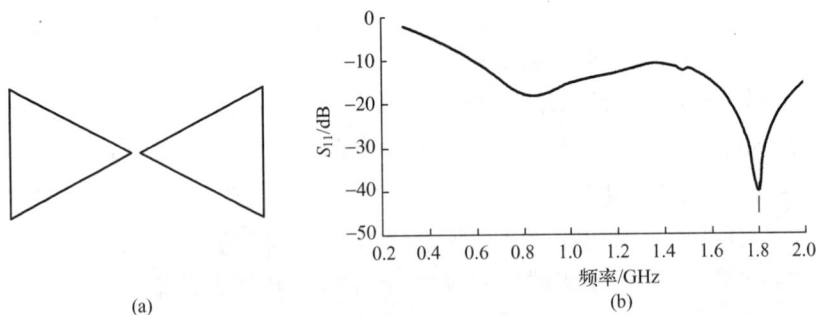

(a)

(b)

图 5-62　金属板蝴蝶结天线及其 S_{11} 曲线

(a)天线;(b)S_{11} 曲线。

112

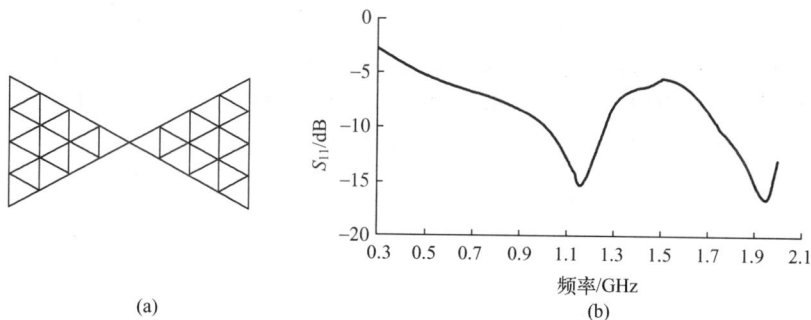

图 5-63　三角网平面蝴蝶结天线及其 S_{11} 曲线

（a）天线；（b）S_{11} 曲线。

5.5　蝴蝶结天线矩量法分析

本节中基于 RWG 基函数的矩量法[58,59]对蝴蝶结天线进行了仿真分析,求解蝴蝶结天线表面电流,得到天线的性能参数。比较分析天线两臂夹角 θ 分别在 30°、45°、60°、90°、180°（$\theta = 180$°时,天线两臂在一个平面内,为平面结构天线）时的 V 形结构天线,频带在 25MHz ～ 4GHz 天线的输入阻抗、反射系数、增益、辐射功率及方向性等参数。

平面蝴蝶结天线两臂总长 $L = 30$cm,中心馈电点边长为 0.5cm,张角 $\alpha = 60$°。以中心馈电点为中心,两臂三角天线折成 V 形,夹角为 θ,利用 Matlab 函数 delaunay3 对此结构进行德洛内三角化。图 5-64 给出了在 $\alpha = 60$°,$\theta = 60$°时 V 形蝴蝶结天线

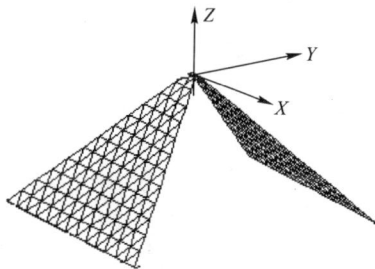

图 5-64　V 形蝴蝶结天线三角网格图

三角网格化图,$\theta = 180$°时平面蝴蝶结天线三角网格图如图 5-65 所示,图 5-66 显示了天线馈电为加在坐标原点处（上顶点）的三角边上。该网格大小设置以满足计算精度为准。

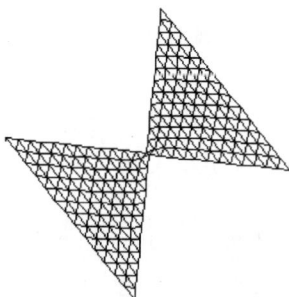

图 5-65　平面蝴蝶结天线三角网格图

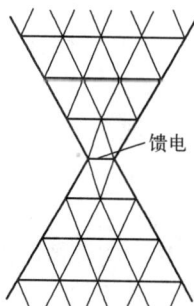

图 5-66　天线馈电处三角网络图

113

天线进行网格化后,建立了三角形各顶点的坐标值,从而可构建每一对三角形对应的 RWG 基函数。用 Matlab 编程进行数值计算。参考 4.4.2 节,分别计算在馈电电压幅值为 1V、频率为 25MHz ~ 4GHz、频率间隔为 25MHz,共 160 个频点时的阻抗矩阵,并求解矩量方程,得到五种夹角(θ 分别为 30°、45°、60°、90°、180°)下的天线输入电阻、电抗、反射系数、增益、辐射功率和辐射方向性,对这些参数进行了比较分析。

5.5.1　输入阻抗与反射系数

蝴蝶结天线的输入阻抗如图 5-67 所示,在五种夹角下,输入电阻和电抗的变化规律基本一致,馈电电压的频率增加时,蝴蝶结天线的输入阻抗会发生一定的振荡,且在 1GHz 左右出现峰值。在 0 ~ 4GHz 的分析频带内,振荡的次数和极大值发生的频点与天线的电长度有关。在夹角越大,输入电阻也越大(除峰值处)且振荡幅度越小,说明输入电阻随频率变化相对平稳,如图 5-67(a)所示。输入电抗的变化与输入电阻变化类似,如图 5-67(b)所示。

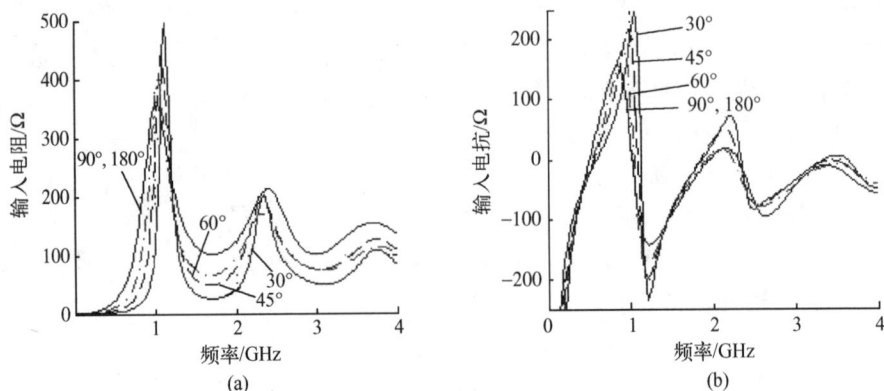

图 5-67　V 形蝴蝶结天线输入阻抗
(a) 输入阻抗实部(输入电阻);(b) 输入阻抗虚部(输入电抗)。

蝴蝶结天线的反射系数如图 5-68 所示。在观测的频带内,反射系数曲线有几个谷值,也就是说在几个频点处有更小的反射系数。平面结构天线的反射系数的最小值出现在低频率处(第一个极小值),而有夹角的天线的反射系数最小值出现在中间频率处,夹角越小,频率越大,这说明小夹角对高频率的辐射能力强。

θ 为 90°、180° 两种情况的输入阻抗与反射系数曲线几乎完全重合,且在这之间的其他角也重合,这说明,夹角 θ 张大到一定的数值(90°)时对输入阻抗的影响不大。

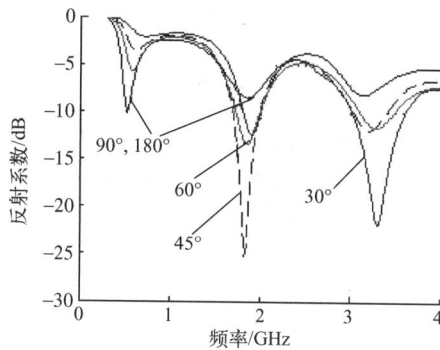

图 5-68 V 形蝴蝶结天线的反射系数

5.5.2 辐射功率和增益

天线辐射功率是在天线馈电信号的幅度为 1V 时的辐射功率,曲线变化规律与文献[58]给出的一致。但夹角越大,整个频段内的辐射功率越小。图 5-69 给出了蝴蝶结不同夹角辐射功率,在频带内可以识别出一辐射功率强的频点,夹角越小,这个功率点的值越大,所在的频点也有所增大,夹角 $\theta = 30°$ 时,在 600MHz 可达 80mW 以上的高输出功率。强辐射点也与天线的电长度有关,对四种长度进行分析可知,天线长 L 为 10cm、20cm、40cm、80cm 时对应的谐振频点为 0.8GHz、0.4GHz、0.2GHz、0.1GHz。天线的长度与对应谐振点频率波长比值有略大于 1:4 的关系。

图 5-70 为平面($\theta = 180°$)蝴蝶结不同长度的反射系数,也说明长度越大时,辐射频带向低频扩展,这对低频信号强的脉冲辐射有利。

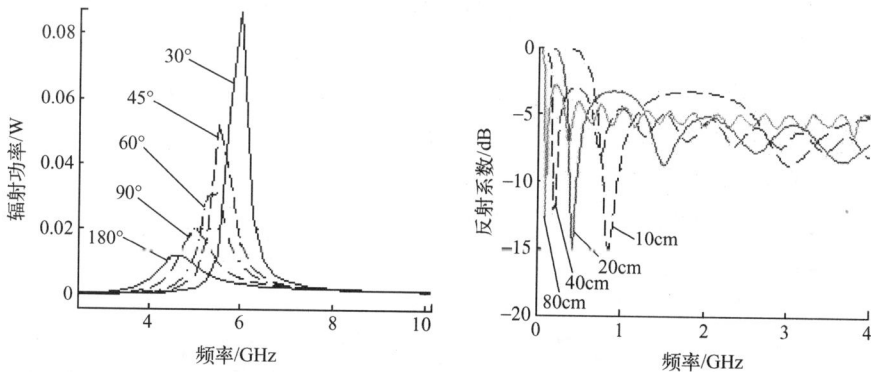

图 5-69　V 形蝴蝶结天线不同夹角辐射功率　图 5-70　平面蝴蝶结天线不同长度的反射系数

蝴蝶结天线不同夹角天线增益如图 5-71 所示。增益为方向性的最大值,在整个频带内,平面($\theta = 180°$)天线的增益相对平稳(1.8 ~ 5dB),在低频带

(1.5GHz 以下)比有夹角的天线增益高;而有夹角的天线的增益在整个频带内变化范围更大(0.5~9dB),

通过对平面($\theta=180°$)结构,张角 $\alpha=60°$ 时,长度 L 为 10cm、20cm、40cm、80cm 蝴蝶结天线的输入阻抗的曲线比较可知,不同长度的天线的输入阻抗曲线只是在横坐标上的伸缩关系,这种关系同样存在反射系数(图5-70)、辐射功率(图5-72)的曲线上。天线越长,输入阻抗小幅振荡的频带越宽,低反射系数对应的频带越宽,也就是越向低频扩展,越有利于低频的辐射。

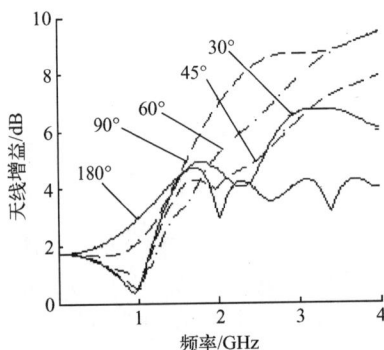

图 5-71　V 形蝴蝶结天线
不同夹角天线增益

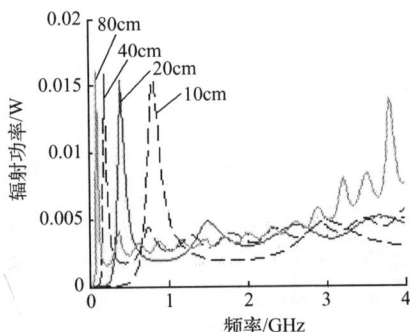

图 5-72　平面蝴蝶结天线
不同长度的辐射功率

5.5.3　方向性

V 形蝴蝶结天线方向性如图 5-73 所示,在 XOZ 平面内,小于 1GHz 时,有夹角的天线与平面天线的方向图为全向的。但随着频率的增大到一定的临界值时,天线开始表现出方向性,这个临界值频率随天线的夹角 θ 增大而有一定的增大($\theta=180°$ 时可达 1.5GHz)。再增大频率时,平面结构的天线与有夹角的天线的方向性差异增大:有夹角的天线的方向性开始表现出向夹角方向($-Z$ 轴方向)的方向性,如图 5-73(a)给出了 $\theta=30°$,频率分别为 1GHz、2GHz、3GHz、4GHz 时的方向图,频率越高,方向性越明显,且几种有夹角的天线之间的方向性之间的差异不是很大。

平面结构天线 1GHz 以下为全向性,2GHz 以下也近似全向性,再增大频率时,方向性的主瓣方向变化很大,最大方向在 3GHz 时出现在 X 轴方向,在 4GHz 时又出现在 Z 轴方向,如图 5-73(b)。

在 YOZ 平面内,有夹角天线在低频时的方向性在 Z 轴正负方向,随着频率增大到一定值时(1GHz),方向性逐渐向全向过渡,如图 5-73(c),再增大频率时,方向性也出现在夹角方向,与 XOZ 平面的方向性相比稍差一些。

平面结构的天线在 YOZ 平面内没有这种变化,在小于 2GHz 频率的方向图与半波偶极天线的方向性类似,最大方向出现在 Z 轴方向,天线在 Y 轴方向几乎没有辐射。频率再增大时,方向图波瓣出现分裂,如图 5-73(d)。

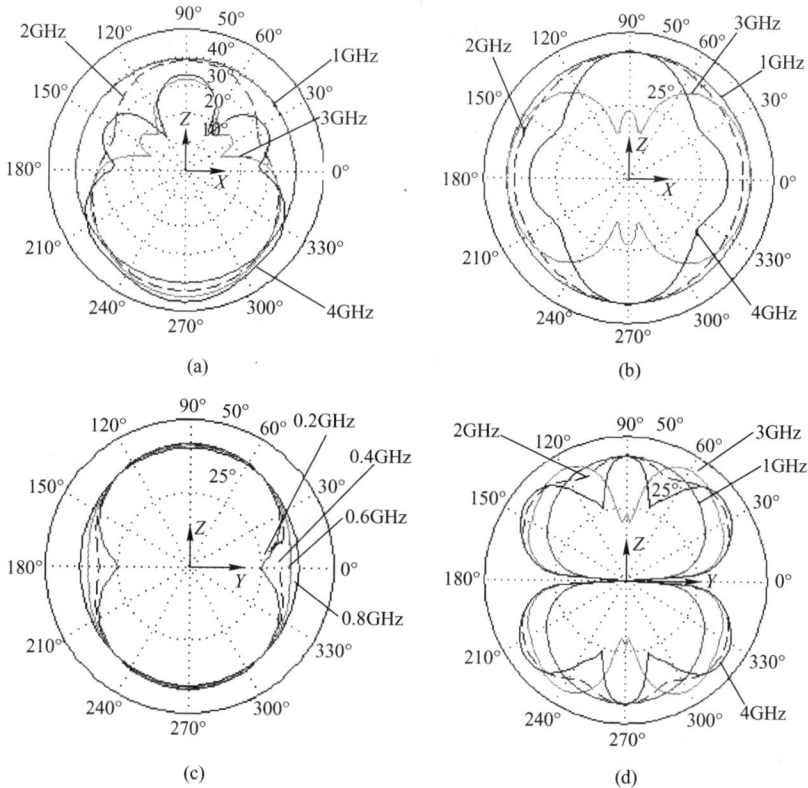

图 5-73　V 形蝴蝶结天线方向图(为了便于绘图,所有方向图中增加了 40dB 的偏移量)
(a) $\theta = 30°$ 时 XOZ 平面方向图;(b) $\theta = 180°$ 时 XOZ 平面方向图;
(c) $\theta = 30°$ 时 YOZ 平面方向图;(d) $\theta = 180°$ YOZ 平面方向图。

5.5.4　脉冲辐射特性

在天线的激励脉冲作用下计算蝴蝶结天线在空间点的辐射电场。天线的激励脉冲采用如下形式高斯微分脉冲:

$$p(t) = \frac{t}{\tau} \exp(-t^2/2\tau^2) \qquad (5-1)$$

式中:τ 为脉冲的特征时间参数。

考虑脉冲的有效持续时间为 $7\tau = 1\text{ns}$ 时情况,其频谱峰值处的频率约为 1GHz,脉冲的频谱主要在 0 ~ 5GHz 内,半功率频谱带宽为 0.6 ~ 2GHz,该脉冲与 4.4.5 节式(4-22)所表示脉冲相同,其波形和频谱可参见图 4-34。

矩量法分析得到宽频带内的各频率时在空间某点的辐射电场后,可以知道天线以空间辐射场为响应的转移函数(频域),再乘以激励脉冲的频谱,得到空

117

间某点处电场的频域特性,经过傅里叶反变换后可得到时域波形。

对有夹角的蝴蝶结天线,两臂夹角 $\theta = 60°$,每臂的张角 $\alpha = 60°$,单臂长为 15cm 时,天线—自由空间转移函数的幅频特性和相频特性如图 5-74 所示。图中 E_x、E_y、E_z 为电场三个分量,图 5-74(a)中 E_x、E_y 重合。在天线的夹角方向 1m(负 Z 轴方向为主辐射方向)处的辐射脉冲,如图 5-75 所示。在天线背向(Z 轴正方向)1m 处的辐射波形如图 5-76 所示,可以看出背向的波形比主辐射方向差。

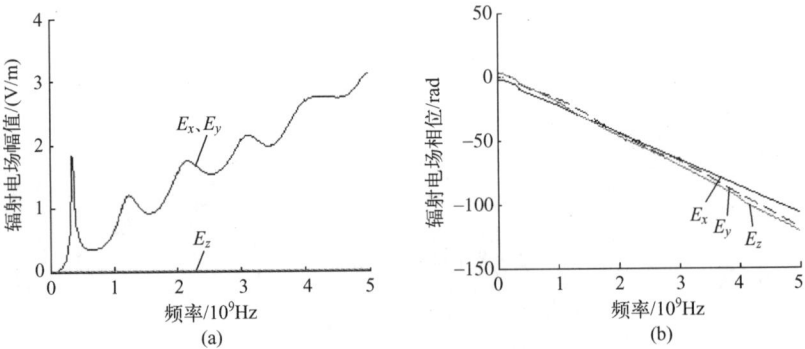

图 5-74 天线—自由空间转移函数
(a) 幅频特性;(b) 相频特性。

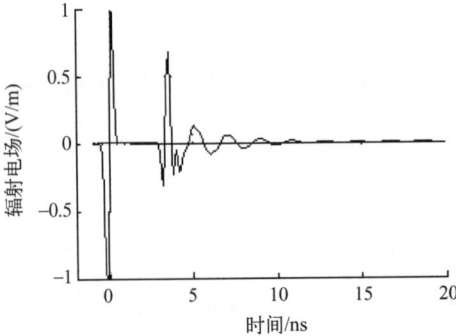

图 5-75 天线夹角方向
($z = -1m$)的辐射波形

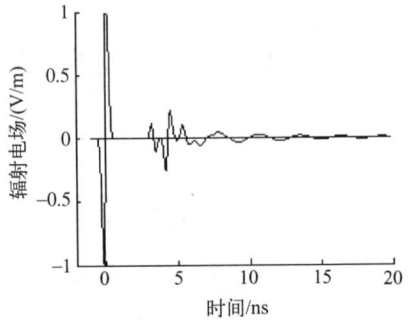

图 5-76 天线背向($z = 1m$)
处辐射波形

本节利用基于 RWG 基函数的矩量法分析蝴蝶结天线在宽频率范围内的性能参数与天线两臂夹角的关系。由结果可知:小夹角在频带内的辐射能力更强,大夹角越有利低频的辐射,有夹角的天线方向更强,主要表现在夹角方向,夹角越大,在高频区的天线增益越大。平面结构蝴蝶结天线的输入阻抗、辐射功率、天线增益在频带内变化幅度更小。

118

参 考 文 献

[1] Wong K L, Lin Y F. Strip line-fed printed triangular monopole [J]. Electronics Letters, 1997, 33(17): 1428 – 1429.

[2] 赵红梅, 田向, 路立平. 一种新型平面超宽带天线的设计[J]. 电信科学, 2011(8):74 – 78.

[3] 胡伟, 张建华, 田健. 一种新型的多边形超宽带印刷天线[J]. 现代雷达, 2011, 33(3):60 – 66.

[4] 孙思扬, 吕英华, 张金玲, 等. 基于遗传算法的超宽带微带天线优化设计[J]. 电波科学学报, 2011, 26(1):62 – 66.

[5] 曹海林, 杨力生, 陈姝雨, 等. 一种新型超宽带杯形单极子天线设计[J]. 重庆大学学报, 2009, 32(3):328 – 331.

[6] 张文涛, 杨晖. 一种超宽带通信系统天线单元的研究[J]. 火控雷达技术, 2010, 39(1):79 – 82.

[7] 袁海军, 马云辉. 一种新型的超宽带树形天线[J]. 无线电通信技术, 2011, 37(2):32 – 34.

[8] 袁海军, 马云辉. 一种改进的杠铃形超宽带天线[J]. 现代电子技术, 2011, 34(9):57 – 59.

[9] 石宝民, 张涛, 李利城. 一种具有陷波特性的小型化超宽带天线[J]. 硅谷, 2012, (6):68 – 69.

[10] 刘汉, 高卫东, 刘伟. 基于遗传算法的超宽带天线设计[J]. 微波学报, 2013, 29(3):27 – 30.

[11] Suma M N, Bybi P C, Mohanan P. A wideband hybrid printed monopole/rectangular patch antenna [J]. International Journal on Wireless and Optical Communications, 2007, 4(1):53 – 59.

[12] Yosh I M Y. A microstrip slot antenna [J]. IEEE Trans. Microwave Theory Tech, 1972, 20(11):760 – 762.

[13] 吕文俊, 程崇虎, 朱洪波. 一种新型超宽带微带折线环天线的研究与设计[J]. 通信学报, 2005, 26(10):65 – 68.

[14] Deal W R, Yongxiq I A, et al. A broadband microstrip fed slot antenna [C]. IEEE-MTT Symp. on Technologies for Wireless Application Dig, 1999:209 – 212.

[15] Lu I J, Cheng C H, Cheng Y, et al. A novel broadband multi slot Antenna fed by microstrip line [J]. Microwave and Optical Technology Letters, 2005, 45(1):55 – 57.

[16] Jang Y W. Broadband cross-shaped microstrip-fed slot antenna [J]. Electronics Letters, 2000, 36(25):2056 – 2057.

[17] Marantis L, Brennan P. A cpw-fed bow-tie slot antenna with tuning stub [C], 2008 Loughborough Antennas & Propagation Conference, 2008:389 – 392.

[18] 任术刚, 刘扬. 一种超宽带蝴蝶结槽天线的设计研究[J]. 科技传播, 2010, 8:194 – 195.

[19] Chen D, Cheng C H. A novel ultra-wideband microstrip line fed wide slot antenna [J], Microwave and Optical Technology Letters, 2006, 48(4):776 – 777.

[20] 吕文俊, 程勇, 程崇虎, 等. 共面波导馈电小型平面超宽带天线的设计与研究[J]. 微波学报, 2006, 22(4):19 – 23.

[21] 李伟, 邱景辉, 鲁国林, 等. 一种带状加载宽缝超宽带天线设计研究[J]. 宇航学报, 2009, 30(2):712 – 715.

[22] 吕文俊, 朱洪波. 超宽带折合环天线的设计与研究[J]. 通信学报, 2010, 31(2):76 – 80.

[23] 任术刚, 李彬, 李伟. 一种超宽带平面天线的设计研究[J]. 硅谷, 2010, (16):54 – 55.

[24] 郭庆新, 李增瑞, 居继龙. 环形地共面波导馈电的超宽带天线设计[J]. 中国传媒大学学报(自然科学版), 2010, 17(2):59 – 62.

[25] 孙荣辉, 高卫东, 刘汉. 陷波平面超宽带天线的研究进展[J]. 电子信息对抗技术, 2012, 27(2):

33 – 37.

[26] 吕文俊,朱洪波. 陷波特性平面超宽带天线的研究进展[J]. 电波科学学报,2009,24(4):
780 – 787.

[27] 吴直群,张新建,郭庆功. 一种具有多阻带特性的超宽带天线设计[J]. 四川大学学报(自然科学版),2012,49(4):805 – 809.

[28] 褚庆昕,杨光,毛春旭. 阻带可控陷波超宽带天线的设计与时域分析[J]. 华南理工大学学报(自然科学版),2013,41(1):01 – 07.

[29] 周锋,钱祖平,彭川. 具有陷波特性的超宽带印刷天线设计[J]. 现代电子技术,2010,(8):
127 – 129.

[30] 程勇,吕文俊,程崇虎,等. 一种小型陷波多用途超宽带天线[J]. 微波学报,2007,23(1):20 – 24.

[31] 刘璐璐,孙绪保,石红艳,等. 一种小型双陷波超宽带印刷天线[J]. 制导与引信,2012,33(2):
40 – 43.

[32] Choi N,Jung C,Byljn J,et al. Compact UWB antenna with I-shaped band-notch parasitic element for laptop applications [J]. IEEE Antennas and Wireless Propagation Letters,2009(8):580 – 582.

[33] Razavizadeh S M R. A band-notched UWB microstrip antenna with a resonance back C-shaped ring [C]
. 2010 Second International Conference on Advances in Satellite and Space Communications (SPACOMM),Athens,2010:37 – 41.

[34] Liu H,Ku C,Wang T,et al. Compact monopole antenna with band-notched characteristic for UWB applications [J]. IEEE Antennas and Wireless Propagation Letters,2010(9):397 – 400.

[35] Zaker R,Ghobadi C,Nourinia J. Bandwidth enhancement of novel compact single and dual band-notched printed monopole antenna with a pair of L-shaped slots [J]. IEEE Transactions on Antennas and Propagation,2009,57(12):3978 – 3983.

[36] Yan H,Wei H,Chen Y,et al. Planar u1trawide band antennas with multiple notched bands based on etched slots on the patch and/or split ring resonators on the feed line [J]. IEEE Transactions on Antennas and Propagation,2008,56 (9):3063 – 3068.

[37] 孙荣辉,高卫东,刘汉. 一种新颖的双陷波超宽带天线设计[J]. 微波学报,2012,28(2):62 – 65.

[38] Abdollahvand M,Dadashzadeh G D. Compact dual band-notched printed monopole antenna for ITWB application [J]. IEEE Antennas and Wireless Propagation Letters,2010(9):1148 – 1151.

[39] Tu S,Jiao Y C,Song Y,et al. A novel monopole dual band-notched antenna with tapered slot for UWB applications [J]. Progress in Electromagnetic Research Letters,2009(10):49 – 57.

[40] 邓超,谢拥军,李潞. 平面印刷单极子天线频带抑制技术的应用[J]. 西安电子科技大学学报(自然科学版),2011,38(4):112 – 117.

[41] 刘起坤,周波,豆栋梁,等. 具有双陷波特性的超宽带平面天线设计[J]. 现代雷达,2011,33(2):
58 – 61.

[42] 特尼格尔,张宁,邱景辉,等. 具有带阻特性的宽缝隙超宽带天线研究[J]. 电波科学学报,2011,
26(1):164 – 169.

[43] 高卫东,刘汉,孙荣辉. 一种新型缺陷地结构的双陷波超宽带天线[J]. 上海交通大学学报,2013,
47(7):1109 – 1113.

[44] Lui W J,Cheng C H,Cheng Y,et al. Frequency notched ultra wideband microstrip slot antenna with fractal tuning stub[J]. Elect Tonics Letters,2005,41 (6):294 – 296.

[45] Lui W J,Cheng C H,Zhu H B. Compact frequency notched ultra-wideband fractal printed slot antenna [J]. IEEE Microwave and Wireless Components Letters,2006,16(4):224 – 226.

[46] Ding M,Jin R,Geng J,et al. Auto-design of band-notched UWB antennas using mixed model of 2D GA

and FDTD [J]. Electronics Letters,2008,4(4):257 – 258.

[47] Fan Z G,Ran L X. Source pulse optimizations for UWB radio systems [J]. Electromagn Waves and Appl. ,2006,20(11):1535 – 1550.

[48] Schantz,H G. Planar elliptical element ultra-wideband dipole antennas [J]. 2002 IEEE Antennas and Propagation Society International Symposium,2002(3):44 – 47.

[49] Park Y J,Song J H. Development of ultra wideband planar stepped-fat dipole antenna [J],Microwave and Optical Technology Letters,2006,48(9):1698 – 1701.

[50] Mitsuo T,Takeshi O,Kazumasa T. Resistance loaded planar antenna within a rectangular parallelepiped cavity for UWB system [J]. International Journal on Wireless and Optical Communications,2006,3(2): 179 – 187.

[51] Lin Y D,Tsai S N. Analysis and design of broadside-coupled striplines-fed bow-tie antennas [J]. IEEE Transactions on Antennas And Propagation,1998,46(3):459 – 460.

[52] Lin Y D,Tsai S N. Coplanar waveguide-fed uniplanar bow-tie antenna [J]. IEEE Transactions on Antennas and Propagation,1997,45(2):305 – 306.

[53] Zheng G P,Kishk A A,Yakovlev A B,et al. A broad band printed bow-tie antenna with a simplified feed [C]. Antennas and Propagation Society International Symposium,2004,4:4024 – 4027.

[54] 周游,潘锦,聂在平. 时域背腔式领结天线的工程化设计[J]. 电子科技大学学报,2005,34(1): 1 – 7.

[55] 郭晨,刘策,张安学. 探地雷达超宽带背腔蝶形天线设计与实现[J]. 电波科学学报,2010,25(2): 221 – 227.

[56] 李太全. 探地雷达天线系统的设计、实现与优化[D]. 武汉:武汉大学,2004.

[57] Andrenko A S. Comparative study of wideband properties of planar solid and strip fractal bow-tie dipoles [C]. 2005 IEEE/ACES International Conference on Wireless Communications and Applied Computational Electromagnetics,2005:178 – 181.

[58] 马卡洛夫. 通信天线建模与 Matlab 仿真分析[M]. 许献国,译. 北京:北京邮电大学出版社,2006.

[59] 魏福显,王春和. 电阻加载蝶形天线的性能研究[J]. 物探与化探,2006,30(5):427 – 429.

第6章　加载天线的脉冲辐射特性

理想的脉冲天线能够无失真地辐射超宽带窄脉冲信号,天线输入端的反射信号足够小,在需要的方向上辐射信号足够大。无限长的偶极天线可以满足上述要求。而实际的有限长天线在激励点和端点都存在反射,并不能满足上述要求,辐射脉冲波形存在失真。天线加载技术可以改善天线的脉冲辐射特性。

以提高增益或增大带宽为目的,将电抗(或电阻)元件或网络置于天线的某部分中称为天线加载。天线加载提高带宽的原理是加载元件使天线的馈电端到天线末端的阻抗以某种关系变化,使得激励电流在天线上从馈电处到天线末端逐渐减小到0,消除天线馈电端与末端的多次反射,使天线上的电流为行波分布。然而,加载电阻的同时也增加了能量的损耗,降低了天线的效率。因此,脉冲辐射天线设计的主要问题是均衡脉冲辐射不失真和辐射效率这一对矛盾。

分析天线的脉冲辐射特性可采用时域技术如 FDTD 法或频域技术如 MoM 等。FDTD 法分析天线的远场辐射时,如直接通过网格点的迭代,计算量会大大增加,采取的方法是先计算近场数值,再变换到远场。MoM 通过先求解场源分布,可以直接得到远场值。

基本的单极振子天线由于其本身特性会在天线内部对馈入的信号进行多次反射,严重制约着它的辐射性能。文献[1]采用 FDTD 法考察了柱形和锥形两种分布加载行波天线的瞬态辐射特性,详细讨论了各种天线参数对辐射特性的影响。文献[2]采用 FDTD 法对比计算了加载与非加载单极天线的时域辐射特性,结果表明,加载是改善单极天线时域辐射性能的很好选择,但需要以牺牲辐射效率为代价。

采用 MoM 分析天线的研究也很多。文献[3]采用 MoM 和 FFT 分析脉冲收发天线的时域辐射特性,同时探讨信号的带宽、天线的仰角和天线的长度对天线辐射性能的影响。以窄脉冲电压馈电的偶极子天线为例分析了脉冲收发天线辐射特性参数计算公式的建立,以及采用 MoM 和 FFT 获得这些参数的计算方法。结果表明,天线远区场与馈电电压波形极为相似,其幅度也随着信号带宽和天线长度的变化而变化。天线仰角的变化,仅对远区场的幅度产生影响,而对其大致的形状以及峰值出现的时刻几乎没有影响。

文献[4]设计两种新颖的旋转对称单极宽带天线,其终端分别采用球形加载和锥形加载技术,母线运用圆滑曲线过渡避免天线半径导数的不连续,有效地改善了阻抗特性,展宽了频带。应用扩展 MoM 进行理论分析和实际计算,比较天线高度和锥角不同时的驻波比和增益,从结果可知天线具有超宽频带的良好特性,为工程设计提供了理论依据。

6.1　线状天线的加载方式

根据加载元件与天线的接入方式,加载分为串联加载和并联加载,串联加载和并联加载可以是分布型、集总型或混合型。加载元件可以是无源或有源、线性或非线性。加载位置可以在天线内部,也可以在天线的输入端或天线末端,加载点可以是一个或多个。

1. 串联型集总加载

如天线上某两点间的电压与此两点间的电流成正比,而且当这两点无限靠近时该电压仍保持为一有限值,则此两点间必存在一个集总加载元件,称此天线为串联型集总加载天线。例如,在线天线的两个导线段间插入集总的电阻、电感或电容等方式。1961 年,阿特舒勒(Altshuler)提出在距离偶极天线终端 $\lambda/4$ 处实施电阻加载,使天线上的电流呈行波分布,但这种行波天线的频带很窄。

分段电阻加载单极天线的实例如图 6-1 所示,该天线直径 $\phi = 7\mathrm{mm}$,高度 $h = 144\mathrm{mm}$,天线分 6 段,每段加载电阻不同,图中 R' 为沿天线轴向单位长度的电阻。图 6-2 显示该天线输入电导 G_{in} 和电纳 B_{in} 随频率 f 变化的实测结果,天线的工作频带宽度很宽,但由于电阻引起损耗,天线效率有所下降。

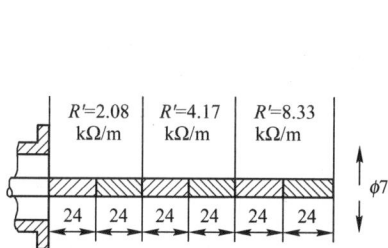

图 6-1　分段电阻加载单极
天线(单位为 mm)

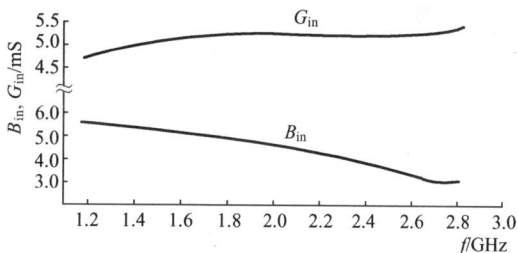

图 6-2　天线输入电导 G_{in} 和
电纳 B_{in} 随频率 f 变化

图 6-3 给出了集总电容加载单极天线的一个实例,天线半径 $a = 3\mathrm{mm}$,高度 $h = 163\mathrm{mm}$。在 $f = 1\mathrm{GHz}$ 时,加载的电抗 $X_1 = -150\Omega$,$X_2 = -25\Omega$,$X_3 = -300\Omega$,$X_4 = -175\Omega$,$X_5 = 0$,在激励区末端加载 $X_0 = 29\Omega$。图 6-4 显示天线输入阻抗 Z_{in} 和 VSWR 随频率 f 的变化曲线(实测值)。由图 6-4 可见,在一倍频程的频率范围 VSWR ≤ 1.25。

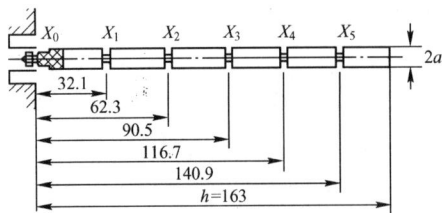

图 6-3 集总电容加载单极
天线（单位为 mm）

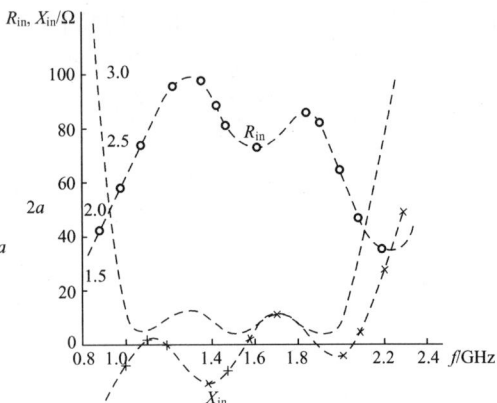

图 6-4 输入阻抗 Z_{in} 和 VSWR
与频率 f 关系

2. 串联型分布加载

如果天线电流与天线中连续分布的轴向电场强度成比例,则称为串联型分布加载天线。例如,在介质棒上敷一定厚度的碳膜构成电阻棒天线,让天线的内阻抗按特定函数分布,尽可能使得天线上全部呈行波电流分布,这种天线就具有很宽的阻抗带宽。经典的是由 Wu 和 King[5] 提出的连续分布电阻加载,这种加载称为 Wu-King 加载方式;文献[6]讨论了 Wu-King 电阻加载 UWB 偶极天线,文献[7]用遗传算法对加载电阻进行了优化。

只要设计合理,分布加载天线可以获得更为优良的电性能。线天线的串联型分布加载可以是均匀的也可以是非均匀的,可以在整个天线内加载也可以在部分线段上加载。

Wu 和 King[5] 对无反射的分布加载天线的特性进行了研究,研究表明,在有限长的偶极天线上如果每单位长度的加载阻抗满足下式时,则沿天线电流将呈行波分布:

$$Z(z) = \frac{60\psi}{(L - |z|)} \quad (\Omega/m) \tag{6-1}$$

式中:$Z(z)$ 为距离天线输入端 z 的加载阻抗;ψ 为由天线的几何尺寸决定的参数;L 为偶极天线的单臂长度。

式(6-1)说明,在天线输入端($z=0$)每单位长度的加载阻抗为 $60\psi/L$,而在天线末端($z=L$)处每单位长度的加载阻抗接近于无限大。此种加载条件下,沿线电流分布为

$$I(z) = \frac{V}{60\psi(1 - \mathrm{j}/kL)}\left(1 - \frac{|z|}{L}\right)\mathrm{e}^{-\mathrm{j}k|z|} \tag{6-2}$$

式中:V 为天线输入端的激励电压;k 为自由空间波数。

式(6-2)说明,在馈电点处($z=0$)电流有最大值,其幅值随距离馈电点的增

加而线性减小。当 $z = \pm L$ 时，即在天线末端处电流幅值已减小到 0，也就不存在反射波，因而线上只有单向行波电流。

采用 Wu-King 分布加载需要天线电阻沿长度按一定规律连续分布，工程实现难度较大。用离散串联集总电阻加载来代替连续分布加载，工程实现比较容易。

3. 并联型分布加载

如果在天线的加载段存在有与天线轴相垂直而大小与径向电场强度成比例的分布型电流（或位移电流），则称该天线上存在并联型分布加载。例如，在天线表面敷一层介质涂层，就属于这类型的加载。

4. 并联型集总加载

如果将并联型分布加载实施到天线线段 L 一个极小的范围内，且此径向电流仍保待为一有限值，则称在此点处存在并联集总加载。例如，在天线体的适当位置处固定一个与天线轴相垂直的金属薄圆片，就构成了并联集总加载。

5. 阻容混合加载

电阻加载天线的优点是工作频带宽，主要缺点是由于加载电阻吸收功率，天线效率普遍较低（平均效率低于50%），尤其是对电长度较小的天线效率仅为百分之十几。采用阻容混合加载的方法，即分布的电阻加载和集总的电容加载方法可以提高效率。分布加载行波天线单位长度加载阻抗应是一个电阻和一个电容的串联，但实现有相当难度。采用近似方法：小段分布电阻加载元串接一个集总电容构成一个加载单元，由若干个这样的加载单元串接构成一个阻容混合加载天线。由于电容是高 Q 元件，所以天线效率高于纯电阻加载天线。

阻容混合加载天线可以由多节以陶瓷为基质的碳膜电阻棒串联而成，每节电阻棒之间留有一定的空隙，并在其端面镀上一层金属膜，两节电阻棒相邻端面金属膜之间形成一个集总的加载电容。加载电容的大小近似为 $\varepsilon A/\delta$，其中，A 为电阻棒端面面积，δ 为空隙宽度，ε 为空隙间所填充介质的介电常数。调节 δ 大小即可方便改变加载电容量，而分布电阻可通过控制碳膜厚度加以调整。

图6-5为阻容混合加载单极天线的实例。该天线由三段电阻棒和一段长为56mm的金属棒串接而成，导体棒是由作为馈电用的同轴电缆的内导体延伸而成，同轴线外导体则与接地板相连。构成此天线的电阻棒长度均为48mm、直径为7mm，第一段电阻为100Ω、第二段为200Ω、第三段电阻为400Ω，每节电阻棒由两节50Ω、100Ω、200Ω 的电阻棒元串接而成。第一段电阻棒与金属棒之间隙为0.3mm，其余两个间隙依次为0.5mm 和1mm，相应的间隙电容依次为1.1pF、0.68pF 和0.34pF；天线全长为201.8mm。具体结构如图6-5所示。理论计算与实测表明，天线在1.2~2.4GHz频率范围内具有良好的宽带特性。理论计算频段内天线效率为81%~84%。

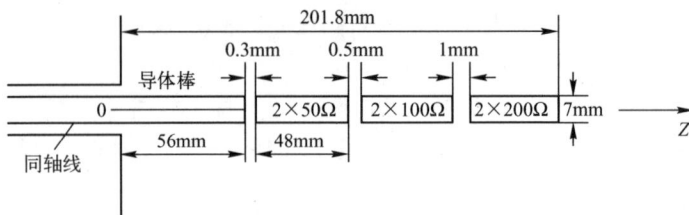

图 6-5　阻容混合加载单极天线

6.2　面状天线加载技术

具有平面金属板结构的天线如 TEM 喇叭天线或蝴蝶结天线也可进行加载。加载电阻可以是连续分布或集总电阻的离散分布。TEM 喇叭天线的加载方式可以是沿平板向外整个平板电阻值呈指数规律增大分布,或在金属平板外扩展一段有分布电阻加载的平板一起构成喇叭两臂[8]。

蝴蝶结天线在探地雷达中应用最为广泛,可看成是双锥天线的平面形式,其两平面三角臂也可采用相同的方式进行加载,也有在蝴蝶结天线的金属表面刻划出一条条的缝隙形成电容加载效果,或再在缝隙上跨接集总贴片电阻形成阻容加载效果。

周游设计了三种终端分布式加载蝴蝶结天线[9],分别为终端加载蝴蝶结天线、终端加载扇形蝴蝶结天线、阻容混合加载蝴蝶结天线。

图 6-6 所示的天线结构中包括 FR4 高频介质板;敷在介质板上材料为铜箔的蝴蝶结天线,分布电阻加载部分一般是炭粉和银粉等材料的混合烧制物,具有吸收电流的作用;蝴蝶结天线馈电端通过变压器型平衡器与同轴电缆相连最终连至脉冲源或接收机。

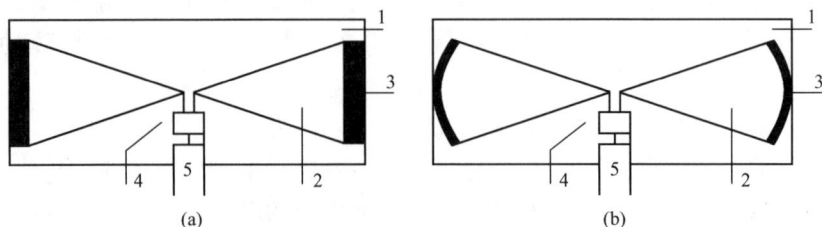

图 6-6　终端加载蝴蝶结天线

(a) 加载蝴蝶结天线;(b) 加载扇形蝴蝶结天线。

1—高频介质板;2—蝴蝶结型天线;3—加载部分;4—平衡器;5—同轴电缆。

对于 4ns 的高斯脉冲信号,频段为 125～505MHz,在天线臂长为 23cm。每臂的加载电阻为 100Ω,电阻块的宽度为 1.5cm,两臂间馈电点间距为 1cm,介质板尺寸为 50cm×30cm。分析结果可知,辐射波形较好,加载蝴蝶结天线的工作

126

频带更低,时域波形图的脉冲信号拖尾较无加载蝴蝶结天线小,对蝴蝶结天线的终端分布电阻加载较大地改善了天线对信号的保形性。

阻容混合加载蝴蝶结天线如图6-7所示。图6-7(a)为天线原理,高频介质板上的蝴蝶结天线臂是由三角形金属贴片敷于介质板上;天线的末端刻出一条条金属缝隙形成多条金属条带,缝隙起到电容效应,同轴电缆通过平衡器与天线相连。

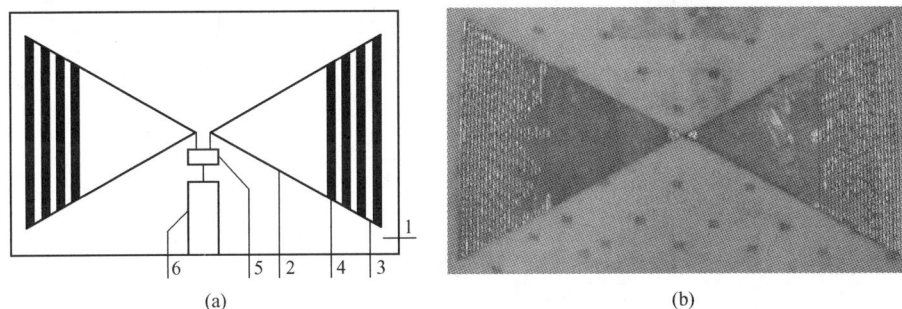

图6-7　阻容混合加载蝴蝶结天线
(a)原理图;(b)实物图。
1—高频介质板;2—蝴蝶结型天线;3—金属缝隙;4—金属条带;5—平衡器;6—同轴电缆。

阻容混合加载蝴蝶结天线实物图如图6-7(b)所示。选择蝴蝶结天线臂的张角为60°,天线臂长(包括缝隙和金属条带)为23cm,其中未刻缝隙部分长为14cm,余下部分长为9cm由23条宽2mm的缝隙和22条宽2mm的金属条带组成。每条缝隙上焊接10个贴片电阻,金属条带起到焊盘的作用,同一缝隙上的电阻值相等,沿天线臂电阻值逐渐增大,达到无反射加载。天线馈电点间距为1cm,天线尺寸选为50cm×30cm。整个天线的加载量为200Ω。

实验观测在4ns宽高斯脉冲激励下的接收波形可知,阻容混合加载蝴蝶结天线的工作频带比终端加载扇形天线的工作频带更宽,因而有更好的宽带匹配性能。相应地,阻容混合加载蝴蝶结天线接收的时域波形图的脉冲信号拖尾比终端加载扇形天线要小,进一步提高了天线对信号的保形性。基于这种蝴蝶结天线并在探地雷达系统的整体工程化设计中使用,进行探地雷达应用测试,100~1300MHz的测试范围内VSWR<2.5。

为提高效率,有研究人员[10]设计出用13条线元代替三角形金属臂的线形蝴蝶结天线,如图6-8所示,并在线上刻出多个间隙,在间隙间连接贴片集总参数电阻。天线总长为23cm、宽度为7cm,馈电点到折线点长(扇形半径)为4cm,每条金属线宽为1.2mm。

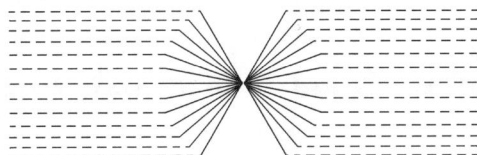

图6-8　线形蝴蝶结天线

计算比较线形蝴蝶结天线和传统无加载长 50cm 的扇形蝴蝶结天线辐射波形如图 6-9 所示,波形测试点在宽边方向 25cm 处,加载后天线的脉冲振铃更小,辐射效率更高,更适用于探地雷达应用。

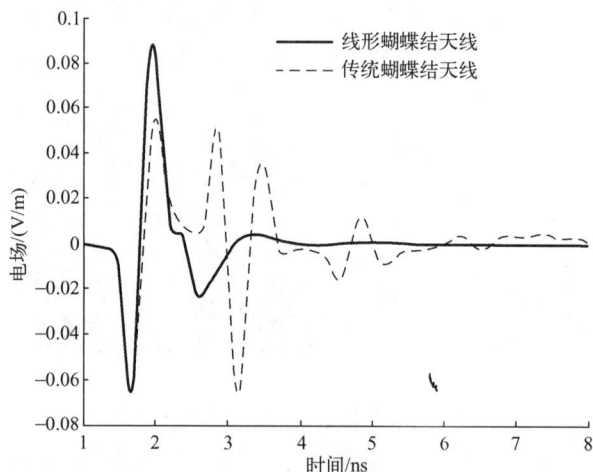

图 6-9　线形蝴蝶结天线与传统蝴蝶结天线的辐射波形比较

对于圆弧边蝴蝶结天线,通过在天线辐射臂上刻出一条条圆弧形缝隙起到电容效应,可以认为是电容加载。文献[11]用 FDTD 法分析了不同缝隙数不同缝隙宽度等情况下的结果,并进行了实验研究。实验制作了圆弧形缝隙蝴蝶结天线,如图 6-10 所示,天线长 49cm,臂张角为 90°,在厚 0.8mm 的基板共刻 47条缝隙,宽度由中心向外逐渐增加,最小为 0.2mm,最大为 4.8mm,缝隙与缝隙相距 5mm。图 6-11 给出了传统蝴蝶结天线与圆弧形缝隙蝴蝶结天线的辐射波

图 6-10　圆弧缝隙蝴蝶结天线

形比较,说明圆弧形缝隙加载电容的天线可以增强天线的辐射幅度,减小了脉冲的反射。研究发现,辐射脉冲的最大幅值与第一条缝隙到馈电中心的距离有关,当这个距离为辐射脉冲频谱中心频率对应 $\lambda/4$ 时,辐射脉冲有最大幅值。在天线的外端部分缝隙上覆盖低成本的吸收电阻,可以进一步减小天线的脉冲波形拖尾振荡。

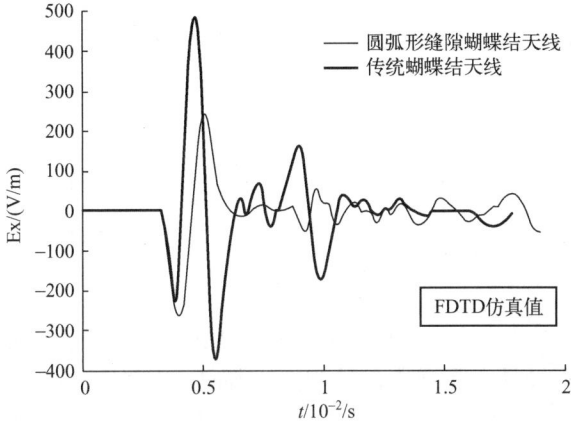

图 6-11　传统蝴蝶结天线与圆弧形缝隙蝴蝶结天线的辐射波形比较

另一种用 FDTD 方法研究用于探地雷达蝴蝶结天线加载方式见文献[12],探地雷达蝴蝶结收发天线布置如图 6-12 所示。脉冲波探测原理为通过发射天线产生的脉冲波到达地下被探测物反射后到达接收天线,进行收发时间差的分析并判断被探测物的深度,如图 6-13 所示。连接加载电阻蝴蝶结天线如图 6-14 所示,在天线的末端四个角上连接加载电阻到天线的安装腔体边缘上。

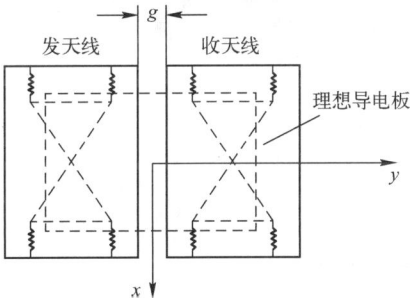

图 6-12　探地雷达蝴蝶结收发天线布置

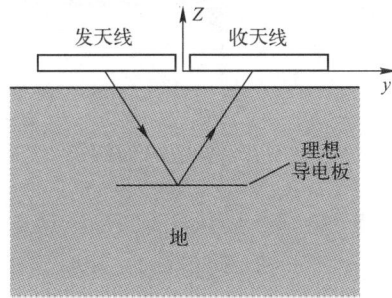

图 6-13　脉冲波探测原理

在高斯脉冲的激励下,天线接收信号波形如图 6-15 所示,前一脉冲为接收天线与发射天线的直接耦合以及地面反射原因接收到的波形,后一脉冲为地下被探测物的反射信号。研究显示:性能变化只与加载电阻的并联电阻值有关,而与并联的电阻数量无系;加载电阻连接的最好位置是天线的角上,此处电流最集中。加载电阻明显改变了天线输入阻抗带宽的低端频率,消除了高端频率的影响。直流阻抗为并联总电阻的 2 倍,并联总电阻为 $100 \sim 150\Omega$,在宽频带内的输入阻抗有较小的起伏和较小杂波的接收信号。

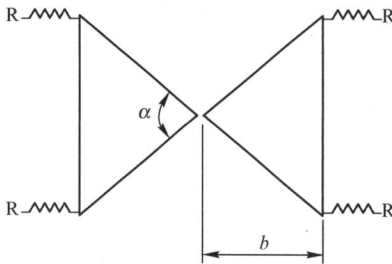

图 6-14　连接加载电阻蝴蝶结天线

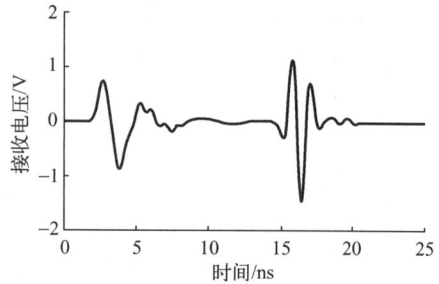

图 6-15　天线接收信号波形

邓扬建[13]在无反射式连续电阻加载偶极天线研制的基础上,提出了背面加载式扇形天线的设计方案,如图 6-16(a)、(b)所示。由收信天线和发信天线组成,由于加载电阻设计在天线辐射臂背面,因而称为背面加载式。天线的加载电阻分布曲线如图 6-16(c)所示,不同阻值的电阻按近似正弦规律分段分布。

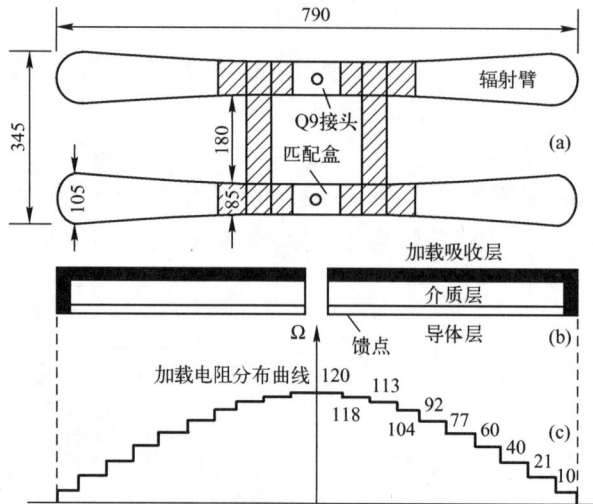

图 6-16　背面加载式扇形天线(单位为 mm)
(a) 天线平面图;(b) 天线剖面图;(c) 加载电阻分布。

此天线有以下特点:

(1) 近地一侧由扇形导体片构成,与地面之间有较好的耦合并产生强烈辐射,剩余的脉冲能量经面加载电阻消耗;

(2) 辐射臂和加载吸收层之间为介质层,损耗较小,相对介电常数约为 2,在上、下层之间起隔离作用;

（3）上层为电阻吸收层，是由几种不同阻值的电阻浆液按近似正弦分布分段均匀涂覆在介质层上构成，经多次涂覆、烘烤和打磨以保持阻值的稳定；

（4）加载设计于辐射臂背面，不增加天线臂长或天线的平面面积，结构紧凑，并制作了扇形臂和矩形臂天线。

实测表明，这种天线辐射效率高、行波性好，是一种较好的设计方案。

用于探地雷达改进的渐变槽线金属面天线如图 6-17 所示[14]。这种天线改变了普通渐变槽线天线的金属面形状，进而迫使天线末端的电流集中到特定的位置，在该位置对天线进行电阻加载，并通过实验确定了加载电阻的最佳阻值，电阻加载渐变槽线天线拖尾脉冲的幅度非常低。

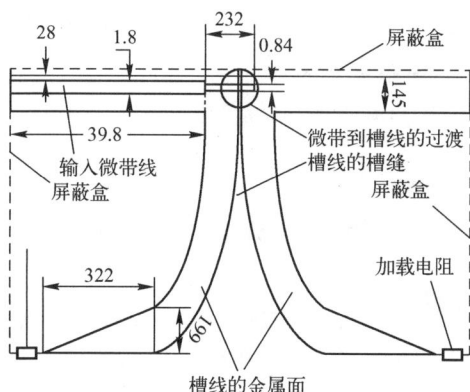

图 6-17　渐变槽线金属面天线（单位为 mm）

为了提高加载效果，加载电阻通常位于天线末端电流较集中的位置，对于普通形式的渐变槽线天线，由于其金属面形状的原因，其末端难于形成一个电流相对集中的区域，因而加载效果不佳。

图 6-17 所示天线主要由输入微带线、微带到槽线过渡、槽线天线、加载电阻和屏蔽盒组成。输入微带线、微带到槽线过渡和槽线天线做在一块基片板上。输入微带线可以通过屏蔽盒上的一个 SMA 接头与测试仪器或探地雷达相连，输入微带线的结构和微带到槽线的过渡与普通微带天线类似，微带线的接地面就是槽线的金属面，微带线的金属导带跨越槽线的槽缝到槽线的另一面，把能量耦合到槽线中。槽线两个金属面之间的缝隙分为宽度不变段和宽度指数变化段两部分，在微带与槽线的过渡部分是宽度不变段。在天线的末端，张口的宽度即槽缝的宽度。为了让天线末端的电流分布集中，对槽线金属面的形状进行了修正，逐步减小金属面的面积，越靠近天线末端，金属面宽度越小，最后收缩到末端的一点，在这一点上加载电阻与屏蔽盒相连。

采用分布电阻加载的 TEM 喇叭天线如图 6-18 所示[15]。天线由辐射导体段和电阻加载段构成。导体段和加载段构成的天线两臂张成喇叭，喇叭总长度为 2m，张角为 20°。采用了同轴线直接馈电方式，同轴线的外导体与一天线臂连接，内导体穿过此天线臂与另一臂连接。测量结果表明，该脉冲天线具有好的波形保真度和宽频带，可用于脉冲雷达实验研究和其他瞬态电磁场测量。

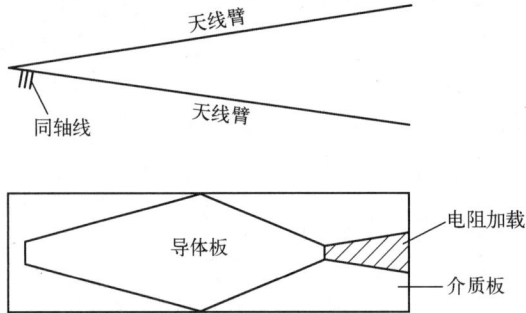

图 6-18　分布电阻加载的 TEM 喇叭天线

6.3　天线介质加载

脉冲天线的研究与设计需要考虑辐射脉冲保形性好，脉冲波形的拖尾尽量小，有的应用还需脉冲天线具有一定的方向性。解决辐射脉冲的拖尾一般采用电阻加载或阻容加载混合加载的方法，介质加载对改善天线阻抗特性和方向性有一定的作用。

同轴线激励的加介质套单极天线剖面如图 6-19 所示。加载介质套半径为 b、介电常数为 ε_r、磁导率为 μ_r 加载介质长度与单极天线振子相同，在介质层中波长缩短系数(也称为高度缩短系数)$F = \lambda/\lambda_g$(λ 为自由空间波长，λ_g 为介质中的波长)。当单极振子高度近似为 $\lambda_g/4$ 时，加套单极振子是谐振的，图 6-20 给出了三种不同介电常和磁导率的介质的 b/λ 与 F 关系曲线。从图 6-20 可见，采用高 μ_r 值的磁性材料，套层厚度小，缩短系数大，在制作小天线时，具有明显的优越性。

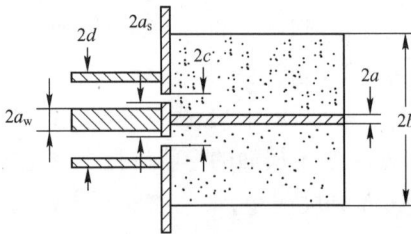

图 6-19　加介质套单极天线剖面

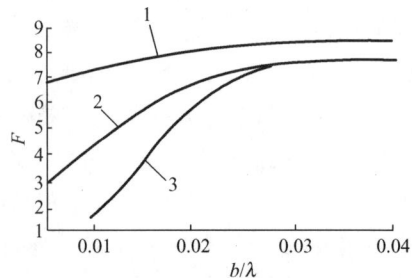

图 6-20　三种介质的 b/λ 与 F 关系曲线
1—$\varepsilon_r' = 1$,$\mu_r' = 81$;2—$\varepsilon_r' = 9$,$\mu_r' = 9$;3—$\varepsilon_r' = 81$,$\mu_r' = 1$。

132

将脉冲天线做成 V 形,可得到一定的方向性,Garcia[16]等讨论了具有 Wu-King 电阻加载的 V 形偶极天线的脉冲接收特性,Kim 和 Scott[17]讨论了 Wu-King 电阻加载 V 形偶极天线在探地雷达中的应用,但 V 形天线的体积较大,在一些特定的应用场合(如需要扁平结构、低轮廓结构的场合)不太适用。

并联介质混合双极天线如图 6-21 所示[18]。天线由电阻加载的偶极天线和放置在其馈电区一侧的介质块构成,通过改变介质块的几何尺寸、相对介电常数、加载电阻大小等可以找出兼顾辐射效率和方向性的最优结构参数。

在馈电区的一侧紧贴天线放置一块方形介质块,能够有效地将脉冲的能量大部分辐射到贴有介质块的一侧。其原因:一是介质块的加入相当于在天线的一侧并联了一个电容,从而使场强向这一侧集中;二是介质块具有透镜的效应,能够使偶极子馈电区的能量在一定程度上向有介质块的一侧聚焦。但是,介质块的最低谐振频率不能在辐射脉冲的主要频谱范围内,减小介质块的尺寸或者降低介质块的介电常数可以提高介质块的谐振频率。

选择高斯脉冲作为天线的激励源,天线长度 $L = 1\text{m}$,天线两臂上进行电阻准离散 Wu-King 加载,当 $R_0 = 10\Omega$,介电常数为 9,以及介质块厚 $l = 0.18\text{m}$,长 $a = 0.27\text{m}$,宽 $b = 0.27\text{m}$ 时,天线输入端的脉冲电流波形与没有介质块时天线输入端电流的波形如图 6-22 所示。由图 6-22 可看出:一是输入电流在加入介质块后明显变大,这是因为介质块的电容效应;二是输入电流有了明显的拖尾现象,这是由于此时介质块相当于一个矩形谐振器,脉冲频谱中与其谐振频率相同的那部分能量聚集在介质块里形成振荡,从而在时间上形成拖尾。

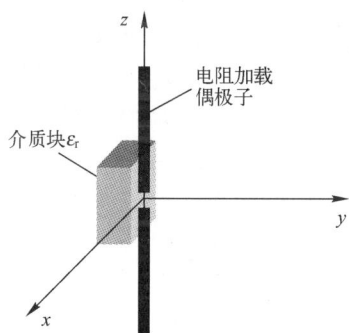

图 6-21　并联介质混合双极天线

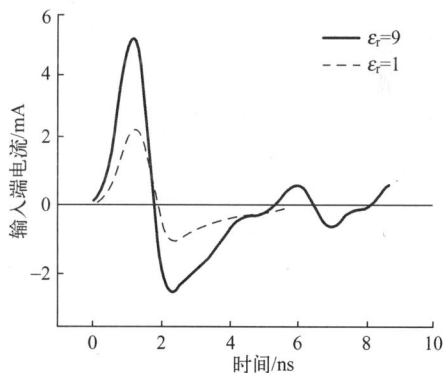

图 6-22　天线输入端电流的波形比较
$(l = 0.18\text{m}, a = b = 0.27\text{m})$

另外,分析比较只缩小介质块的尺寸或只降低介电常数情况下的对拖尾现象改善情况,后者对拖尾现象改善更为明显。

对于环天线,同样可用介质块并联加载并在环天线上采用准连续分布电阻加载[19],如图 6-23 所示,电阻加载遵循的规律为基于 FDTD 法分格后的离散

Wu-King 分布规律。环天线上的电流波形比较如图 6-24 所示,电阻加载对抑制脉冲拖尾有很好的作用,但电阻是能量消耗元件,天线的辐射效率相对较低。并联介质加载能够提高辐射场的强度,减小电阻加载的影响。单侧介质加载的设计方案使得天线容易集成到系统中,在介质侧表现出良好的方向性,而且并联在馈电区附近的介质块能够改变天线的阻抗特性,选取合适的介质块,能够增强天线的匹配特性。选择合适加载的情况下,连接 50Ω 的馈线,电压驻波系数小于 3 时,天线的阻抗带宽达 2.8GHz(2.8~5.6GHz),其相对带宽为 66.7%。

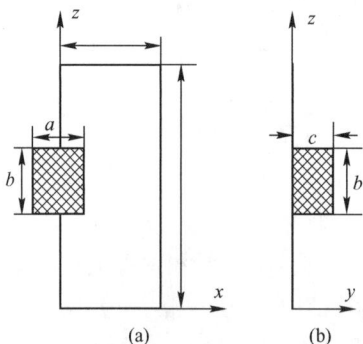

图 6-23　环天线单侧介质块并联加载
(a) 正视图;(b) 侧视图。

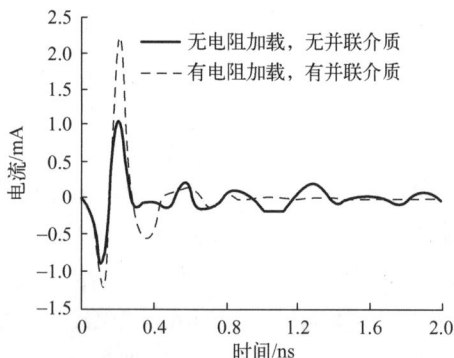

图 6-24　环天线上的电流波形比较

对于折叠臂偶极天线和并联介质块加载[20],驻波系数小于 3 时,天线的阻抗带宽达 2.4GHz(3~5.4GHz),并且辐射脉冲保形性较好。

基于树叶形的双极天线介质加载提高脉冲辐射性能在文献[21]中也进行了分析,如图 6-25 所示。分析中,介质常数为 2.65,为保证在宽频带内的阻抗特性,经过天线尺寸优化:$L=36.3mm$,$w=24mm$,$a=13.2mm$,$b=12mm$,$t=16mm$。天线带宽在 3.5~10GHz 范围内 VSWR<2.5,在 1.6~10.6GHz 范围内 VSWR<3。在频谱带宽包括 3.1~10.6GHz 的高斯微分脉冲的激励下,辐射波形如图 6-26 所示。同样分析可知,介质加载对提高脉冲辐射强度和方向性有一定改善。

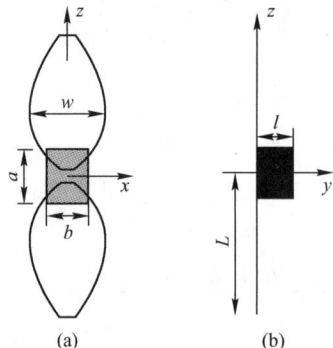

图 6-25　树叶形的双极天线介质加载
(a) 顶视图;(b) 侧视图。

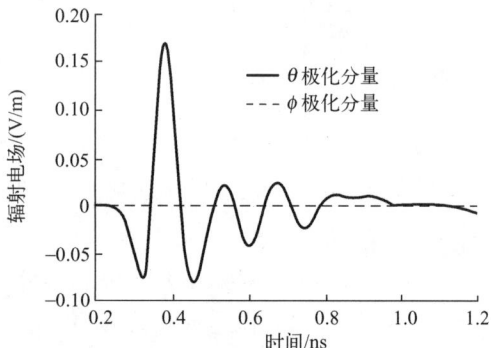

图 6-26　辐射脉冲波形

134

6.4 加载单极天线脉冲辐射特性

本节在金属单极振子天线上采用 Wu-King 电阻加载、Wu-King 阻容加载、经验型阻容加载、指数型电容加载、线型电阻加载五种加载方式分别对加载宽带单极振子天线的脉冲辐射进行分析研究[22]。每种天线参数在设计中做比例缩放，以便可以在一个共同条件(频率范围)进行比较。采用基于 FDTD 法的数值分析方法，计算其脉冲性能的特征量。这些特征量包括输入传输线的反射电压、电场辐射强度、辐射效率、时域增益、保真度和由微分高斯脉冲激发时单极振子的对称性。

6.4.1 加载单极振子天线的 FDTD 建模

五种加载方式的单极天线的模型设计有不同的几何参数和不同的带宽，设计参数在表 6-1 中列出。图 6-27 给出天线的几何结构，高度和半径比为 h/a，参数 $\tau_a = h/c$ 为电磁波在单极振子天线上传输长度所需的时间。所有设计参数都结合信号波长的电长度考虑，用相同的入射脉冲进行激励，入射脉冲是具有特征时间 τ_p 的单位幅度微分高斯函数：

$$V(t) = -t/\tau_p \exp(1/2 - t^2/2\tau_p^2) \tag{6-3}$$

表 6-1　五种加载单极天线几何参数、输入能量分布、效率

天 线 类 型	h/a	τ_p/τ_a *	反射能量 /%	损耗能量 /%	辐射能量 /%	辐射效率 /%
Wu-King 电阻加载	65.8	0.0804	21.5	55	23.5	29.5
Wu-King 阻容加载	65.8	0.0804	20	48.5	31.5	39.5
经验型阻容加载	39.87	0.1327	10.5	35.5	54	60
指数型电容加载	65.8	0.0804	17	0	83	100
线型电容加载	26.29	0.2012	20	0	80	100
理想导体单极天线	32.9	0.1608	24	0	76	100
* $2\pi(\tau_p/\tau_a) = \lambda_{pk}/h$						

每个设计中，天线的长度是成比例的，因此缩放天线的 h/λ_{pk} 和原型天线的 h/λ_{ave} 相等。在这里，$\lambda_{ave} = c/f_{ave}$ 是原型设计带宽的平均波长，$\lambda_{pk} = c/f_{pk} = 2\pi\tau_p c$ 是微分高斯脉冲的频谱峰值的波长。原始的单极振子天线设计电长度很短，$0.02 < a/\lambda_{ave} < 0.04$；作为比较，常用 $a/\lambda_{pk} = 0.03$。电容间隙和电感进行了缩放，所以电抗值的原型和缩放后的天线是相同的。同时，单极振子天线任何部分的所有电抗在原型和缩放后都是相同的。

当旋转对称单极天线用含 TEM 波的同轴电缆进行馈电时，电磁场只有 E_r、

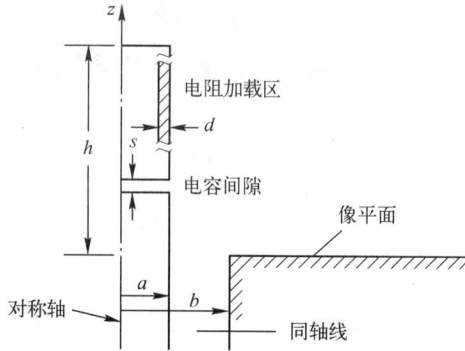

图 6-27   单极天线的结构几何参数描述（只给出对称轴右边部分）

E_z、H_ϕ 三个分量。单极天线周围空间中这些分量的 FDTD 迭代方程可以参考相关书籍。利用单极天线的对称性，计算空间可以减少到由单极天线轴线与像平面以及天线周围的吸收边界围成的二维区域，使用的符号是 $E_r(r,z,t) = E_r(i\Delta r, j\Delta z, n\Delta t) = E_r^n(i,j)$，FDTD 的网格尺寸选定为 $\Delta z \approx \Delta r = 0.5a$。所有单极振子天线可认为是通过空气填充的同轴线平面完成激励，特性阻抗 $Z_c = 50\Omega$。文献[23]中使用一维模型的同轴线激励电压 $V(t)$ 由式（6-3）给出。在单极天线导体间引入间隙实现了离散电容加载，如图 6-27 和图 6-28 所示。电容间隙被建模为一个理想的平板电容器 $C = \varepsilon_r \varepsilon_0 A/s$，其中，$\varepsilon_r$ 为间隙中的相对介电常数，ε_0 为自由空间介电常数，A、s 分别为圆板面积和距离。电容间隙内的时域有限差分法迭代方程是标准的 $E_r = 0$。然而，在电容间隙边界和单极振子周围的空间的 E_r 和 H_ϕ 应修正为

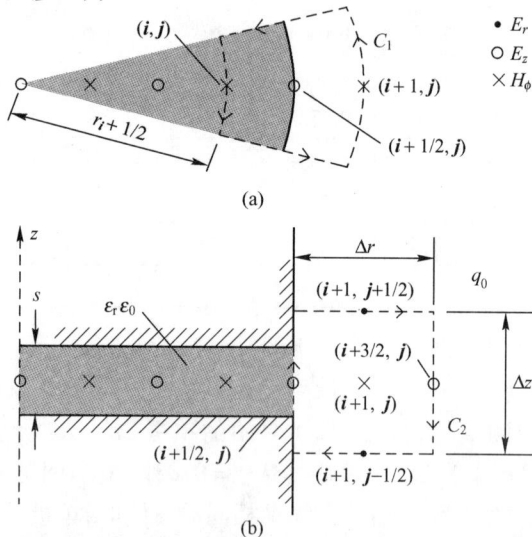

(a)

(b)

图 6-28   单极天线中的电容间隙的 FDTD 网格划分
(a) 顶视图；(b) 侧视图。

136

$$E_z^{n+1}(i+1/2,j) = E_z^n(i+1/2,j) + \frac{\Delta t}{\bar{\varepsilon}_r \varepsilon_0 \Delta r} \frac{1}{r_{i+1/2}}$$

$$\times \left[r_{i+1} H_\phi^{n+1/2}(i+1/2,j) - r_i H_\phi^{n+1/2}(i,j) \right] \qquad (6-4)$$

$$H_\phi^{n+1/2}(i+1,j) = H_\phi^{n-1/2}(i+1,j) + \frac{\Delta t}{\mu_0 \Delta r} \left[E_z^n(i+3/2,j) - \frac{s}{\Delta z} E_z^n(i+1/2,j) \right]$$

$$- \frac{\Delta t}{\mu_0 \Delta r} \left[E_z^n(i+1,j+1/2) - E_z^n(i+1,j-1/2) \right] i \qquad (6-5)$$

式中

$$\bar{\varepsilon}_r = (\varepsilon_r + 1)/2 - (\varepsilon_r - 1)\Delta r/(8r_{i+1/2}) \qquad (6-6)$$

是点$(i+1/2,j)$周围网格的平均相对介电常数;$s/\Delta z$为电容间隙所占的网格侧边长度的比率。式(6-4)和式(6-5)采用麦克斯韦方程从C_1到C_2的轮廓积分推导得出,如图6-28所示。分布电阻加载使用一个有限导电的薄圆柱管实现,这个圆柱管采用了文献[24]中论述的亚网格模型的FDTD法进行计算。

6.4.2 五种单极天线加载方式

1. Wu-King 型电阻加载

第一种研究的加载天线是文献[5,25]中 Wu-King 的设计,具有连续电阻加载,每单位长度

$$R(z/h) = \frac{R_0}{1 - z/h} \qquad (6-7)$$

式中:z/h为天线的相对位置;R_0可表示为

$$R_0 = \frac{\eta_0 \psi_0}{2\pi h} \qquad (6-8)$$

其中:$\eta_0 = \sqrt{\mu_0 \varepsilon_0}$和$\psi_0 = 7.79$是文献[5]中定义零频点的无量纲参数。

连续电阻加载用薄的导电管引入,周围环绕的是非导电介质杆。由式(6-7)可知,管的导电率变为

$$\sigma(z/h) = \sigma_0(1 - z/h) \qquad (6-9)$$

式中

$$\sigma_0 = \frac{h/z}{d\eta_0 \psi_0} \qquad (6-10)$$

其中:d为管子的导电材料厚度,$d/a \approx 6.6 \times 10^{-4}$。

在FDTD法分析模型中,该导电率在每个网格和根据式(6-9)所选择的网格中点里保持不变。

2. Wu-King 型阻容加载

第二种加载天线由 Kanda 提出[27],是 Wu-King 单极天线的一种变形,它同

时具有电阻和电抗加载。参数 ψ 由 $\lambda_{pk} = h/2$ 确定：$\psi = 6.46 - j2.43$。当 $h/\lambda_0 \geqslant 0.25$ 时，ψ 值被认为会产生一个向外的行波电流。电阻加载由式(6-7)给出，其中 $\psi_0 = \text{Re}(\psi)$，同时它以相同的方式出现在第一种加载方式中。电容性电抗加载每单位长度

$$X(z/h) = \frac{X_0}{1 - z/h} \tag{6-11}$$

式中

$$X_0 = -\frac{\eta_0 \, |\,\text{Im}(\psi)\,|}{2\pi h} \tag{6-12}$$

为了近似连续分布，21 个离散的电容器沿天线分布，即

$$C(z_n/h) = C_0(1 - z_n/h) \tag{6-13}$$

式中

$$C_0 = \frac{-1}{2\pi f_{pk}X_0} \tag{6-14}$$

$$z_n = n(h/22), n = 1, 2, \cdots, 21$$

3. 经验型阻容加载

第三种是由 Paunovic 和 Popovic 设计的一种将连续电阻和离散电容加载结合到一起[28]，利用经验值优化到 3:1 的带宽，近似只含实部输入阻抗。设计包括四个部分：连续电阻被三个电容间隙分开。第一部分是金属，第二部分是固定长度的电阻 100Ω、200Ω 和 400Ω。电容值至开路端呈下降（缩放后 0.482pF、0.219pF 和 0.125pF）。为了补偿掉天线输入阻抗的容抗，一个补偿电感置于平行于馈电点。

4. 指数分布电容加载

第四种天线是只有离散电容加载由 Rao 等设计[29]，使用指数分布用于加载：

$$C(z/h) = \frac{C_0}{\mathrm{e}^{\alpha z/h} - 1} \tag{6-15}$$

缩放后，$C_0 = 1.2\text{pF}$，$\alpha = 3.1$。原始设计使用了 40 个相同长度的金属片，被不同厚度的磁盘介质分隔（ε_r 不确定），给出了 39 个电容间隙。用于 FDTD 法分析模型，这样的设计实现了沿天线的 40 个空气间隙。

5. 线性分布电容加载

第五种天线是电容加载的天线，由 Hallen 提出[26]，具有近似线性分布的特性，$C_0 = 2\text{pF}$，如式(6-13)所示。在这种情况下，原始设计使用了 25 个不同长度的金属片，被的不同厚度的磁盘介质分隔（ε_r 不确定），给出了 24 个电容间隙。用于 FDTD 模型，这样的设计实现了沿天线的 24 个空气间隙。

6.4.3 结果比较

从五种单极天线加载方式的数值计算中选出一些结果,如表6-1～表6-3、图6-29～图6-34所示。值得注意的是,不同的加载方式有不同的长度,这影响了t/τ_a和h/λ_0选择的范围,表6-1～表6-3中计算量依赖于激励脉冲的形式,就像单极天线在不同频率时性能不同一样,这些值会随不同激励脉冲形式变化。然而,频域数据(反射系数的幅值和宽边增益),如图6-33和图6-34所示,为不同形式的脉冲时域结果。

图6-29显示了馈电传输线的入射和反射电压,是归一化时间参数t/τ_a的函数。Wu-King电阻和阻容加载方式,除馈电点(传输线和天线的接头)外几乎没有反射电压,发生在$t/\tau_a = 0$处附近,如图6-29(a)、(b)所示。

经验型阻容加载天线具有最小反射幅值,如图6-29(c)所示,只是反射稍微有点延时。另外两种只使用了电容性加载,具有更大和更持久的电压反射,如图6-29(d)、(e)所示。这个表现类似于理想导体单极天线,如图6-29(f)所示。这个反射波被$t/\tau_a = 2$分隔开,表明很大一部分脉冲传播到单极天线的末端产生了反射。此外,一些反射发生在加载的电容间隙。

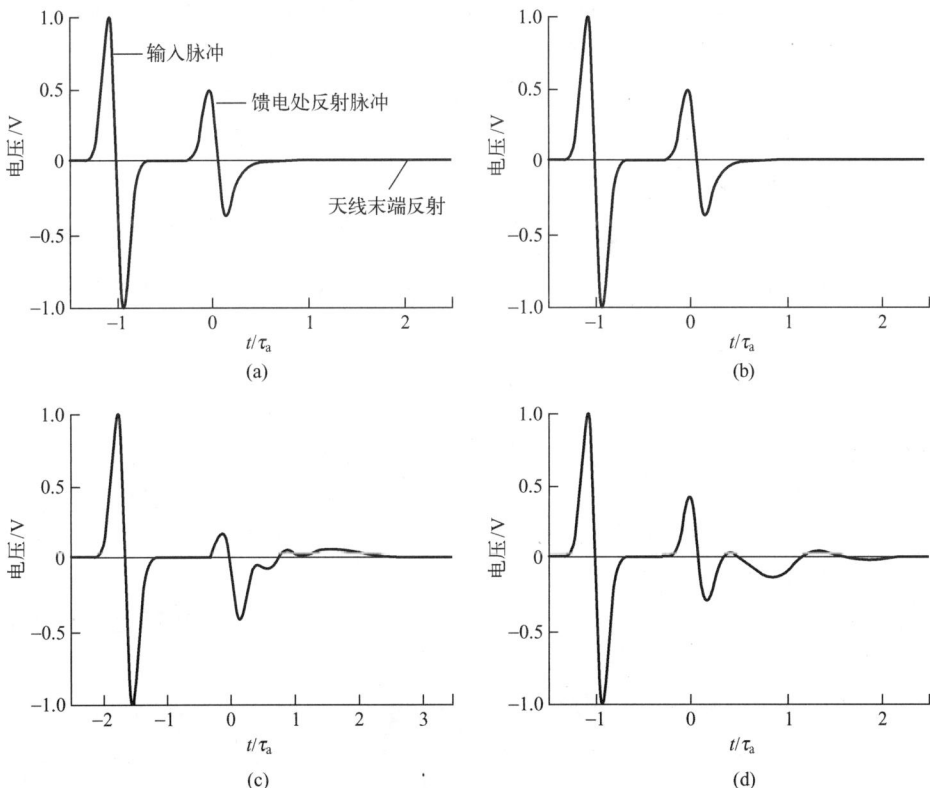

(a)

(b)

(c)

(d)

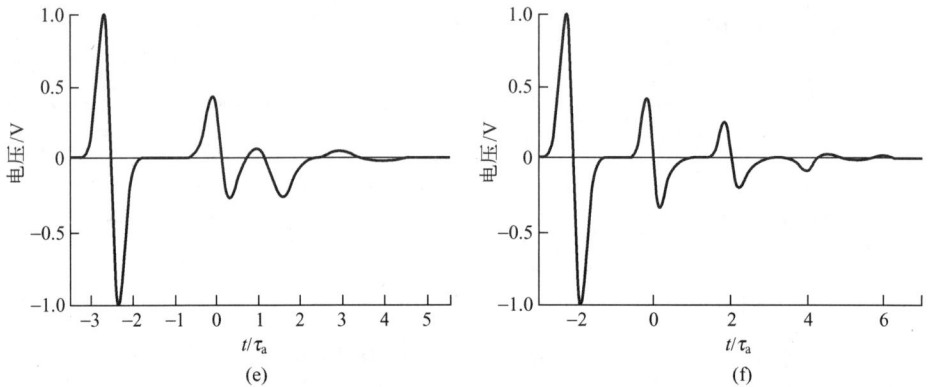

图 6-29 传输线馈电点的电压波形(第一波形为激励脉冲,第二波形为馈电点的反射
信号,第三波表为天线末端的反射波形,时间轴为对 $\tau_a = h/c$ 的归一化值)

(a) Wu-King 电阻加载;(b) Wu-King 阻容加载;(c) 经验型阻容加载;
(d) 指数型电容加载;(e) 线型电容加载;(f) 理想导体单极天线。

表 6-1 给出了输入脉冲能量被反射的比例。前两种加载方式中,其反射的
能量几乎完全是由馈电点的初始反射而造成。对于只使用电容性加载,反射的
能量既是由于馈电点的初始反射,也是由于随后电容间隙和单极振子末端的反
射所造成的。注意到,对于前四种加载设计,能量的反射是具有可比性的,并仅
略低于理想导体单极振子。经验型阻容加载具有最低的能量反射,大约是其他
的一半,这是由于在馈电点使用了补偿电感。

表 6-1 也给出了辐射效率和辐射能量的百分比。辐射效率可表示为

$$辐射效率 = \frac{辐射能量}{(辐射能量 + 损耗能量)} \qquad (6-16)$$

辐射能量的计算是通过对天线周围一个封闭面的场进行积分获得。耗散的
能量是天线接收的能量(入射能量减去反射能量)和辐射的能量之差。对于一
个脉冲信号,辐射能量的百分比是比辐射效率更有意义的参数。它考虑了由于
馈电传输线与天线的匹配和天线的耗散损失。可以看出,电阻加载耗损最多,前
两种电阻加载和阻容加载具有最低的入射能量辐射效率,分别为 23.5% 和
31.5%。经验型阻容加载单极天线辐射了 54% 的入射能量,高辐射可以归因于
低电阻加载。只使用了电容性加载的这两种方式,辐射能量达 83% 和 80%。作
为比较,理想导体单极振子辐射能量达 76%。

对于脉冲的性能,单极天线辐射能量的方向和输入能量的辐射比率同样重
要。时域增益为

$$G(\theta) = \frac{2\pi Z_c r^2}{\eta_0} \frac{\int_{-\infty}^{\infty} |E_\theta^r(t,r,\theta)|^2 \mathrm{d}t}{\int_{-\infty}^{\infty} |(|V(t)|^2 - |V_{\mathrm{ref}}(t)|^2)| \mathrm{d}t} \qquad (6-17)$$

式中：E_θ^r 为远场辐射电场；$V(t)$ 为入射电压；$V_{ref}(t)$ 为传输线反射电压。

注意在式(6-17)分子中有一个因子 2π，相对应的在偶极子天线中为 4π。表 6-2 中列出的时域增益除线性分布电容加载外，大部分能量沿一个角度辐射而不是向两侧，如 $\theta \neq 90°$。这是由于单极振子具有大于 f_{pk} 处波长的长度。Wu-King 加载的前两种方式中，$h/\lambda_{pk}=1.98$ 时，单极天线开路端有最小辐射。

表 6-2　单极天线在垂直面不同角度(极角)的时域增益值 G

天线类型	$\theta=5°$	$\theta=25°$	$\theta=45°$	$\theta=65°$	$\theta=90°$
	G	G	G	G	G
Wu-King 电阻加载	0.0181	0.3261	0.3665	0.2879	0.2610
Wu-King 阻容加载	0.0248	0.5013	0.5165	0.3555	0.3121
经验型阻容加载	0.0160	0.3775	0.7673	0.6600	0.5792
指数型电容加载	0.0259	0.7299	1.4555	0.9532	0.9107
线型电容加载	0.0140	0.3484	0.9336	1.1060	1.5175
理想导体单极天线	0.0560	1.1709	1.5864	0.8214	0.9234

辐射脉冲的形状对脉冲性能也是很重要的，为了定量测量辐射电场与激励脉冲相似性，定义了保真度和对称性参数。保真度定义为归一化入射电压和归一化辐射电场的最大互相关。入射电压 $V(t)$ 和远区辐射电场 E_θ^r 已被归一化到单位能量，延迟时间 τ 的变化使式(6-18)积分值最大。如定义所述，保真度的取值范围为 $0 \leqslant F \leqslant 1$，$F=1$ 意味着信号 $V(t)$ 和 E_θ^r 的形状是相同的。在这种情况下，式(6-18)应该使用积分的绝对值。表 6-3 中给出了不同极角下的保真度。

$$保真度 = F = \max_\tau \left[\int_{-\infty}^{\infty} \widetilde{V}(t) \, \widetilde{E}_\theta^r(t+\tau) dt \right] \tag{6-18}$$

式中

$$\begin{cases} \widetilde{V}(t) = \dfrac{V(t)}{\left[\int_{-\infty}^{\infty} |V(t)|^2 dt \right]^{1/2}} \\[4mm] \widetilde{E}_\theta^r(t) = \dfrac{E_\theta^r(t)}{\left[\int_{-\infty}^{\infty} |E_\theta^r(t)|^2 dt \right]^{1/2}} \end{cases} \tag{6-19}$$

对称性的定义为

$$对称性 = S = \left| \frac{\min[E_\theta^r(t)]}{相邻 \max[E_\theta^r(t)]} \right| \tag{6-20}$$

换言之，S 为远区电场中最大负振幅和最大相邻正振幅之比。对于对称脉冲，$S=1$ (如微分高斯脉冲)。表 6-3 中给出了垂直面的对称性。文献[30~33]

更全面地讨论了天线性能在时域中的表征。

表6-3　天线在不同极角的辐射电场的保真度 F 和宽边的对称性 S

| 天线类型 | $\theta = 5°$ | $\theta = 25°$ | $\theta = 45°$ | $\theta = 65°$ | $\theta = 90°$ | $\theta = 90°$ |
	F	F	F	F	F	S
Wu-King 电阻加载	0.8159	0.8427	0.9222	0.9588	0.9656	1.5046
Wu-King 阻容加载	0.7799	0.7966	0.8902	0.9461	0.9550	1.5581
经验型阻容加载	0.7283	0.7231	0.7479	0.8075	0.8291	2.2361
指数型电容加载	0.6990	0.6852	0.7229	0.7947	0.7161	1.3961
线型电容加载	0.7074	0.7073	0.7274	0.7820	0.6457	0.8645
理想导体单极天线	0.6648	0.6890	0.7756	0.7518	0.6048	0.9582

图6-30 显示了远区电场辐射在五个极角 θ 处作为归一化时间 t/τ_a 的函数图形。利用近远场变换技术得出结果,为便于比较,场的起始时间和振幅被设为一样的。图6-30(a)、(b)表明,Wu-King 电阻和阻容性加载方式。辐射电场在 $\theta = 90°$ 的辐射电场与输入脉冲相似。这种相似性由表6-3 中在 $F = 0.9656$ 和 $F = 0.9550$ 处的高保真度数值证实。对于图6-30(c)中经验型阻容加载方式的单极天线,$\theta = 90°$ 方向辐射电场更加失真($F = 0.8291$ 和 $S = 2.2361$)。对纯电容加载方式,如图6-30(d)、(e)所示,所出现的额外的辐射电场失真在包含电阻加载时并没有出现,这意味着保真度转化为低值,见表6-3。详细的分析表明,除从馈电点和单极天线末端的辐射外,这是由单个电容间隙所引起的辐射。在 $\theta = 90°$,在图6-30(d) ~ (f)单极天线终端的辐射和馈电点的辐射被用归一化时间 $t/\tau_a = 1$ 区分开,这在理想导体的单极天线的图6-30(f)中更清楚说明这点。对于线性电容加载方式,这些影响加剧了,是由于天线尺寸比其他设计大为缩短(表6-1)。

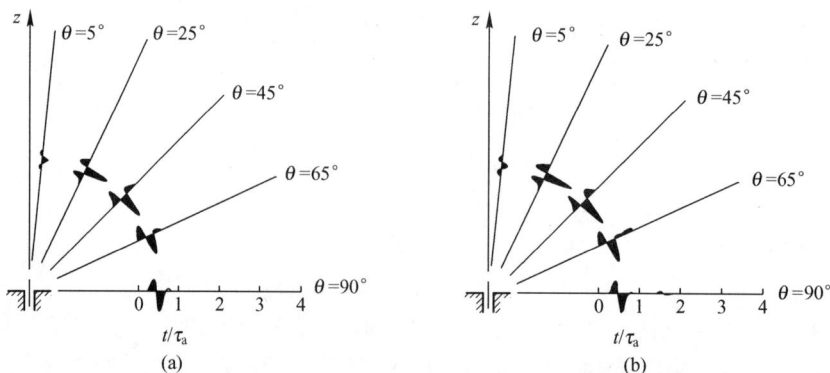

(a)　　　　　　　　　　　(b)

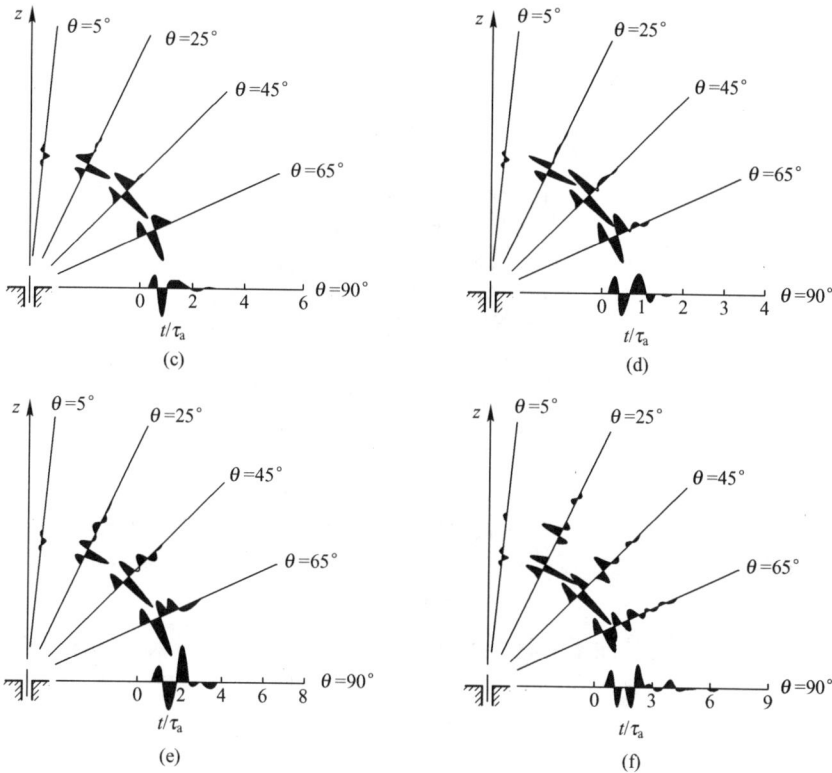

图 6-30 辐射电场波形(图中射线为某一极角下时间坐标,
时间轴为对 $\tau_a = h/c$ 的归一化值)

(a) Wu-King 电阻加载;(b) Wu-King 阻容加载;(c) 经验型阻容加载;
(d) 指数型电容加载;(e) 线型电容加载;(f) 理想导体单极天线。

图 6-31 考查单极振子天线电容间隙发生的辐射,它显示在单极振子周围空间某一个时间点的电场强度,即一个"快照"时间。电容间隙($C = 0.112\text{pF}$)位于单极振子的中间位置($z/h = 0.5$)。图 6-31 清楚地表明,辐射可以发生在电容的间隙处。馈电点的辐射从中心 $z/h = 0$ 处呈环形辐射,而电容间隙的辐射则是围绕着点 $z/h = 0.5$ 环形辐射。在单极天线开路端 $z/h = 1$ 处没有辐射,因为脉冲还没达到这一点。

图 6-32 显示了 $\theta = 90°$ 方向的保真度(圆圈表示)和对称性(菱形表示),对评估这几种加载方式天线的脉冲辐射性能方面提供有用参考。理想情况下,几种方式的保真度或对称性都等于 1。对称性有明显的偏离时,保真度可以接近 1,反之亦然,因此,两个参量需要同时考虑。为方便比较,无限长理想导体单极天线辐射脉冲的保真度(0.9924)和对称性(1.2179)也包含在内(图 6-32 最右边)。这表明脉冲不对称是不可避免的。Wu-King 电阻加载和 Wu-King 阻容加载方式在保真度和对称性方面是和理想导体单极天线辐射的脉冲最匹配。然

143

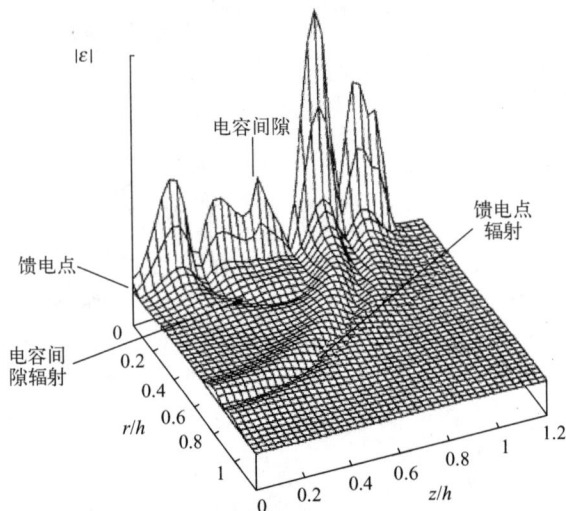

图 6-31　只有一个电容加载的理想导体单极天线的空间电场幅度三维图

注：加载电容位于天线中点 $z/h = 0.5$，天线位于坐标 $r/h = 0, 0 \leqslant z/h \leqslant 1, h/a = 65.8$，

$c = 0.112\text{pF}, \tau_p/\tau_a = 0.0804$。

而，这些加载方式的脉冲不对称很明显（$S > 1.5$）。其他的加载方式保真度更差（< 0.83），尽管有时和 Wu-King 电阻加载方式的对称性更接近 1。

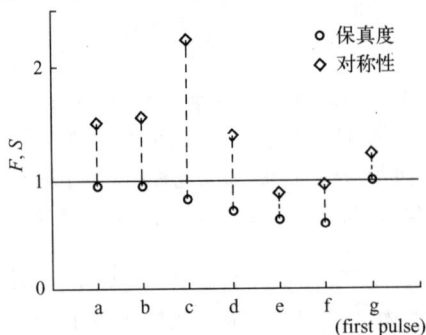

图 6-32　$\theta = 90°$ 方向辐射电场的保真度和对称性

图 6-33 和图 6-34 显示了频域结果，图 6-33 是反射系数的幅度 $|\Gamma|$ 与归一化频率 h/λ_0 之间的关系，图 6-34 表示 $\theta = 90°$ 的增益 G 与归一化频率 h/λ_0 之间的关系。输入脉冲的归一化频谱（虚线）和初始设计的带宽（阴影）也在图 6-33 表示出来。利用 FDTD 法分析通过傅里叶变换得到的频域结果。频域结果提供了考查这些天线的性能的另一途径，也为时域结果提供支撑。

图 6-33 中反射系数证实了以前的观察（图 6-29 和图 6-30），解释了表 6-1 中给出的反射能量的百分比。图 6-33(a)、(b) 显示了 Wu-King 电阻和阻容性加载的反射系数变化缓慢与随频率增加而单调递减，这是可以预期的，沿单极天线或它的开路端几乎没有明显的反射。然而，对于这两种加载，在脉冲频谱 10dB 带宽内反射系数的幅度范围为 0.69 ~ 0.34 和 0.73 ~ 0.33。对于经验型阻容加载的单

极天线(图6-33(c)),反射系数的幅度在相同带宽内从0.97~0.29变化。然而,在3dB带宽时它是小于0.38的,这解释了在所有设计中它具有最低反射能量。对于只使用电容性加载的设计(图6-33(d)、(e)),反射系数的幅度在脉冲频谱的10dB带宽内从0.99~0.30和0.995~0.28变化。图6-33(c)、(d)也表明了从文献[28,29]中取出的实验数据(点)与FDTD方法计算出来的结果很一致。

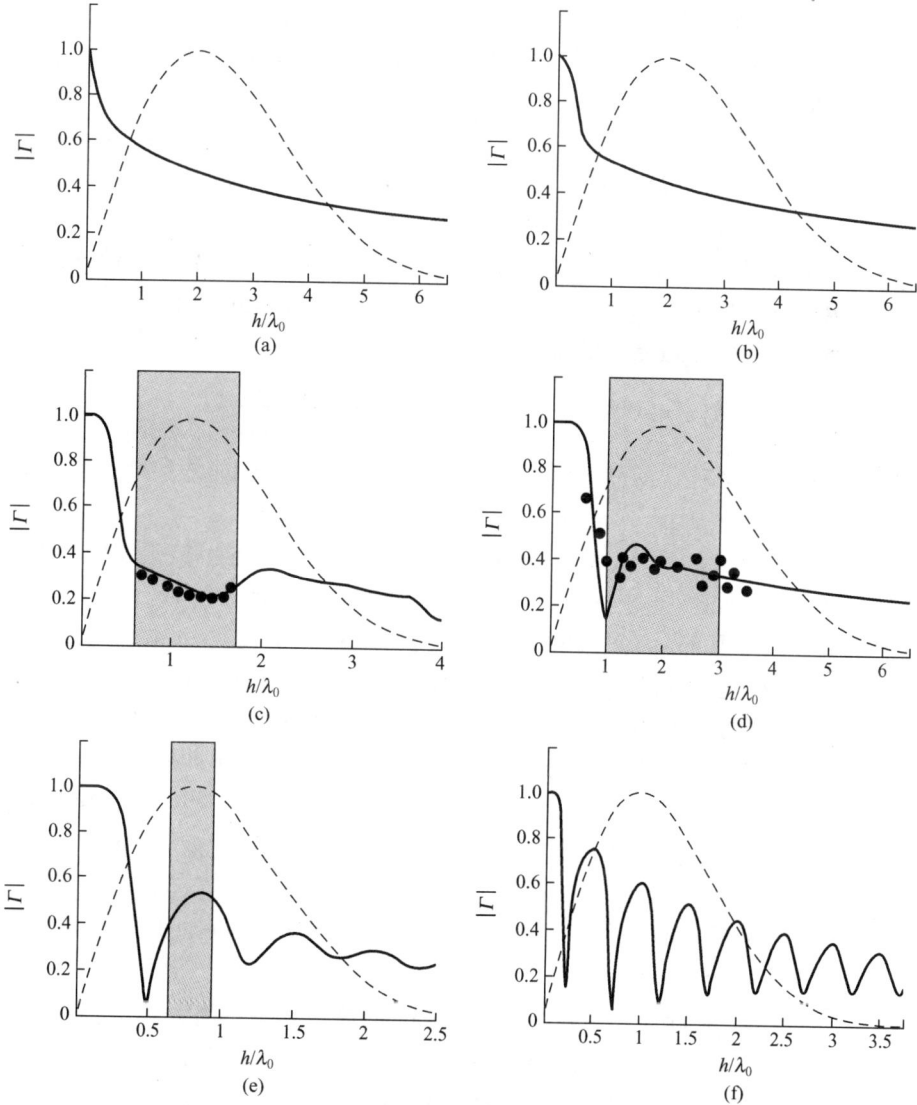

图6-33 反射系数幅值

注:图中的实线为FDTD方法分析值,图(c)、(d)中的黑点表示实验测试值,
虚线表示输入脉冲h/λ_0归一化频谱值,阴影区代表由电长度表示的信号带宽。

(a) Wu-King电阻加载;(b) Wu-King阻容加载;(c) 经验型阻容加载;
(d) 指数型电容加载;(e) 线型电容加载;(f) 理想导体单极天线。

对于只使用电容性加载的设计(图6-33(d)、(e)),反射系数的幅度显示了电容间隙和单极天线终端反射电压的影响(图6-29(d)、(e))。这些反射和馈电点的反射叠加在一起时具有不同的时间延迟。在频域,这些反射和馈电点反射的叠加的相位,造成了反射系数的倾斜和峰值。这对线性电容加载尤为明显(图6-33(e)),这里单极天线在f_{pk}处小于λ。这类似于理想导体单极天线在终端处反射相对比较大的情况。正如预期的那样,理想导体单极天线的反射系数,图6-33(f)显示了$h/\lambda_0 = 0.5$的周期间隔。对于所有的天线,当$h/\lambda_0 \to 0$时反射系数的幅度趋向同一个极限。对于电容性加载的天线,在h/λ_0比较小时(低频时)这个现象更加明显。电容间隙在h/λ_0的低值处具有很大的电抗,使得天线的电尺寸小于它的物理长度h。

图6-34给出的频域增益,为单极天线在$\theta = 90°$方向可靠辐射输入脉冲的能力提供了有用信息,也是阵列应用感兴趣的。对输入脉冲的真实再现,增益应在一个频率范围内保持稳定,而这个频率范围包含了大部分脉冲能量。一个像平面上的单极天线宽边方向增益定义为

$$G(\theta = 90°) = \frac{2\pi Z_c r^2}{\eta_0} \frac{|E_\theta^r(\omega, r, \theta = 90°)|^2}{|V(\omega)|^2 - |V_{ref}(\omega)|^2} \quad (6-21)$$

式中:E_θ^r为远区辐射电场;$V(\omega)$为入射电压;$V_{ref}(\omega)$为传输线上的反射电压。再次,在式(6-21)中因子2π,相对应的在双极天线中为4π。

图6-34(a)、(b)表明,Wu-King电阻和阻容加载方式的单极天线频域的增益除在h/λ_0的低值处以外都相对稳定。正如前面提到的,这些设计在$\theta = 90°$方向以及其他角度都具有最好的保真度(表6-3)。从表6-1中辐射能量和表6-2的时域增益中可以看出,Wu-King阻容加载型具有一个稍高的平均增益。对于经验型阻容加载的单极天线,这个增益在设计带宽内有更多的变化,相应地,保真度也稍低一些,辐射能量和时域增益显著地高于前两种加载方式。Wu-King阻容加载中,增益在时域$h/\lambda_0 = 1$具有的小波纹是由于单极天线终端的辐射,这种辐射传播延迟时间τ_a是在单极天线长度内的传播时间,可从馈电点辐射所产生的波纹相位中加入或减去,这种波纹在图6-34(a)、(c)所示的加载方式中也较为明显地偏小。对于所有电阻加载方式,当$h/\lambda_0 \to 0$时增益为0,这是由于辐射效率趋近于0。

纯电容加载(图6-34(d)、(e))在h/λ_0低值处具有相当大的增益,然而,在h/λ_0约为2.3(图6-34(d))和1.4(图6-34(e))处增益下降到几乎为0。对于理想导体单极天线,$\theta = 90°$增益最小值第一次出现在$h/\lambda_0 = 0.85$处(图6-34(f)),其次是在间隔$h/\lambda_0 \approx 1$处额外的极小值,$\theta = 90°$时增益的极小值是由于最大电场转移到除$\theta = 90°$以外的角度而造成的。对于电容加载的单极振子天线情况也一样。在图6-30(d)、(e)和表6-3时域增益中可以看到,这些加载方式的辐射脉冲除$\theta = 90°$方向的其他角度外均具有最大值。在$\theta =$

90°和附近保真度基本上是低于使用电阻性加载的,正如预期,增益同样也有很大的变化。

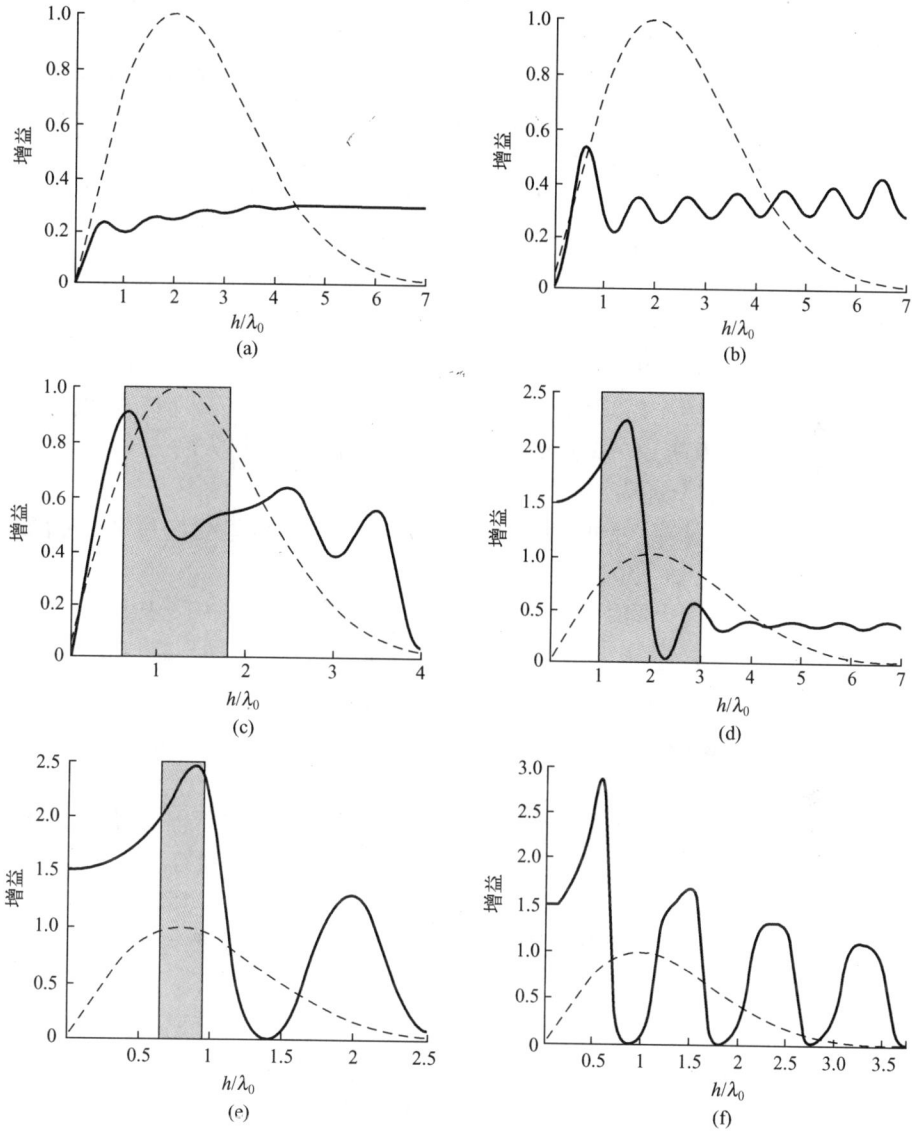

图 6-34　天线的增益曲线

注:$\theta = 90°$方向天线增益(实线),虚线表示输入脉冲相对中心频率

h/λ_0 归一化频谱值,阴影区代表由电长度表示的信号带宽。

(a) Wu-King 电阻加载;(b) Wu-King 阻容加载;(c) 经验型阻容加载;

(d) 指数型电容加载;(e) 线型电容加载;(f) 理想导体单极天线。

对于纯电容加载的频域增益(图 6-34(d)、(e))能够看出宽带性能。对于

147

这些加载,相比于理想导体的单极天线,增益的第一个最小值转移到更高的 h/λ_0。这是由于单极天线上的电流相速度大于光速 c 所造成的,称为"快波"天线。"快波"单极/双极天线具有扩展的频率带宽,增益的最大值出现在 $\theta = 90°$ 方向处。利用数值电磁场分析代码(NEC)工具进行频域分析显示,这些加载的相速度在 h/λ_0 的低值处最大,并随着 h/λ_0 增大而不断降低(相对光速),在 h/λ_0 的某个值,增加的相速度再不足以使得 $\theta = 90°$ 方向增益保持最大,同时增益可以得一个极小值。频域分析中增益最小值在 $h/\lambda_0 \approx 2.57$(图6-34(d)),1.32(图6-34(e))和0.84(图6-34(f))处。这些值与通过傅里叶变换的 FDTD 法计算结果的增益最小值具有高度的吻合。

研究五种宽带单极天线的加载模型,获得了在脉冲辐射下的应用性能。可以看出,引入了电阻的加载具有最好的降低反射电压和辐射输入脉冲的效果,Wu-King 加载表现出最好的性能。然而,这是在牺牲辐射能量,辐射效率和增益(时域和频域)的代价下实现的。五种加载都不能够在 $\theta = 90°$ 方向(或者任何其他角度)辐射和输入信号在保真度与对称性方面高度吻合的脉冲。

另外的研究结果如下:

(1) 最大辐射脉冲(幅度)并不一定在 $\theta = 90°$ 方向,这里往往是保真度的最大值,如图6-27和图6-30所示。

(2) 延伸像平面上同轴电缆的金属部分,或者使用单极天线上本来的金属部分,可以允许更多的能量耦合到天线上;同时增加初始的脉冲辐射和降低馈电点的反射电压。

(3) 电容间隙是辐射和反射的来源,如图6-29和图6-31所示。

(4) 电容性加载的带宽通过引入"快波"而扩展了。

频域结果(图6-33和图6-34)显示加载单极天线相比于理想导体单极天线增加了有用带宽。经验型阻容加载单极天线符合了最初的设计目标,具有3:1的带宽和近似实部的输入阻抗,如图6-33所示。图6-34所示电容性加载的单极天线有扩展的带宽,增益最大值出现在宽边。然而,加载表明可用带宽比原设计要少一点。

文献[34]也采用 FDTD 方法分析 Wu-King 加载偶极天线的特性,研究天线周围空间瞬态场的变化情况及天线上的电流波形,通过时域远近场变换,得到了天线脉冲辐射远场,计算并给出了描述脉冲辐射器性能的时域参数,即保真度和能量方向图。

6.5　加载偶极天线脉冲辐射特性

偶极天线是一种线天线,线天线建模一般是作为一维分段模型加以研究,其理论是一组特殊的积分方程和一组特殊的基函数。本节主要讨论 RWG 基函数的 MoM 分析偶极线天线,对于偶极线天线,可把线天线看成是一圆柱形结构,对圆柱的表面进行分布电流求解,这时采用面元基函数进行矩量法分析。RWG 基函数是基于平面三角剖分的面元基函数[35],可对线、面、体结构天线进行分析[36,37],表面是曲面的天线,也可用基于曲面三角形(或四边形)剖分的高阶RWG 基函数分析[38]。本节分析偶极线天线时,通过把细线型结构等效为一细带结构后采用平面 RWG 基函数进行了研究,并在 RWG 基函数基础上进行天线加载建模,在文献[39]基础上分析了加载电阻按 Wu-King 分布规律的天线特性,给出了在高斯微分脉冲激励下天线的辐射脉冲时域波形。

6.5.1 RWG 基函数及阻抗加载模型

参考文献[39,40]方法,利用 RWG 基函数的 MoM 法分析偶极线天线,首先对偶极天线进行三角形网格剖分,并在一空间坐标下构造全部 RWG 基函数。复杂结构的天线可以借助于专业的商业软件,如 Matlab 中的 PDE 工具,简单结构的天线可以自行完成剖分。这里采用 RWG 平面三角模式对线天线进行建模,是将线天线等效为一细带天线,细带的宽度是线天线的半径的 4 倍[40,41],这样很容易将线天线建模成沿线横向只有一个 RWG 边元、纵向有多个 RWG 边元的模型。本节研究的偶极天线长 15cm,取脉冲信号功率谱峰值处频率为 1GHz时 $\lambda/2$,则天线单臂振子长为 7.5cm,半径为 0.1cm 时,细线天线等效为细带天线,天线剖分为 80 个三角,共有 79 个边元。偶极天线 RWG 模型如图 6-35 所示,在中心点馈电。

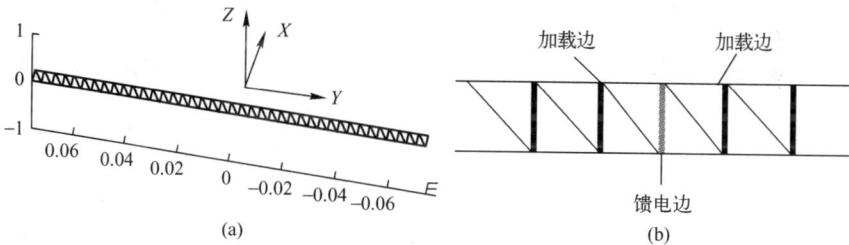

图6-35 偶极天线 RWG 模型

注:图(a)为图(b)中心馈电部分。

RWG 边元的加载可以建模为如图 6-35 所示的在偶极天线上具有横向公共边的边元上加载电阻、电容或者电感的方式,对于公共边为斜边的边元不考虑加载,在数值计算时通过公共边的方向来识别横向边和斜边。有了加载后,加载边上的电压就不再为 0,而是由流过该边的总电流与加载阻抗之积,如式(6-22),不同于馈电电压的是极性为负。

$$V = -z_m(l_m I_m) \tag{6-22}$$

式中:z_m 为边 m 加载阻抗;l_m 为边 m 的长度;I_m 为流过该边 m 的电流密度。

将式(6-22)代入阻抗方程(参考4.4.2节),阻抗矩量与加载边元相应的对角元修改为

$$Z_{mn} = \begin{cases} Z_{mn} + l_m^2 z_m, & m = n, \text{且 } m \text{ 或 } n \text{ 为加载边元} \\ Z_{mn}, & m \neq n \end{cases} \tag{6-23}$$

加载阻抗的大小沿天线的分布采用无反射连续电阻加载方式,即采用 Wu-King 方式[42],这样实际上加载阻抗是以 RWG 加载边的距离为间隔的离散分布的加载方式。

Wu-King 加载方式为单位长度的阻抗由式 6-24 表示。

天线总长为 15cm 时,加载阻抗沿天线的分布规律如图 6-36 所示。

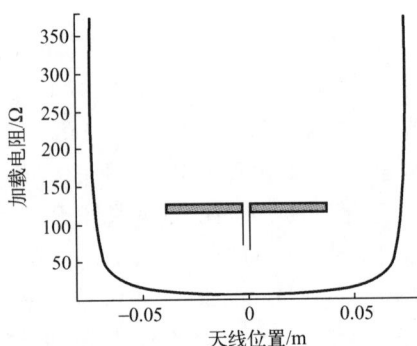

图 6-36　加载阻抗沿天线的分布规律

$$Z(y) = \frac{Z_0}{1 - |y|/h} \tag{6-24}$$

式中:h 为偶极天线的单臂长;y 为天线振子加载点距偶极天线馈电中心的距离;Z_0 可表示为

$$Z_0 = \frac{\eta_0 \psi}{2\pi h} = 60 \frac{\psi}{h} \tag{6-25}$$

其中:$\eta_0 = \sqrt{\mu_0 \varepsilon_0}$;$\psi$ 值与天线的工作频率、天线的长度、天线的半径(粗细)有关,ψ 可表示为[42]

$$\psi \approx 2\left[\operatorname{arsinh}\left(\frac{h}{a}\right) - C(2ka, 2kh) - jS(2ka \cdot 2kh) \right] + \frac{1}{kh}(1 - e^{j2kh}) = \psi_r + j\psi_i \tag{6-26}$$

其中:$k = \omega\sqrt{\mu_0 \varepsilon_0}$ 为波数;$kh = \omega h/c$ 为天线在频率 ω 处的电长度;a 为天线的半径。其中用到的函数:

$$\operatorname{arsinh}(x) = \ln(x + \sqrt{x^2 + 1})$$

$$C(b,x) = \int_0^x \frac{1 - \cos W}{W} \mathrm{d}u, \quad S(b,x) = \int_0^x \frac{\sin W}{W} \mathrm{d}u, \quad W = \sqrt{u^2 + b^2} \tag{6-27}$$

150

因此,加载阻抗可表示为

$$Z_0 = \frac{\eta_0 \psi_r}{2\pi h} + \mathrm{j} \frac{\eta_0 \psi_i}{2\pi h} = R_0 + \mathrm{j} X_0 \qquad (6-28)$$

由于脉冲信号占很大的带宽,取脉冲信号功率谱峰值处频率 $f_0 = 1\text{GHz}$ 来计算 Z_0,这时对应的 $\lambda/2$ 偶极天线,天线振子长 $h = 7.5\text{cm}$,天线半径为 0.1cm 时,参考文献[41,42]计算 Ψ 的值可得 $\Psi = 6.7 - \mathrm{j}2.43$,因此加载电阻 $R_0 = 5360\Omega$,电抗 $X_0 = -1944\Omega$。

6.5.2 天线脉冲辐射特性

采用 RWG 基函数的 MoM,用 Matlab 代码计算,在激励电压幅值为 1V,频率在包含脉冲频谱范围的频段 0~5GHz,以 12.5MHz 为频率间隔共 400 个频点,分别求解天线表面电流分布并进一步求解天线参数如输入阻抗、辐射场等。并在式(4-22)所表示的高斯微分脉冲激励下计算天线空间一点的辐射电场,再应用傅里叶反变换得到空间时域电场波形。

按 Wu-King 无反射加载的理论计算得到的加载阻抗 Z_0 很大,下面的分析比较可知,这时天线上电流分布很弱,天线的反射系数也很高(大于 0.95),辐射电场也很弱,所以天线效率较低,在实际应用中不可取。因此,本节比较研究了在遵循式(6-24)的加载电阻分布规律下,减小 Z_0 值,在只有电阻加载且 R_0 分别为 1Ω、5Ω、10Ω、50Ω 时的天线特性及其脉冲辐射波形,并与 Wu-King 电阻加载理论值($R_0 = 5360\Omega$)、Wu-King 阻容加载理论值($R_0 = 5360\Omega$,$X_0 = -1944\Omega$)比较。

如图 6-37 给出了 Wu-King 电阻加载、Wu-King 阻容加载,以及 R_0 分别为 5Ω、50Ω 时加载天线输入阻抗比较。可以看出,相比未加载,输入阻抗(实部和虚部)变化平稳很多,这说明天线宽带特性更好,后面的时域脉冲波形也可以说明。并且加载电阻越大,输入阻抗变化越平稳,其虚部电抗为纯容抗性。研究发现,在 $R_0 = 10\Omega$ 时的变化最平稳,其输入阻抗实部(电阻)在 200Ω 左右变化,输入电抗(容抗)在 -200Ω 左右变化。再增大 R_0 时(如 $R_0 = 50\Omega$),输入电阻和电抗随天线电长度单调减小变化,天线已没有揩振特性,加载增大到按 Wu-King 电阻加载和 Wu-King 阻容加载时,输入电阻很小,但电抗值增大很多(曲线在这两种情况下重合)。巨大电抗使输入端的馈电的阻抗匹配变得很差,这时的反射系数较大。考查增益曲线后发现,在整个频段内增益随加载增大而减小。

天线上电流分布也与加载电阻大小有关,图 6-38 给出了天线上电流分布大小,可以看出按 Wu-King 加载后的电流很弱。

计算偶极天线中心法平面上距中心 1m 处的辐射场。1V 电压激励下,天线在该点的辐射电场就为转移函数,天线转移函数乘以脉冲信号的频谱,再经过离

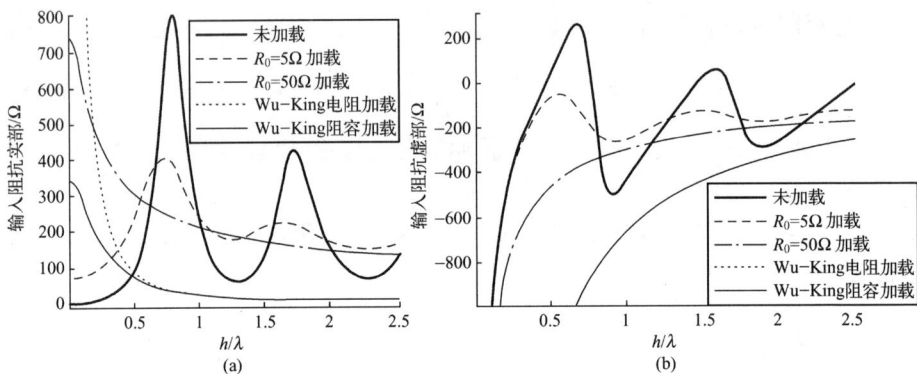

图 6-37　加载偶极子天线的输入阻抗

(a) 输入阻抗实部(电阻)；(b) 输入阻抗虚部(电抗)。

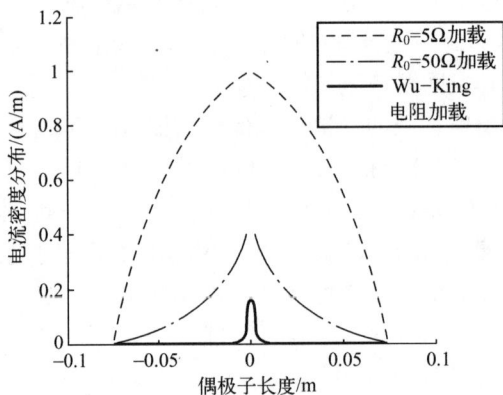

图 6-38　天线电流密度分布(电流密度幅值)

散傅里叶反变换(IDFT)就可得到空间的脉冲辐射电场波形。天线的激励脉冲同样采用式(4-22)表示的高斯微分脉冲。

图 6-39 给出了几种加载电阻下的脉冲辐射电场波形,从图 6-39(a)~(f)表明,电阻未加载时,辐射脉冲的幅值比较大,正峰值可达 240mV/m,但辐射脉冲振荡周期多(拖尾明显),如图 6-39(a)所示。随着加载电阻的增加,辐射脉冲的幅值减小,同时脉冲拖尾也减弱,加载电阻大于 5Ω 时,脉冲正峰值为 160mV/m,辐射脉冲拖尾基本消失,如图 6-39(c)所示。Wu-King 电阻加载和 Wu-King 阻容加载时,虽然辐射脉冲波形好,类似二次微分高斯脉冲,但这时的辐射脉冲幅值很小,只有 4.5mV/m,如图 6-39(e)、(f)所示。

在实际应用中,既要使辐射信号有较好的保真度,也希望辐射电场也较大,可以考虑加载合适 R_0 值的电阻。表 6-4 列出了几种加载下的辐射电场波形最大值和最小值。

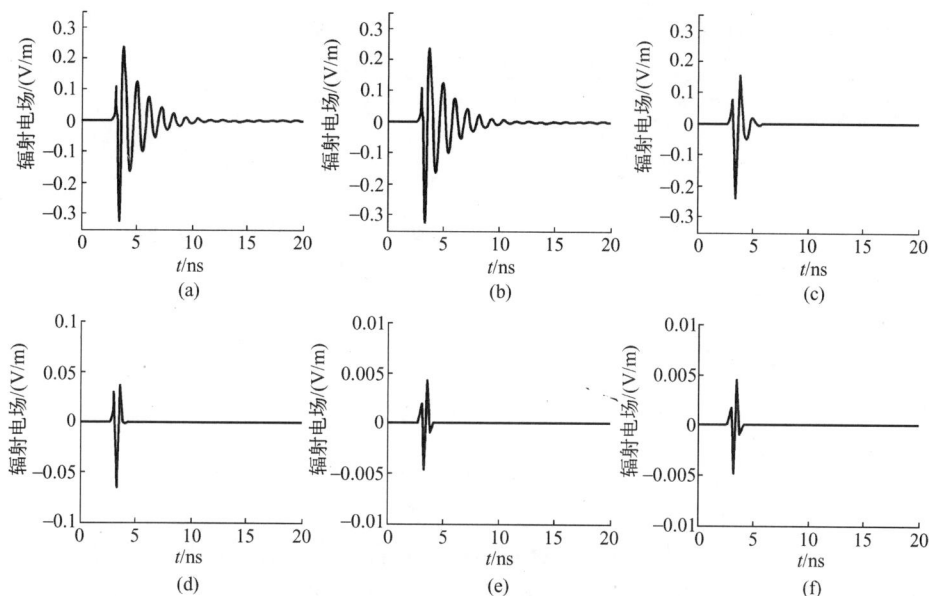

图6-39 加载不同电阻大小时的天线辐射电场波形

（a）未加载；（b）$R_0 = 1\Omega$ 加载；（c）$R_0 = 5\Omega$ 加载；

（d）$R_0 = 50\Omega$ 加载；（e）Wu-King 电阻加载；（f）Wu-King 阻容加载。

表6-4 不同加载值的辐射电场幅值

Wu-King 加载方式	$E_{最大}/(V/m)$	$E_{最小}/(V/m)$	拖 尾 情 况
未加载	0.2375	−0.3219	波形拖尾
$R_0 = 1\Omega$	0.2149	−0.3017	波形拖尾
$R_0 = 3\Omega$	0.1813	−0.2698	拖尾小
$R_0 = 5\Omega$	0.1598	−0.2435	拖尾小
$R_0 = 10\Omega$	0.1182	−0.1942	拖尾小
$R_0 = 50\Omega$	0.0376	−0.0663	拖尾小
$R_0 = 5360\Omega$（Wu-King 理论值）	0.0044	−0.0048	拖尾小
$R_0 = 5360\Omega, X_0 = -1944\Omega$（Wu-King 理论值）	0.0046	−0.0049	拖尾小

　　从本节分析的结果看，采用 Wu-King 加载的理论值在实际应用中效率低，减小天线的分布加载数值后，天线的脉冲辐射增强，脉冲保真度也不差，并且更有现实意义，可作为工程设计参考。

　　Wu-King 加载虽然在理论上能得到天线上的行波电流分布，但其工程实现比较困难，在实践中，电阻的加载形式通常是在介质棒上涂一层很薄的电阻层，电阻层阻值按加载阶梯形分布确定；也有人用改变具有不变电阻率的导体的几何形状（截面）的方法来改变其加载电阻。如果把天线制作成导线螺旋形式,其螺矩是缓变的,就可得可变电感分布加载;电容加载不容易制作,可将天线制作成一串短金属段,在相邻金属段之间夹入介质圆片,得到一种准分布电容加载。

6.5.3 短波频段电阻加载偶极天线

张行军等研究了在短波频段的电阻加载偶极天线阻抗带宽及脉冲辐射特性[43],天线采用如下四种不同的加载方式 $Z(z)$ 表示加载阻抗:

均匀加载 $Z(z) = Z_L$;

线性加载 $Z(z) = Z_L z$;

Wu-King 加载 $Z(z) = \dfrac{60\psi}{h - |z|}$;

正切加载 $Z(z) = Z_L \tan\left(\dfrac{\pi}{2}\dfrac{z}{h}\right)$

式中:z 为加载点离馈电中心的距离;h 为天线臂长;Z_L 对于线性加载为 1Ω,对于均匀加载和正切加载为 10Ω。偶极天线沿 Z 轴方向放置,对于工作于短波频段臂长 $h = 10\mathrm{m}$ 的偶极天线计算结果如图 6-40 所示。

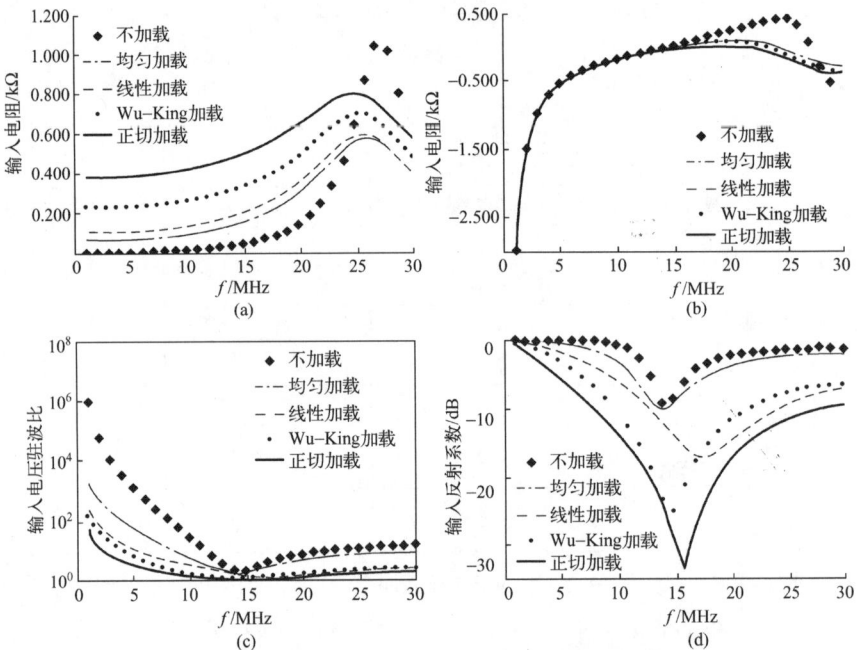

图 6-40 10m 的偶极天线参数

(a) 天线输入电阻;(b) 天线输入电抗;(c) 天线输入 VSWR;(d) 天线反射系数。

由上面的结果可见,除 Wu-King 加载方式外,其他加载方式也可以改善偶极天线的阻抗带宽,并且从改善阻抗带宽的角度看,Wu-King 加载并非最佳的

154

选择。

如果用若干集中参数电阻在适当位置串联在偶极天线的臂中代替连续电阻加载,从工艺上来说显然比连续电阻加载更简单。图 6-41 为 Wu-King 连续加载与离散加载偶极天线输入阻抗频率特性的比较,离散加载是用 10 个符合 Wu-King 分布的集中参数电阻串联在天线臂中形成的。显然,离散加载的效果不如连续加载,但相比未加载要好些,仍然达到改善阻抗频率特性的目的。

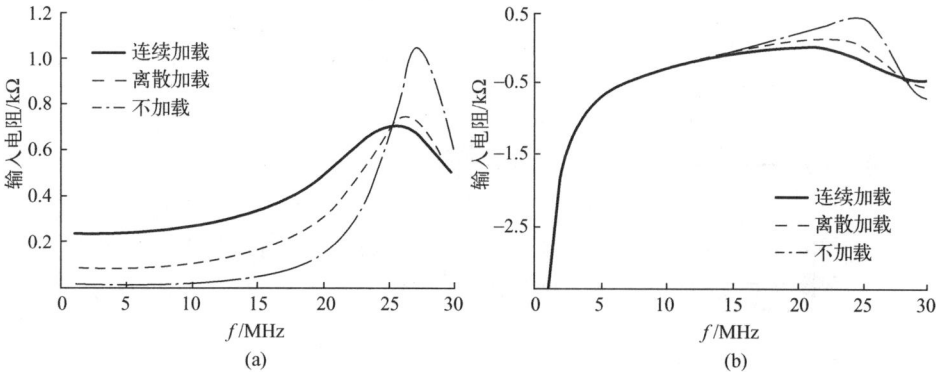

图 6-41　Wu-King 连续加载与离散加载阻抗特性比较
(a) 输入电阻;(b) 输入电抗。

用时域 MoM 分别计算上述偶极天线在未加载、Wu-King 连续加载、Wu-King 离散加载三种情况下的远场辐射波形。天线的激励信号为微分高斯脉冲,计算结果如图 6-42 所示,XOZ 平面(包含天线平面的平面,即 E 面)与 XOY 平面(垂直天线的平面,即 H 面)的辐射波形如图 6-42 所示。

从图 6-42 可见,简单的偶极天线辐射脉冲信号有较长的拖尾,电阻加载可以有效地改善辐射脉冲波形。令人感兴趣的是离散电阻加载在改善辐射脉冲波形方面也十分有效。

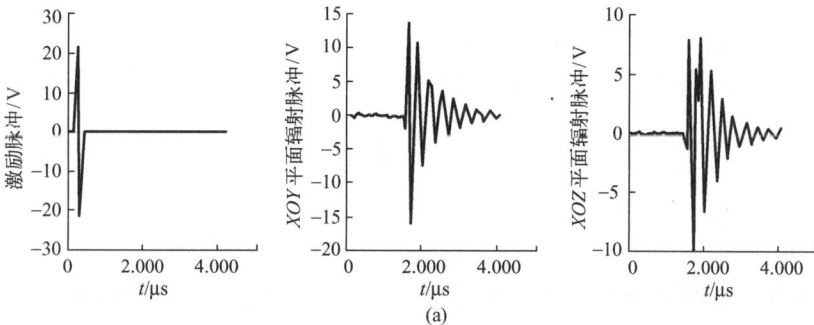

(a)

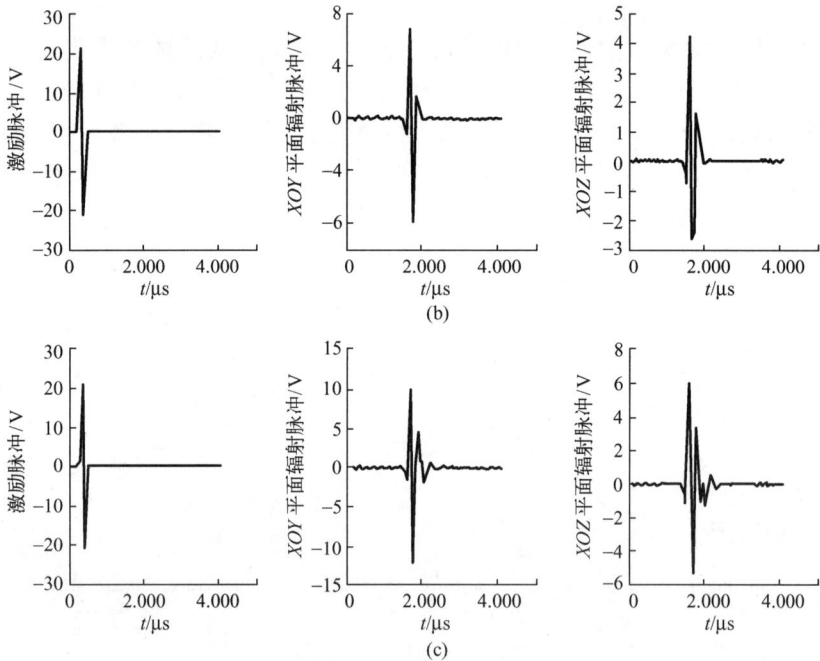

图 6-42 微分高斯脉冲激励下辐射波比较

（a）未加载脉冲辐射波形；（b）Wu-King 连续加载脉冲辐射波形；

（c）Wu-King 离散加载脉冲辐射波形。

参 考 文 献

［1］ 毛从光,周辉. 两种分布加载电磁脉冲天线的 FDTD 方法模拟［J］. 核电子学与探测技术,2003,23(4):356 - 360.

［2］ 吴昌英,张璐,许家栋. 加载单极子天线的时域辐射特性［J］. 电波科学学报,2002,17(3):296 - 299.

［3］ 姜光兴,程崇虎,朱洪波. 脉冲收发天线辐射特性的矩量法分析［J］. 南京邮电大学学报(自然科学版),2006,26(1):13 - 17.

［4］ 岳欣,康行健,费元春. 球形和锥形加载单极子天线的宽带特性研究［J］. 微波学报,2000,16(4):329 - 335.

［5］ Wu T T,King P W P. The cylindrical antenna with nonreflecting resistive loading ［J］. IEEE Trans. AP. ,1965,13(3):369 - 373.

［6］ Mosquera J M P,Isasa M V. Planar resistively loaded UWB dipoles analysis and comparison ［C］. IEEE Antennas and Propagation Society International Symposium. Ohio:IEEE,2003.

［7］ Pantoja M F,Monorchio A,Bretones A R. Direct GA-based optimization of resistively loaded wire antennas in the time domain ［J］. Electronics Letters,2000,36 (24):1988 - 1990.

［8］ 余春,郭华民. 用于瞬态电磁场测量的宽带脉冲天线［J］. 电波科学学报,1997,12(2):190 - 194.

[9]   周游,潘锦. 时域宽带天线的设计及其在系统中的应用[D]. 成都:电子科技大学,2005.

[10]   Lestari A. A,Suksmono A. B,Bharata E. Small UWB Antenna With Improved Efficiency for Pulse Radiation[C]. 2005,IEEE International Workshop on Antenna Technology.

[11]   Lestari, A. A,Yarovoy A. G,Ligthart L. P. Capacitively-taperred bowtie antenna[R]. International Research Centre for Telecommunication-Transmission and rader,Delft University of Technology. Melcelueg 4, 2628 CD. Delft. The Netherlands,2005.

[12]   Disala Uduwawala,Martin Norgren,Peter Fuks. A Deepparametric study of resistor-loaded bow-tie antennas for ground-penetrating radar applications using FDTD[J]. IEEE Ttansaction on geoscience and remote sensing,2004,42(4):732 – 742.

[13]   邓扬建. 冲激脉冲探地雷达天线的实验研究[J]. 电子科学学刊,1995,17(6):647 – 651.

[14]   殷晓星,王群,王春和. 一种探地雷达用的渐变槽线加载天线[J]. 现代雷达,2006,28(11): 58 – 60.

[15]   余春,郭华民. 用于瞬态电磁场测量的宽带脉冲天线[J]. 电波科学学报,1997,12(2):190 – 194.

[16]   Garcia I S,Bretons A R,Martin R G. Pulse-receiving characteristics of V-dipole antennas with resistive loading [J]. IEEE. Trans. EMC. ,1998,40(2):174 – 176.

[17]   Kim K,Scott W R. Design of a resistively loaded vee dipole for ultrawide-band ground-penetrating radar applications [J]. IEEE. Trans. AP. ,2005,53(8):2525 – 2532.

[18]   韩增富,王均宏. 并联介质加载偶极天线脉冲辐射特性的研究[J]. 物理学报,2005,54(2): 642 – 646.

[19]   张春青,王均宏. 并联介质加载环天线的脉冲辐射特性研究[J]. 铁道学报,2007,29(2):59 – 64.

[20]   张春青,邹卫霞. 并联介质加载折叠臂偶极天线的辐射特性[J]. 无线电工程,2006,36 (8):34 – 36.

[21]   Zhang Chun qing,Wang Jun hong,Chen Mei-e. Research on Pulse Radiation Characteristics of Leaf-1ike Ultra Wide Band Antenna[J]. Journal of china ordnance,2007,3(2):102 – 105.

[22]   Montoya T P,Smith G S. A study of pulse radiation from several broad-band loaded monopole [J]. IEEE Trans. on AP,1996,44(8):1172 – 1182.

[23]   Maloney J G,Shlager K L,Smith G S. A simple FDTD model for transient excitation of antennas by transmission lines[J]. IEEE Trans. Antennas Propagat. ,1994. 42:289 – 292.

[24]   Maloney J G,Smith G S. The efficient modeling of thin material sheets in the finite-difference time-domain (FDTD) method[J]. IEEE Trans. Antennas Propagat. ,1992,40:323 – 330.

[25]   Maloney J G,Smith G S. A study of transient radiation from the Wu-King resistive monopole-FDTD andysis and experimental measurements[J]. IEEE Trans. Antemas propagat. 1993,41:668 – 676.

[26]   Hallen E. Electromagnetic Theory[M],New York Wiley,1962:501 – 504.

[27]   Kanda M. Time-domain sensors for radiated impulsive measurements[J]. IEEE Trans Antennas Propagat, 1983,AP-31:438 – 444.

[28]   Paunovic D S,Popovic B D. Broadband RC-loaded microwave cylindrical antenna approximately real input admittance[J]. Radio Electron. Eng,1977,47(5):225 – 228.

[29]   Rao B L J,Harris J E,Zimmerman W E. Broadband characteristics of cylindncal antennas with exponentially tapered capacitive loading[J]. IEEE Trans Antennas Propagat,1969,AP-17:145 – 151.

[30]   Allen O. E,Hill D A,Ondrejka A. R. Time-domain antenna characterizations[J]. IEEE Trans. Electromagn. Compat. ,1993,3(.5):339 – 346.

[31]   Lamensdorf D,Susman L. Baseband-pulse-antenna techniques [J]. IEEE Antennas Propagat. Mag. , 1994,36:20 – 30.

[32] Ziolkowski R. Properties of electromagnetic beams generated by ultra-wideband pulse-driven arrays[J]. IEEE Trans. Antennas Propagat. ,1992,40(8):888 – 905.

[33] Fan E G, Baum C E , Buchanauer C J. Impulse radiating antennas, Part 11, in Ultra- Wideband, Short Pulse Electromagnetics 2[M], L. Carin and L. B. Felsen, Eds. New York:Plenum Press, 1995:159 – 170.

[34] 黄治,尹成友. Wu-King 加载偶极子天线的 FDTD 分析[J]. 强激光与粒子束,2006,18(1): 105 – 109.

[35] Rao S M,Wilton D R,Glisson A W. Electromagnetic scattering by surfaces of arbitrary shape [J]. IEEE Transactions on Antennas and Propagation,1982,30(3):409 – 418.

[36] 张云华. 用基于 rao-wilton-glisson 基函数的矩量法分析线天线[J]. 系统工程与电子技术,2005,27 (6):1105 – 1108.

[37] 董健,柴舜连,毛钧杰. 任意形状线、面、体组成导体目标的电磁建模[J]. 电子学报,2005,33(9): 1654 – 1659.

[38] Cai W,Yu Y J,Yuan X C. Singularity treatment and high-order RWG basis functions for integral equations of electromagnetic scattering[J]. Int. J. Numer. Meth. Eng 2002,53:31 – 47.

[39] 马卡洛夫. 通信天线建模与 Matlab 仿真分析[M]. 许献国,译. 北京:北京邮电大学出版社,2006.

[40] Makarov S N. MoM antenna simulations with matlab:RWG Basia functions[J]. IEEE Transactions on Antennas and Propagation,2001,43(5):100 – 107.

[41] 谢处方,王石安,文希理. 加载与媒质中的天线[M]. 成都:电子科技大学出版社,1990.

[42] WU T. T,King R. W P. The cylindrical antenna with nonreflecting resistive loading[J]. IEEE transactions and propagation,1964,12(3):369 – 373.

[43] 张行军,卢万铮,曾越胜. 电阻加载偶极天线阻抗带宽及脉冲辐射特性研究[J],海军工程大学学报,2007,19(4):85 – 89.

第7章 TEM 喇叭脉冲天线

无限长非共面扇形天线属于辐射球面横电磁波的天线,具有与频率无关的特性阻抗,是辐射瞬态电磁波的理想天线。在实际应用中,有限长的两块三角形平行板传输线张开成一定角度构成喇叭天线,当传输线满足横电磁波传输条件时,可能实现定向辐射,其基模为 TEM 模,这种形式的天线称为 TEM 喇叭天线。研究证实,对时域信号,TEM 模传输波形畸变小,是一种比较理想的脉冲天线,在冲激场检测、核电磁脉冲模拟、超宽带雷达脉冲辐射、高功率阵列辐射等方向应用广泛。

7.1 TEM 喇叭天线结构

TEM 喇叭采用同轴线馈电,同轴线的内、外导体分别与上、下金属三角板相连,同轴线内导体向上延伸一段距离与上三角板相连,如图 7-1 所示。TEM 喇叭天线的特性阻抗取决于两个三角板之间的夹角及三角板的半张角,为了保证天线系统的匹配,准确预测特性阻抗与这两个角的关系是非常重要的。构成 TEM 喇叭天线的两块金属板的张角及宽度的选择原则:尽量使特性阻抗为常数,天线相当于均匀传输线,天线内无反射,这样的两块金属板引导了一个 TEM 波。

实际上,天线中的反射总是存在的,为了减小反射,出现了称为非均匀传输系统的 TEM 喇叭天线。这种系统把反射因素考虑在内,其 TEM 波的特性阻抗渐变,使天线输入端的阻抗 50Ω 与口径处阻抗自由空间波阻抗 377Ω(或 $120\pi\Omega$)逐渐过渡匹配,以满足内部反射最小,从而达到辐射效率高、脉冲响应拖尾小的目的。

图 7-2 为均匀介质中 V 形振子的坐标及结构[2],两臂间的夹角为 2α,l 为初始端与臂上各点间的臂长。假设输入信号在整个天线上无反射,一个纯 TEM 行波沿天线传输,故天线上行波电流为

$$I(l,\omega) = I_0(l,\omega)\mathrm{e}^{-\mathrm{j}\beta l} \tag{7-1}$$

式中:I_0 为电流幅度;$I_0(0,\omega)$ 为输入电流的频率响应;β 为相移常数。

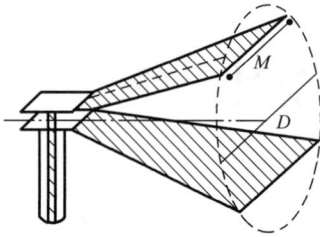

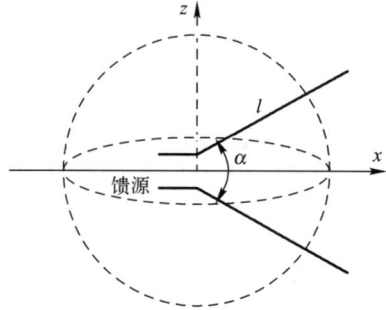

图 7-1 TEM 喇叭天线   图 7-2 均匀介质中 V 形振子的坐标及结构

天线的电场表达式为

$$E_\theta\left(r,\frac{\pi}{2},0\right) = -\left[\frac{\mu_0 L'\sin\alpha}{2\pi r}\right] \cdot \left[j\omega I_0(0,\omega)\right]e^{-j\beta r} \tag{7-2}$$

式中

$$L' = \int_0^L \frac{I_0(l,\omega)}{I_0(0,\omega)}e^{-j\beta l(1-\cos\alpha)}dl \tag{7-3}$$

考虑反射因素,传输 TEM 模的无耗非均匀传输线均处于均匀介质中,TEM 喇叭天线实质上是一个阻抗变换器,TEM 喇叭天线的非均匀传输特点的基本原理可由 V 形振子似近代替。由于这种非均匀传输系统天线是由 V 形振子演变而来的,其基本原理与 V 形振子相同,所以对其特性的分析可转变为对 V 形振子的分析,其上任意点处输入阻抗 $Z(x)$ 可由下式方程求得:

$$\frac{dZ(x)}{dx} = \frac{j\gamma}{Z_0(x)}\left[Z_0^2(x) - Z^2(x)\right] \tag{7-4}$$

式中:γ 为传输线的传播常数。

任意点上的反射系数由下式表示:

$$R(x) = \frac{Z(x) - Z_0(x)}{Z(x) + Z_0(x)} \tag{7-5}$$

把式(7-5)代入式(7-4)得一微分方程,当 $|R(x)| \ll 1$ 时,可得方程的近似解[3],由近似解可得出下面的特性阻抗变化关系:

$$\ln Z(x) = \frac{1}{2}\ln\left[Z_0(0)Z_0(x)\right] + \frac{1}{2}\ln\left[\frac{Z_0(x)}{Z_0(0)}G\left(\frac{2x}{X}\right)\right] \tag{7-6}$$

式中:X 为天线视轴方向的总长度;函数 $G\left(\frac{2x}{X}\right)$ 的定义可参见文献[3]。

式(7-6)说明,沿天线视轴方向的阻抗变化是按一种规律变化。

构成喇叭天线的结构不同,喇叭天线有不同的特性:如果喇叭从喇叭的"喉部"一直到喇叭的开口处,其特性阻抗为某一恒定值,这种 TEM 喇叭天线称为恒阻抗 TEM 喇叭天线;如果喇叭的两个金属板间的张角及金属板的宽度相比是变化的,使天线的特性阻抗从喇叭的"喉部"一直到喇叭的开口处是按某种规律渐变的,这种喇叭天线称为阻抗渐变天线。

7.1.1 阻抗渐变 TEM 喇叭天线

阻抗渐变脉冲天线设计利用了时谐宽频带技术中采用的渐变线设计思想。通过改变喇叭天线金属平板的宽度及在长度方向(x 方向)上线性增大两个金属平板的间距,从而将 TEM 喇叭体设计成阻抗渐变传输线结构,喇叭体的特性阻抗从馈电处的 50Ω 逐渐变化到喇叭开口处的自由空间波阻抗 377Ω,与自由空间"匹配",如图 7-3 所示。如一种设计两个金属臂形状与柳叶相似的 TEM 喇叭天线具有阻抗 $50\sim377\Omega$ 的渐变特性,称为柳叶形阻抗渐变天线[4],如图 7-4 所示。

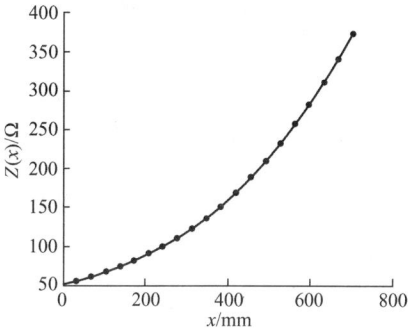

图 7-3　阻抗 $50\sim377\Omega$ 渐变特性

图 7-4　柳叶形 TEM 喇叭天线

7.1.2 恒阻抗 TEM 喇叭天线

恒阻抗 TEM 喇叭天线是工程中常用的另一种 TEM 喇叭。喇叭由两个三角形金属平板构成,从喇叭的"喉部"一直到喇叭的口径,金属平板的宽度与间距按相同的比例增加,其特性阻抗为恒定值,因此这种 TEM 喇叭天线称为恒阻抗 TEM 喇叭天线,如图 7-5 所示。

对于恒阻抗 TEM 喇叭天线,其特性阻抗可表示为[1]

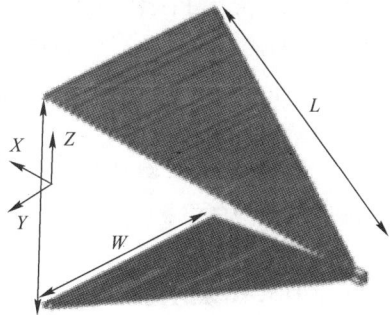

图 7-5　恒阻抗 TEM 喇叭天线

$$Z_c = \begin{cases} 120\ln\left(\dfrac{8h}{w} + \dfrac{w}{4h}\right), & \dfrac{w}{h} < 1 \\ 120\ln\left[\dfrac{w}{h} + \dfrac{1.4 + 0.7\ln(w + 1.4)}{h}\right], & \dfrac{w}{h} > 1 \end{cases} \tag{7-7}$$

式中:w 为天线口径的宽度(m),h 为天线口径的高度(m)。

合理设计特性阻抗值,可使其与馈电特性阻抗一致,实现馈电的良好匹配。

7.1.3 低频补偿 TEM 喇叭天线

低频补偿 TEM 喇叭天线分析模型如图 7-6 所示,该天线除两金属板形成的传输线按指数沿长度变化形成喇叭外,还在上、下部及后部附加了金属面,天线的底部、上部及后部用一定宽度的铜板与喇叭的末端连接成一体,后部的铜板与馈电同轴线外导体电连接。其辐射性能可视为一磁偶极子,这样可补偿天线低频辐射能力较差的缺点,称为低频补偿 TEM 喇叭天线。传输线阻抗按指数渐变,称为指数渐变 TEM 喇叭天线。

计算喇叭的尺寸:喇叭臂的长度(弦长)为 L,口径宽度为 W,宽度沿 x 轴方向线性变化与上述恒阻抗喇叭相同,喇叭口径的夹角为 α,喇叭口径高为 h,从喇叭喉部到喇叭口径间上、下两臂的间距由下式决定:

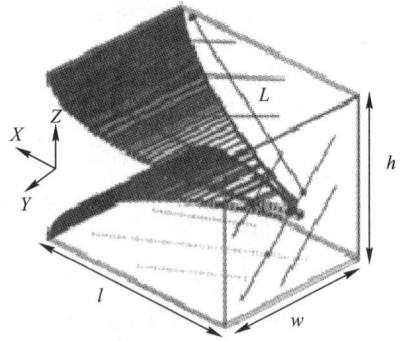

图 7-6　低频补偿 TEM 喇叭天线

$$h(x) = 0.4\exp\left(\frac{x}{L\cos(\alpha/2)}\ln\frac{h}{0.4}\right) \tag{7-8}$$

7.2　TEM 天线脉冲辐射特性比较

刘小龙[4] 采用 FDTD 方法,对上节中一定结构尺寸的柳叶形 TEM 喇叭天线、恒阻抗 TEM 喇叭天线及低频补偿 TEM 喇叭天线的反射特性、口面场分布、主轴辐射场特性、辐射场方向特性进行了分析,并对各自的特性进行了比较。三种天线的结构尺寸如下:

(1) 柳叶形 TEM 喇叭天线:臂长度为 700mm,两臂之间的夹角 $\alpha = 20°$,喇叭喉部两金属板的间距为 3mm、宽度为 18mm,喇叭末端(口径)两臂的间距 $h = 245$mm,宽度为 30mm。与天线相连的同轴线的外导体内径为 9mm,内导体外径为 2.9mm,内导体和外导体之间填充聚乙烯介质。计算中,分别记录馈电同轴线上、喇叭体内距喇叭喉部 300mm 处以及喇叭体外距末端 2mm 的垂直于 x 轴的横截面上的电场值,用以分析 TEM 波在馈电点(喇叭与同轴线的连接区域)及喇叭体内的传输特性,同时分析喇叭末端(口径)的场分布特性。

(2) 恒阻抗 TEM 喇叭天线:三角形铜板的长度 $L = 700$mm、末端(口径)宽度 $W = 500$mm、在喉部的顶角 $\beta = 39°$,喇叭末端(口径)的高度 $h = 482$mm,两臂之间的夹角 $\alpha = 40°$。在喉部,两臂间距为 4mm,铜板宽度为 5mm。喇叭的特征阻抗恒为180Ω,与喇叭相连的馈电同轴线的尺寸与上述柳叶形 TEM 喇叭天线相同。

(3) 低频补偿 TEM 喇叭天线:臂长度 $L=700\text{mm}$,末端宽度 $W=500\text{mm}$,喇叭臂在喉部宽度为5mm,宽度沿 x 方向线性变化与上述恒阻抗喇叭相同;两臂间距在喇叭喉部为4mm、在喇叭末端 $h=482\text{mm}$。天线的底部、上部及后部用宽度为500mm 的铜板与喇叭的末端连接成一体。

计算分析时的激励脉冲用脉冲宽度为380ps(脉冲最大上升率及最大下降率对应的时间差为340ps)的高斯脉冲电流源激励同轴线,计算得到同轴线中激励电压波形 $S(t)$,如图7-7所示,电压峰值为 $6.67\times10^{-3}\text{V}$,以及"柳叶"TEM 喇叭天线辐射主轴上3m处辐射电场波形 $E(t)$ 如图7-8所示。

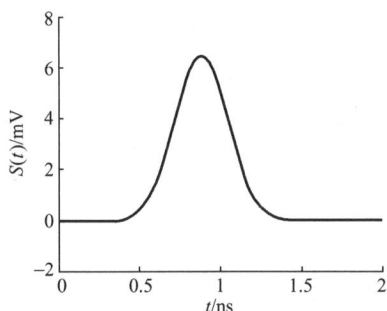

图7-7 同轴线中激励电压波形 　图7-8 辐射主轴上3m处辐射电场波形

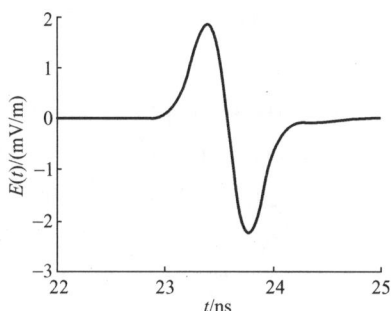

7.2.1 主辐射特性比较

用图7-7所示激励脉冲在同轴线作用下,以天线末端口径中心为坐标原点,考查三种 TEM 喇叭天线距原点6m处的辐射场。三种 TEM 喇叭天线在主轴上6m处辐射电场的时域波形形状如图7-9所示,脉冲幅度有所不同。可以观察到主脉冲后沿上有小振荡及第二个辐射脉冲。

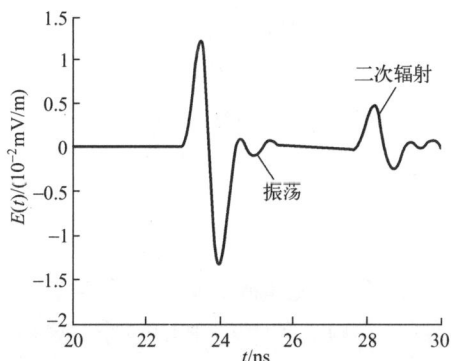

图7-9 主轴上6m处辐射电场的时域波形

163

柳叶形 TEM 喇叭天线观测点距离与辐射场峰－峰值之积 $rE_{p-p} = 1.24 \times 10^{-2}$V、辐射场宽度（辐射脉冲正峰和负峰对应的时间差）$t_{p-p} = 360$ps，第二个辐射脉冲较主脉冲晚 5.2ns，这个时间相当于 2 倍的喇叭电长度传输时间，故第二个辐射脉冲是馈入脉冲在喇叭末端产生的发射经喇叭喉部再反射回喇叭末端从而产生的二次辐射。

恒阻抗天线的 $rE_{p-p} = 1.76 \times 10^{-2}$V，脉冲宽度 $t_{p-p} = 440$ps，第二个辐射脉冲较主脉冲晚 5.2ns，最大峰值较柳叶形 TEM 喇叭天线大。

低频补偿 TEM 喇叭天线在主脉冲后沿上有较大振荡，$rE_{p-p} = 1.47 \times 10^{-2}$V，$t_{p-p} = 460$ps，第二个辐射脉冲的幅值较大。

从文献［4］中频率图可知，三种天线的辐射电场脉冲的中心频率均为 800MHz，柳叶形 TEM 喇叭天线辐射电场较幅值低 3dB 的频带范围为 500 ~ 1230MHz，恒阻抗 TEM 喇叭天线辐射电场脉冲频谱 － 3dB 幅值对应的频带范围为 400 ~ 1300MHz；低频补偿 TEM 喇叭天线辐射电场脉冲频谱 － 3dB 幅值对应的频带范围为 350 ~ 1150MHz。

由上述结果可以看出：

（1）三种天线中，恒阻抗 TEM 喇叭天线的主轴辐射脉冲电场峰值最大，低频补偿 TEM 喇叭天线次之，稍小于恒阻抗 TEM 喇叭天线，柳叶形 TEM 喇叭天线最小。就追求最大辐射场时域波形峰值而言，低频补偿作用并不明显，50 ~ 377Ω 阻抗过渡"匹配"的观点设计喇叭结构并不是必要的。

（2）低频补偿 TEM 喇叭天线主轴上辐射电场脉冲宽度最大，恒阻抗 TEM 喇叭天线次之，柳叶形 TEM 喇叭天线最小，均宽于理想口径主轴远区辐射脉冲宽度。辐射脉冲展宽的主要原因是波在喇叭中延时不同。另外，对于低频补偿 TEM 喇叭天线，磁偶极子辐射与口径辐射的非同时性也是造成脉冲展宽的一个因素。

（3）从频谱上看，三种天线辐射脉冲的频谱皆与激励脉冲频谱有较大差别。在低频部分，低频补偿 TEM 喇叭天线的幅度稍高于恒阻抗 TEM 喇叭天线幅值，在高频部分低频补偿 TEM 喇叭天线幅值则低于恒阻抗 TEM 喇叭天线幅值。

7.2.2 背向辐射与反射特性

1. 背向辐射特性

在辐射主轴反方向距口径中心 6m 处观察三种天线的背向辐射特征。背向辐射电场脉冲 $E(t)$ 如图 7-10 所示，其辐射场脉冲主要由两部分构成。最先到达观测点的是一单极性脉冲，从时间上判断该脉冲是由喇叭"喉部"区域（包括同轴—平板转换结构及喇叭张角处）辐射产生的，在第一个脉冲之后约 5.2ns，喇叭末端(口径)产生的辐射脉冲到达背向观测点,三种天线的波形数值有所不同。

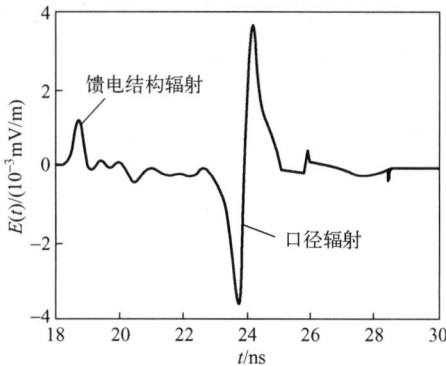

图7-10　背向辐射电场脉冲

分析比较计算结果,三种天线中,恒阻抗 TEM 喇叭天线的前向辐射场与后向辐射场之比最大,低频补偿 TEM 喇叭天线次之,柳叶形 TEM 喇叭天线最小;比较恒阻抗 TEM 喇叭天线和柳叶形 TEM 喇叭天线的背向辐射特征,恒阻抗 TEM 喇叭天线由"喉部"区域产生的背向辐射大于柳叶形 TEM 喇叭天线"喉部"区域产生的背向辐射,其主要原因在于恒阻抗 TEM 喇叭天线在"喉部"存在着较大的阻抗不连续性(从 50Ω 直接过渡到 180Ω)。

比较恒阻抗 TEM 喇叭天线和低频补偿 TEM 喇叭天线的背向辐射特征可以看出:一方面加载磁偶极子在喇叭天线后部的金属板有效地屏蔽了喇叭"喉部"区域产生的辐射;另一方面,加载磁偶极子产生的部分辐射叠加到末端口径产生的背向辐射脉冲的后沿上,使背向辐射脉冲变宽。

2. 反射特性

在馈电同轴线中观察由馈电区域及喇叭各部分反射回到馈电同轴线中的反射电压脉冲。分析比较结果可以看出:在喇叭馈电区域(喇叭"喉部"区域),低频补偿 TEM 喇叭天线的反射最小,柳叶状 TEM 喇叭天线次之,恒阻抗 TEM 喇叭天线的反射远大于前两者。恒阻抗 TEM 喇叭天线在馈电结构区域的反射小于柳叶状 TEM 喇叭天线的原因在于:加载磁偶极子在喇叭后部的金属板直接与同轴线的外导体电连接,从而在一定程度上抑制了同轴传输线向平板传输线过渡导致的电流不连续。

7.2.3　不同几何尺寸的恒阻抗 TEM 喇叭辐射特性分析

就追求最大主轴峰值电场及最大前向辐射场来讲,相对于柳叶形 TEM 喇叭天线及低频补偿 TEM 喇叭天线,恒阻抗 TEM 喇叭天线是比较理想的选择。下面分析该天线不同结构尺寸的特性。

恒阻抗 TEM 喇叭天线由同轴线与双金属板线转换结构及两个金属三角板构成,金属板线扩展成喇叭形成辐射口径,其结构由喇叭臂长 L、臂间夹角 α、金属三角板顶部张角 β 等确定。若视喇叭为口径天线,那么这些结构参数不但决定了辐射口径的大小,而且会影响口径场分布。

喇叭模型基本结构如图 7-11 所示。喇叭采用垂直馈电结构,馈电同轴馈线的外导体内径 $D_{out}=15\text{mm}$,内导体外径 $D_{in}=4.6\text{mm}$,绝缘介质 $\varepsilon_r=2.3$,特性阻抗为 50Ω,与同轴线相连的平行板线间距 $S=3\text{mm}$,平行板长 $X=18\text{mm}$,宽 $Y=18\text{mm}$。喇叭臂三角铜板长度 $L=500\text{mm}$,夹角 $\beta=47°$ 时末端宽度 $W=875\text{mm}$,喇叭臂三角板之间夹角 $\alpha=20°$ 时喇叭末端高度 $H=37\text{mm}$。

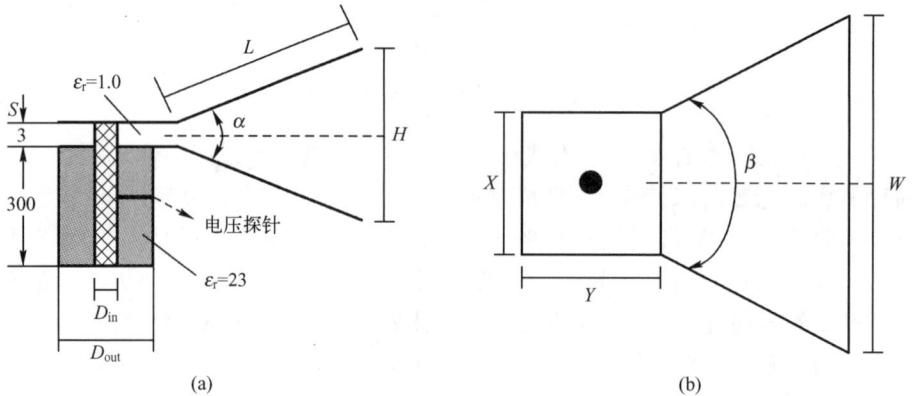

图 7-11　喇叭模型基本结构(单位为 mm)
(a) 侧视图;(b) 顶视图。

同轴馈线中馈入峰值电压为 1.52V、上升及下降沿(10% ~ 90%)均为 550ps、半高度为 710ps 的高斯脉冲,激励电压脉冲微分波形为双极脉冲,其正峰值到负峰值对应的时间差 620ps(为了与辐射脉冲宽度对应,该时间称为激励脉冲宽度),计算条件及坐标选取同前一节。观察点在 $r=10\text{m}$ 球面上,对于以下讨论的口径尺寸,按文献[4]中提出的主轴分区依据,主轴上的观察点都在时域远场区。在保持 $\alpha=20°$、$\beta=47°$ 不变,喇叭长度 L 分别取 200mm、500mm、1000mm,主轴 10m 处的 rE_{p-p} 随 L 的变化关系如图 7-12 所示。由图 7-12 可知,$L=1\text{m}$ 时,有最大的辐射电场幅值。

在保持 $\beta=47°$、喇叭长度 $L=500\text{mm}$ 不变,α 分别取 20°、60°、90°、120°、150°、180°,天线在主轴上 10m 处的辐射电场随 α 的变化关系如图 7-13 所示。由图 7-13 可知,α 越大,辐射电场脉冲时间越宽,$\alpha=60°$ 时脉冲幅值最大。

在保持 $\alpha=20°$、喇叭长度 $L=500\text{mm}$ 不变,β 分别取 10°、20°、47°,天线在主轴上 10m 处的辐射电场随 β 变化关系如图 7-14 所示。由图 7-14 可知,β 越大,脉冲幅值越大,但脉冲宽度也越大。

166

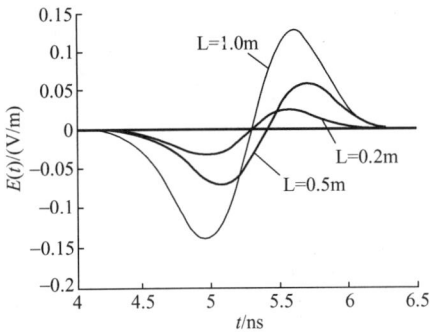

图 7-12　主轴上的辐射电场与喇叭长度关系

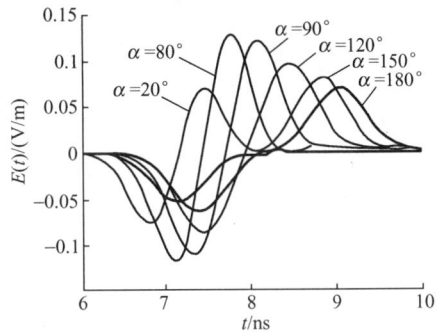

图 7-13　主轴上的辐射电场与喇叭夹角关系

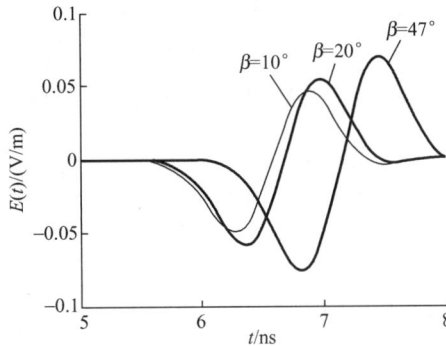

图 7-14　主轴上 10m 处的辐射电场随喇叭臂角 β 变化关系

有学者[5]研究了一种 TEM 喇叭天线的特性:天线结构一定时,在逐渐增大激励信号高斯脉冲的宽度时,主辐射方向的电场幅值将逐渐增大,而拖尾也将有所改善。在激励脉冲宽度保持不变的情况下,随着 TEM 两臂夹角的减小,传输波形的幅度有较大的增加,但拖尾也随之加大。TEM 喇叭中传播的是准 TEM 波,且越靠近视轴其 TEM 波的成分越大,在设计 TEM 喇叭时应注意喇叭边缘的影响。

7.3　同轴双锥天线脉冲辐射特性

孟凡宝等[6]用口径场的方法对有限长同轴双锥天线进行了分析和设计。同轴双锥天线示意如图 7-15 所示,内、外圆锥的半锥角分别为 θ_a、θ_b,内、外圆锥的锥面长分别为 a、b。

当天线内、外锥角分别为 $2\theta_a$、$2\theta_b$,天线无限长($a,b\to\infty$)时,电磁场为

$$E_\theta = \frac{V_0 \exp(-jkr)}{r\sin\theta\left[\cot\dfrac{\theta_a}{2} \cdot \tan\dfrac{\theta_b}{2}\right]} \quad (7\text{-}9)$$

$$H_\varphi = \frac{V_0 \exp(-jkr)}{Z_0 r\sin\theta\ln\left[\cot\dfrac{\theta_a}{2}\tan\dfrac{\theta_b}{2}\right]} \quad (7\text{-}10)$$

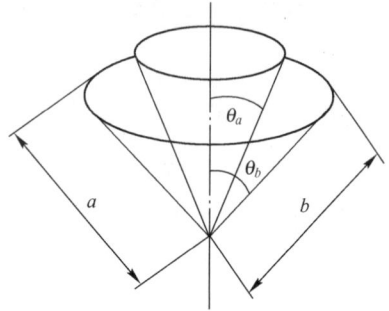

图 7-15　同轴双锥天线示意

式中：V_0 为馈入点的电压；k 为波数；r 为观察点到顶点的距离；θ 为观察点与中心轴的夹角。

天线的等效输入阻抗为

$$Z = \frac{Z_0}{2\pi}\ln\left[\cot\frac{\theta_a}{2}\tan\frac{\theta_b}{2}\right] \quad (7\text{-}11)$$

式中：Z_0 为空间波阻抗。

当天线有限长时，根据口径面辐射场可以求出天线的远区辐射场，即

$$E_\theta = \frac{jkaV_0\exp[-jk(r+a)]}{2r\ln\left[\cot\dfrac{\theta_a}{2}\tan\dfrac{\theta_b}{2}\right]} \cdot \int_{\theta_a}^{\theta_b}\left[\sin\theta\sin\theta_2 J_0(ka\sin\theta\sin\theta_2) + \right.$$

$$\left. j(1+\cos\theta\cos\theta_2)J_1(ka\sin\theta\sin\theta_2)\right]\exp(jka\cos\theta\cos\theta_2)d\theta_2 \quad (7\text{-}12)$$

式中：J_0 为零阶贝塞尔函数；J_1 为一阶贝塞尔函数。

实际的同轴双锥喇叭天线结构如图 7-16 所示，天线输入为同轴结构，内导体外径为 19mm，外导体内径为 44mm，输入阻抗为 50Ω。输入传输线内充 3.5MPa 的氮气 N_2，在天线输入端加密封和绝缘结构，考虑高压脉冲，天线内外锥充 0.2MPa 的 SF_6。天线内外锥半锥角分别为 20.5°、45°，内锥长为 770mm，外锥长为 750mm，内、外锥均由铜板制作。用 HP8720C 网络分析仪测量天线的驻波比小于 3 的高频点为 1GHz、低频点为 250MHz，在 150～250MHz 频段内 3 < VSWR < 4。

利用低压脉冲源输出双极脉冲到辐射天线，采用圆盘偶极子天线测量天线远区场辐射特性，包括辐射方向图和功率辐射效率。圆盘偶极子测试天线的带宽为 100～800MHz、输出阻抗为 50Ω。测试方法：将辐射天线固定，相距 6m 的接收天线在平面内移动，每隔 15°一个点进行测量。接收天线的信号由 Tek7104 示波器记录。图 7-17 为是在距辐射天

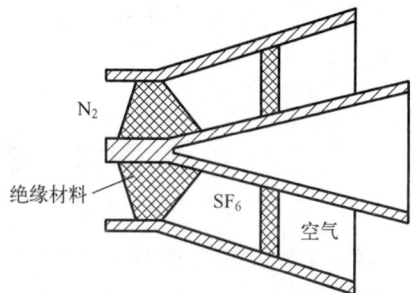

图 7-16　同轴双锥喇叭天线结构

线轴 30°、6m 处接收到的辐射场波形和数值模拟电场波形。

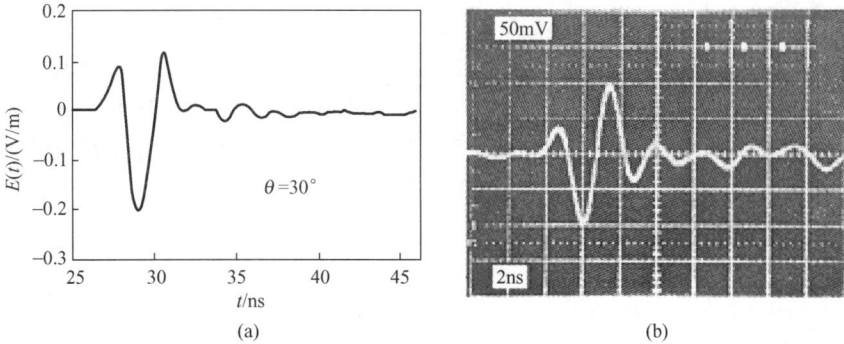

图 7-17 在距辐射天线轴 30°、6m 处接收到的辐射场波形和数值模拟电场波形
（a）仿真模拟；（b）实验测试。

根据辐射特性的输入信号和反射信号,进行积分求出天线输入能量 W_{in} 和反射能量 W_r,可求出天线能量辐射效率 $\eta' = (W_{in} - W_r)/W_{in}$。天线为铜板,在工作频带内损耗可忽略不计。根据相对定标,计算得到天线的峰值功率效率约为 65%。

将该天线连接到高压超宽带脉冲源上进行高功率辐射实验,其辐射的场波形及其方向图与低压的测试结果一致,满足超宽带和高功率条件的要求。

7.4　加脊喇叭天线

普通喇叭天线具有结构简单、功率容量大和增益高的特点,在微波测量系统中大量用作标准测量天线。随着宽带射频技术、雷达技术的发展及电子对抗环境日益复杂,喇叭天线要求覆盖的频带范围达到更高的倍频程,而普通喇叭天线相对带宽较窄。喇叭天线是由开口波导逐渐张开形成,其主模传输的频率范围受波导尺寸的限制。对于宽边尺寸为 a 的矩形波导主模式 TE$_{10}$ 单模传输,其工作波长 λ 必须满足 $a < \lambda < 2a$。由此可见,上限频率和下限频率比值 $f_u/f_1 < 2$。

在 TEM 喇叭中加脊更有利于低频端的辐射,加脊喇叭天线的结构如图 7-18 所示,由激励段、脊波导段、加脊喇叭段组成[7]。加脊喇叭段的脊线是按一种规律渐近变化的,可以是正弦型或指数型等。

激励段激励采用同轴 - 脊波导变换器,普通波导的阻抗远大于同轴线的阻抗,所以内导体必须深入波导内远离波导壁的地方,以防止失配;而脊波导的阻抗与同轴线的阻抗一致,要求同轴线的外导体连接在脊波

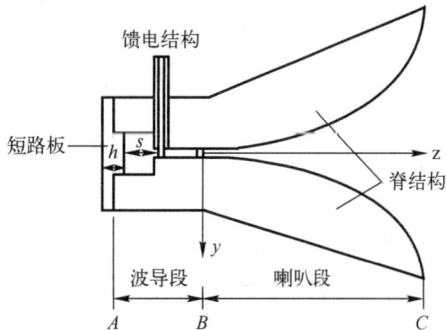

图 7-18　加脊喇叭天线的结构[7]

导的宽边上，内导体延伸至相对的脊壁上，形成单极辐射器。设计时在直波导后端增加短路板，形成后腔，其馈电方式和截面图由图 7-18 可见。调节激励端与短路板的距离 S 和短路段的脊高 h，对展宽变换的带宽起很大作用。从短路板到馈电处这一段是直波导，其作用是滤除波导内的 TE_{20} 模，因此脊波导的比值带宽 $B = \lambda_{CTE_{10}}/\lambda_{CTE_{30}}$，$\lambda_{CTE_{10}}$ 和 $\lambda_{CTE_{30}}$ 可以从文献[7]的曲线查得。脊波导段的长度应小于最高工作频率波长的 $1/2$。

普通波导的频带不宽，使用脊波导结构展宽频带，由于脊棱边缘电容的作用，主模的截止频率比不加脊的波导要低，而次主模的截止频率却比不加脊的波导高，使得脊波导的单一模带宽可达几倍频程。脊的高度越低，主模的截止频率越低，等效阻抗也越低。脊波导部分的横截面示意如图 7-19 所示，波导的横截面尺寸为

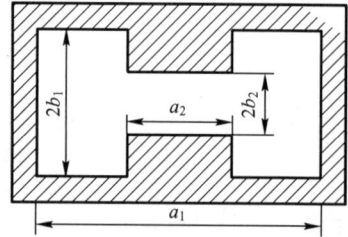

图 7-19　脊波导部分横截面示意

$a_1 \times 2b_1$，脊宽为 a_2，脊间距为 $2b_2$。根据 TE_{10} 主模分布的特点，可画出脊波导的集总参数等效电路，如图 7-20 所示。

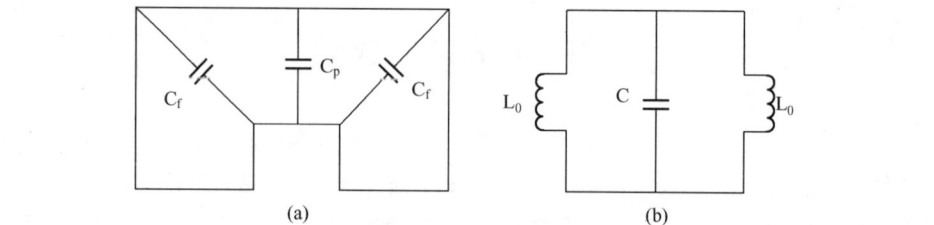

图 7-20　脊波导的集总参数等效电路
（a）电容等效电路；（b）总的等效电路。

由图 7-19 可以看出，等效电容包括电场集中凸缘部分所形成的平板电容 C_p 和电场不均的棱角处所形成的边缘电容 C_f 两部分。在磁场集中的脊棱两侧，单位长度的电感均为 L_0。由等效电路得 $C_p = \varepsilon a_2/b_2$（$\varepsilon$ 为脊波导中填充介质的介电常数）。

棱角处边缘电容为

$$C_f = \frac{\varepsilon}{\pi}\left[\frac{x^2+1}{x}\ln\frac{1+x}{1-x} - 2\ln\frac{4x}{1-x^2}\right] \tag{7-13}$$

单位长度的等效总电感为

$$L = \frac{L_0}{2} = \frac{1}{2}\cdot\frac{\mu(a_1-a_2)b_1}{2} \tag{7-14}$$

式中：$x = b_2/b_1$；μ 为磁介电常数。

单位长度等效总电容

170

$$C = C_p + 2C_f$$

由此可求出截止频率

$$f_c = \frac{1}{2\pi \sqrt{LC}} = \frac{1}{\pi \sqrt{\mu\varepsilon\left(\dfrac{a_2}{b_2} + \dfrac{2C_f}{\varepsilon}\right) \cdot (a_1 - a_2) \cdot b_1}} \tag{7-15}$$

在设计时,首先确定 b_2/a_2、b_1/b_2、a_1/a_2 的值,及频率为无穷大时 TE_{10} 模的特性阻抗 $Z_{0\infty}$ 的值,

$$Z_{0\infty} = \frac{240\pi}{\dfrac{a_2}{b_2} + \dfrac{2C_f}{\varepsilon} + \dfrac{2a_1}{b_1} \cdot \left(1 - \dfrac{a_2}{a_1}\right)} \tag{7-16}$$

则在给定工作频率 f 下的特性阻抗 Z_0 为[8-11]

$$Z_0 = Z_{0\infty} \sqrt{1 - (f_c/f)^2} \tag{7-17}$$

喇叭张开的部分设计与常规喇叭相似,为使馈电点阻抗能平滑过渡到喇叭口自由空间阻抗,喇叭段的阻抗为

$$Z_0 = \begin{cases} Z_{0\infty} e^{kz} & ,0 \leqslant z \leqslant l/2 \\ 377 + Z_{0\infty}(1 - e^{k(l-z)}) & ,l/2 \leqslant z \leqslant l \end{cases} \tag{7-18}$$

式中:l 为喇叭段的长度;k 为常数,它由喇叭中点的阻抗为两端阻抗的平均值这一条件来确定,因此喇叭段脊体曲线一般为指数形式,但喇叭口径面上不是等相位面。要使边缘处场与中心处场的相位差不大,常将喇叭加长或加透镜校准,但都有局限性。

采用在脊上附加一线性项,该方法不但可拓宽频带,并且缩短了喇叭段的轴长。喇叭段脊体曲线为

$$y(z) = A \cdot e^{kz} + c \cdot z \tag{7-19}$$

在求解脊曲线方程时,为了避免复杂的数学求解过程,可将喇叭口面看作空气波阻抗,并把它当作负载,喇叭段作为馈源和负载之间的阻抗转换器,脊起到阻抗匹配的作用。已知喇叭的起点和终点坐标,可联立式(7-17)和式(7-19)得两个关于未知系数的方程,且喇叭 $l/2$ 处的阻抗 $Z_{l/2} = 213.5\Omega$,代入式(7-18)求出未知系数,最后确定喇叭段脊体的曲线方程。

文献[7]设计了频率为 6 ~ 18GHz 的宽带双脊喇叭天线,通过上述分析,计算初步确定了一副脊喇叭天线的几何尺寸,利用 HFSS 建模仿真。分析可知,采用加脊的扩频方法在较宽频带范围的高频端会出现增益 G 下降、主波束出现分裂恶化的现象,且随着频率的升高,主瓣凹陷越厉害。因此,在两个窄壁面上加两个楔体,改善馈电段到喇叭段的匹配,让其横截面尺寸逐渐增大,使这部分整体结构设计成一个 E 面的扇形喇叭。另外,还通过优化短路板的嵌入长度,改变金属套的伸出长度等方法对天线方向图进行优化,最后确定喇叭尺寸,以及喇

叭段脊体曲线方程为

$$Y = e^{0.03z} + 0.01z \tag{7-20}$$

研制天线测试可知整个频段内 VSWR < 1.6，波束宽度小于 60°。增益大于 10dB，主波束从 6 ~ 18GHz 没有出现大的凹陷，可满足更高的工程要求，研制的喇叭天线应用于电子对抗领域，效果较好。

7.5　渐变槽天线

渐变槽天线(Tapered Slot Antenna，TSA)是一种端射式行波天线，由于其具有宽频带、对称的 E 和 H 面方向图、中等的增益、质量小、完全平面结构、可以采用印制工艺批量生产和易于与微波电路集成等优点，因而广泛应用于超宽频带无线通信、宽频带相控阵雷达和射电天文等领域。如果渐变槽的渐变满足指数函数变化关系，则这种天线称为指数渐变槽天线(Exponentially Tapered Slot Antenna，ETSA)，又称维瓦尔第(Vivaldi)天线。

7.5.1　指数渐变槽天线

典型指数渐变槽天线是微带线—槽线转换结构，如图 7-21 所示。天线材料分为三层：第一层为金属接地板，第二层为介质板，第三层为金属微带线(如图 7-21 中虚线所示)。在第一层金属接地板上刻出具有指数渐变的缝隙结构(槽线)，其渐变槽线有三段：第一段为圆形槽线，主要起着天线阻抗匹配的作用；第二段为矩形(平行槽线)，起耦合作用，主要影响电磁波的传输情况；第三段为指数渐变形槽线，对电磁波的辐射起引导作用。下层微带线的终端通常设计为扇形结构，主要起负载匹配作用，此天线的馈电端通过微带线向槽线耦合馈电。一般情况下，天线参数可分为三部分，即微带短截线尺寸、槽线环形谐振器尺寸、天线渐变率及开口尺寸。

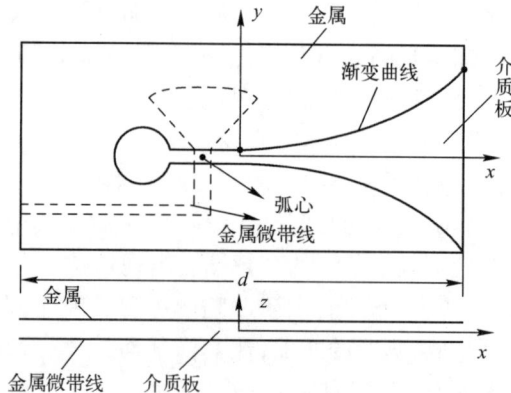

图 7-21　典型指数渐变槽天线

172

影响指数渐变槽天线带宽的因素主要有微带线结构、指数渐变曲线弯曲程度、扇形结构以及介质材料介电常数等。理论研究表明,通过加载或加入匹配结构的方式可以有效展宽天线的带宽,改善其阻抗匹配特性。

在介质板上,槽线宽度逐渐加大,形成喇叭口状,可向外辐射或向内接收电磁波。频率不同时,天线的不同部分可发射或接收电磁波,但各个辐射部分对应的不同频率信号的波长的电长度是不变的,所以从理论上讲,它具有很宽的频带,且在这个频率范围内具有相同的波束宽度,因此,可以满足 FCC 规定的超宽带天线的方向图和阻抗的带宽要求。但是,天线的超宽带特性不仅体现在频域特性,还体现在相位失真即时域特性上。

指数渐变槽天线的特性阻抗可以参考指数张开的平板喇叭结构特性阻抗,对指数张开的平板喇叭,平板间距曲线为

$$w(x) = Z_0 \exp(kx) \qquad ,0 \leqslant x \leqslant L \qquad (7-21)$$

式中

$$k = \frac{1}{L} \ln \frac{\eta}{Z_0}$$

其中:k 由喇叭的长度决定;Z_0 为输入同轴线特征阻抗 50Ω;η 为渐近线喇叭出口的特征阻抗,即自由空间阻抗 377Ω。

采用指数曲线的阻抗变化,能够实现良好的阻抗匹配。

平板的特征阻抗由平板宽度与间距共同决定:

$$Z(x) = \frac{d(x)}{w(x)} \eta \qquad (7-22)$$

由式(7-21)和式(7-22)可以得到喇叭的参数。平板的阻抗为[12]

$$Z = \frac{1}{\sqrt{\varepsilon_r}} \frac{240\pi}{w/h + 2.42 - 0.44(h/w) + (1 - h/w)^6} \qquad (7-23)$$

根据标准指数渐变槽天线参数的定义[8],文献[13]设计了另一种指数渐变槽天线,如图 7-22 所示,相比图 7-21,第三层的微带线结构进行了改进,增加了矩形微带过滤结构(虚线所示)。对天线阻抗匹配起过滤作用。涉及各部分的14 个重要参数给出了具体尺寸。

根据指数渐变槽天线的具体尺寸设置 FDTD 法分析的模型参数:x 轴方向上最小尺寸为 0.31mm,取 x 轴方向的空间步长 $\Delta x = 0.2$mm;y 轴方向上最小尺寸为 1.19mm,取 y 轴方向的空间步长 $\Delta y = 0.5$mm;z 轴方向上最小尺寸为 1.5mm,取 z 轴方向的空间步长 $\Delta z = 0.1$mm。该天线本身的 FDTD 法分析时的网络为 $829 \times 200 \times 15$,时间步长 $\Delta t = \Delta z/2c_0 = 0.167$(ns),其中 c_0 为真空中的光速。

利用 FDTD 差分方程中电场和磁场的迭代关系和 FDTD 的时域外推法计算最大辐射方向上接收到的时域信号。

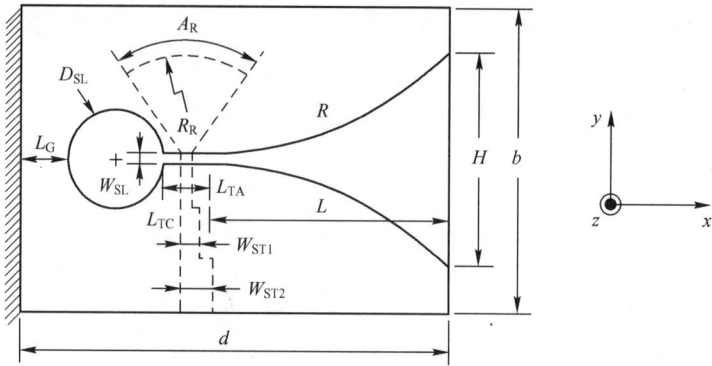

图 7-22　一种指数渐变槽天线的参数

分析中,软激励源采用频率分量丰富的高斯调制脉冲,如图 7-23 中的实线所示。得到最大辐射方向上接收到的时域信号如图 7-23 中虚线所示。从图 7-23 看出,指数渐变槽天线电场信号的脉冲延续时间约为 0.5ns,前后信号幅度的波动缘于反射信号造成的振铃效应,且振铃效应较小。该天线基本符合超宽带天线所要求的时域特性。天线频域特性能够在 3.1 ~ 10.6GHz 频段得到满足。

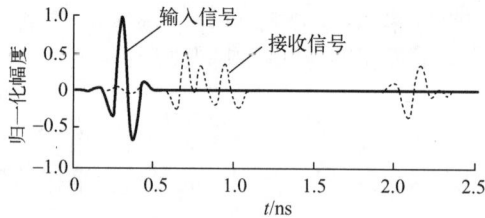

图 7-23　激励脉冲信号与接收信号时域波形

指数渐变槽天线属于频率无关天线,它具有阻抗和方向图的宽带性,但这只是静态的。若将其应用于脉冲工作状态时,还需要考虑瞬态过程。经 FDTD 法建模仿真后,可得到的输入波形和接收波形的相位关系,可参考文献[13],高频部分相位比低频部分相位的斜率大,即高频部分相位更滞后。

激励天线的脉冲具有一定的频带,不同频谱分量的辐射区在天线上的位置不同,高频分量的辐射区靠近槽线近端,低频分量的辐射区靠近槽线远端。因此,高频分量需沿天线传播一段距离后再辐射。由于各频谱分量的辐射相位中心不同,天线的幅度响应符合不失真条件,但相位响应符合失真条件。若能定量的分析相位特性,并对天线进行相位矫正,则可以消除波形失真。明确了相频特性的失真量,再对输入信号进行预矫正,即对高频分量的相位做相应超前或对接收信号进行后处理,就可以对天线的散射特性进行补偿。适合的数字滤波器即可实现这种相位矫正。

174

7.5.2 加载波纹指数渐变槽天线

尽管指数渐变槽天线驻波性能良好,但低频端增益比较低,且高频端方向图最大方向已经偏移。

由于在低频端,天线的表面电流几乎分布在整个渐变槽辐射臂表面,辐射臂的外边缘也具有相当程度的表面电流密度。天线的方向图是辐射臂电流辐射场和辐射臂外边缘表面电流辐射场的叠加,因此可以通过改变辐射臂外边缘的表面电流分布来改善低频端渐变槽天线的辐射特性。把渐变槽天线辐射臂外边缘设计渐变边缘[10,11]或者波纹边缘[14,15]等方法,可改善天线阻抗特性及其辐射特性。波纹边缘结构的指数渐变槽天线如图7-24所示[16],波纹边缘结构由周期性排列的长度约为$\lambda/4$窄缝隙构成。

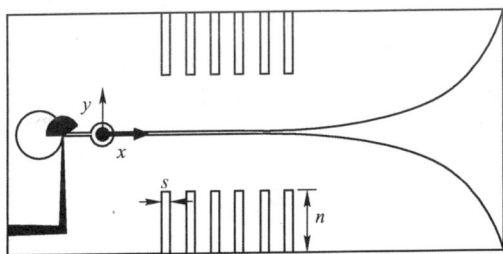

图 7-24　波纹边缘结构的指数渐变槽天线

分析可知,加载波纹边缘后,低频端阻抗性能稍有下降,含有波纹边缘的指数渐变槽天线比不含波纹结构的天线增益明显得到改善,尤其是在低频处,可以增加3dB左右。表面电流分布也有所改变,不含波纹边缘的渐变槽辐射臂外边缘具有反相的表面电流,其在端射方向的辐射场是相互抵消的,因此对天线端射方向的方向性没有贡献。而波纹边缘结构的渐变槽天线辐射臂外边缘具有一定程度的同相表面电流,在端射方向的场是相互加强的,因此对提高天线端射方向的方向性有着积极的作用。

在介质板中间挖去了一条宽1mm、高1mm的介质槽或将中间介质部分与辐射开槽线相对应渐变挖去,方向图在高频时辐射方向进一步改善,也能增加天线的增益。

7.5.3 互补指数渐变槽天线

为满足不同的应用要求,渐变槽天线已经发展出多种形式,线性渐变槽天线(Linearly Tapered Slot Antenna, LTSA)、恒宽渐变槽天线(Constant Width Tapered Slot Antenna, CWTSA)、费米渐变槽天线(Fermi Tapered Slot Antenna, FT-SA)[14,15]、抛物线渐变槽天线(Parabolic Tapered Slot Antenna, PTSA)、双指数渐变槽天线(Dual Exponentially Tapered Slot Antenna, DETSA)[17,18]等,如图7-25

所示。指数渐变槽天线与相同介质基片上的相同口径尺寸和长度的其他几种渐变天线相比,指数渐变槽天线的波瓣最宽,LTSA 较窄,CWSA 最窄。相应地,指数渐变槽天线的副瓣电平最低,LTSA 较高,CWSA 最高。

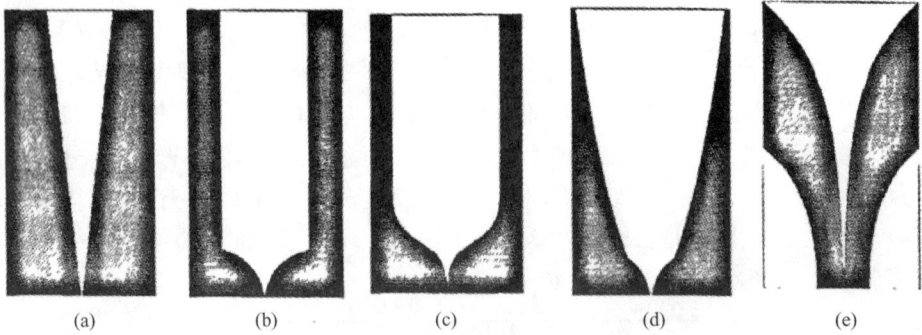

图 7-25　其他几种平面结构渐变槽天线

(a) LTSA;(b) CWTSA;(c) FTSA;(d) PTSA;(e) DETSA。

将指数渐变槽天线的金属辐射臂放置在介质基板的两侧,通过使用微带线、平行板线巴伦,进一步改善了天线的阻抗匹配带宽,并将这类指数渐变槽天线命名为互补指数渐变槽天线[19],如图 7-26(a)所示。具有三条金属辐射臂的平衡互补指数渐变槽天线,如图 7-26(b)所示[20],采用带状线的馈电结构,解决了互补指数渐变槽天线交叉极化较差的问题。下面分析互补指数渐变槽天线设计方法。

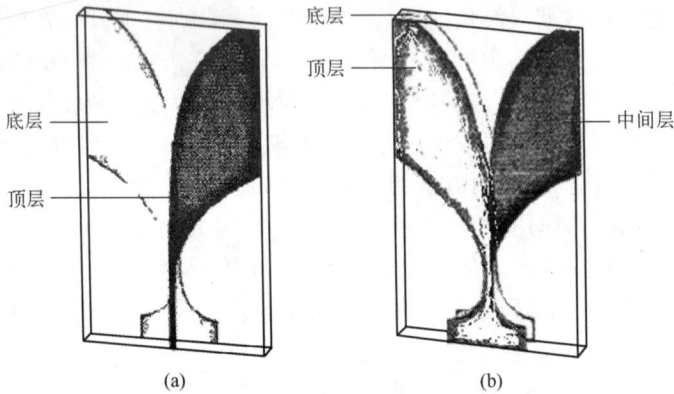

图 7-26　互补指数渐变槽天线

(a) 互补指数渐变槽天线;(b) 平衡互补指数渐变槽天线。

互补指数渐变槽天线的设计结构如图 7-27 所示,假设最低工作频率为 f_1、基板厚度 h、介电常数为 ε_r,包含馈电结构的天线的宽度 w 与长度 l 可用表示[21]为

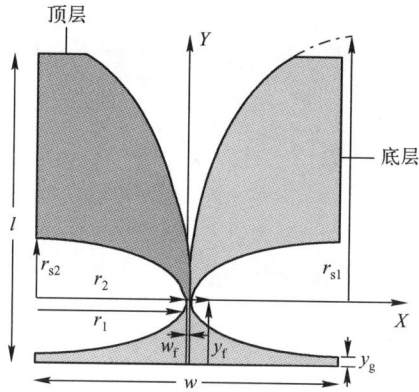

图 7-27　互补指数渐变槽天线设计方法

$$w = l = \frac{c}{f_1}\sqrt{\frac{2}{\varepsilon_r + 1}} \tag{7-24}$$

式中：c 为空间光速。

天线的第一个辐射面由两个四分之一椭圆面截断而成。两个椭圆的长半轴分别为 r_1、r_{s1}，短半轴分别为 r_2、r_{s2}：

$$\begin{cases} r_1 = w/2 \\ r_2 = w/2 - w_f \\ r_{s1} = l - a \\ r_{s2} = 0.38r_2 \end{cases} \tag{7-25}$$

式中：a 用于控制天线最低工作频率。

微带馈电线的宽度可以由特性阻抗 $Z_0 = 50\Omega$ 时的以下式计算：

$$Z_0 = \frac{60}{\sqrt{\varepsilon_{me}}}\ln\left(\frac{8h}{w_f} + \frac{w_f}{4h}\right), \quad w_f/h \leqslant 1 \tag{7-26}$$

$$Z_0 = \frac{120\pi}{\sqrt{\varepsilon_{me}}\left[\frac{w_f}{h} + 1.39 + 0.67\ln\left(\frac{w_f}{h} + 1.44\right)\right]}, \quad w_f/h \geqslant 1 \tag{7-27}$$

式中：ε_{me} 为传输线有效电介常数，即

$$\varepsilon_{me} = \frac{\varepsilon_r + 1}{2} + \frac{\varepsilon_r - 1}{2}\frac{1}{\sqrt{1 + 12h/w_f}} \tag{7-28}$$

基于以上方法设计 3.1~10.6GHz 的天线，各参数尺寸：$W = 59.6\text{mm}$，$l = 59.9\text{mm}$，$w_f = 0.5\text{mm}$，$y_f = 12.9\text{mm}$，$r_1 = 29.8\text{mm}$，$r_2 = 29.3\text{mm}$，$r_{s1} = 46.67\text{mm}$，$r_{s2} = 11.2\text{mm}$，$y_g = 1.8\text{mm}$，$h = 0.635\text{mm}$，$a = 0.28\text{mm}$。天线实物如图 7-28 所示，其反射系数曲线如图 7-29 所示。

图 7-28　互补指数渐变槽天线(正、反两面)[21]

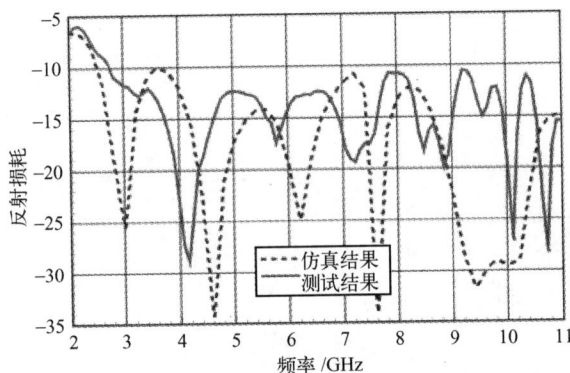

图 7-29　天线的反射系数曲线

参 考 文 献

[1] Wheeler H A. Transmission-line properties of parallel strips separated by a dielectric sheet[J]. IEEE Transactions on microwave theory and techniques,1965,13 (2):172 - 185.

[2] 王长华,王秩雄,宋爱民. 超宽带 TEM 喇叭天线的研究[J]. 通信技术,2010,43(4):34 - 36.

[3] Hecken R P. Anear-optimum matching section without discontinuities[J]. IEEE Trans. MTT,1972(20): 734 - 739.

[4] 刘小龙,超宽带天线研究[D]. 西安:西安电子科技大学,2003.

[5] 王向晖,蒋延生,汪文秉. FDTD 方法用于 TEM 喇叭天线传输效应的计算[J]. 现代雷达,2003(11): 41 - 43.

[6] 孟凡宝,杨周炳,吴文涛. 高功率超宽带同轴双锥天线的设计和实验[J]. 强激光与粒子束,1999.

[7] 翁呈祥,高玉良,许明,等. 超宽带双脊喇叭天线的设计[J]. 压电与声光,2011,33(2):336 - 339.

[8] 边莉. 3.1~10.6GHz Vivaldi 超宽带天线的优惠设计[A]//2006 全国微波毫米波会议论文集[C]. 哈尔滨:哈尔滨工业大学出版社,2006

[9] 徐勤. 一种宽频带微带天线的设计[J]. 雷达与对抗,2004(2):28 - 40.

[10] Simons R N,Dib N I,Lee R Q. Integrated uniplanar transition for linearly tapered slot antenna[J]. IEEE Transactions on Antennas and Propagation,1995,43 (9):998 - 1002.

[11] Janaswamy R, Schaubert D. Characteristic impedance of a wide slot line on low-permittivity substrates[J]. IEEE Transactions on Microwave Theory and Techniques,1986,34 (8):900 – 902.

[12] Duncan J W, Minerva V P. 100:1 bandwidth balun transformer[J]. Proc of the Institute of Radio Engineers,1960(48):156 – 164.

[13] 边莉,黄玉琴,吴群. Vivaldi 超宽带天线时域特性的 FDTD 分析[J]. 黑龙江科技学院学报,2007, 17(6):448 – 451.

[14] Sugawara S, Maita Y, Adachi K, et al. A mm-wave tapered slot antenna with improved radiation pattern [J]. IEEE MTT-S International Symposium Digest,1997(2):959 – 962.

[15] Sugawara S, Maita Y, Adachi K, et al. Characteristics of a mm-wave taper slot antenna with corrugated edges[J]. IEEE MTT-S International Symposium Digest,1998(2):533 – 536.

[16] 梅征. 超宽带锥削槽天线及阵列研究[D]. 西安:西安电子科技大学,2011.

[17] Greenberg M C, Virga K L. Characterization and design methodology for the dual exponentially tapered slot antenna[J]. IEEE AP-S International Symposium,1999,1:88 – 91.

[18] Greenberg M. C, Virga K L. C L Hammond. Performance characteristics of the dual exponentially tapered slot antenna (DETSA) for wireless communications applications[J]. IEEE Transactions on Vehicular Technology,2003,52 (2):305 – 312

[19] Gazit E. Improved design of the Vivaldi antenna[J]. IEE proceedings:Microwaves,Antennas and Propagmion,1988,135 (2):89 – 92

[20] Langley J D S, Hall P S, Newham P. Novel ultrawide-bandwidth vivaldi antenna with low cross polarisation [J]. electronics,1993,29(23):2004 – 2005

[21] Abbosh A M, Kan H K, Bialkowski M E. Compact-wideband planar tapered slot antenna for use in a microwave imaging system[J]. Microwave and optical technology letters,2006,48 (11):2212 – 2216.

第8章　超宽带脉冲天线低频辐射增强技术

天线对低频部分的辐射能力取决于天线的电尺寸大小。从电尺寸上看,谐振天线的最佳天线尺寸为 $\lambda/2$,要使越低频分量有效辐射,波长对应的天线尺寸就越大。超宽带脉冲信号频带跨度大,如果低频部分的辐射不够,就会使辐射脉冲失真增大和辐射效率降低,因此扩展低频段的辐射能力是一个很有必要深入研究的问题。

TEM 喇叭天线具有结构简单、频带较宽、方向性较好和效率较高等优点,是一种常用的超宽带辐射和接收天线。TEM 喇叭天线广泛应用于冲激脉冲的发射和接收,属超宽带天线。若以传输线概念进行分析,在低频区呈开路状态,电流在辐射口径被突然截断为 0,从而导致大量功率向源区反射,在高功率情况下危及微波源。所以,对于有的脉冲信号,TEM 喇叭天线同样存在低频性能不好的问题。

在不明显增大天线尺寸情况下,对脉冲天线的辐射特性进行低频增强是脉冲天线设计和优化的一个研究方向。目前,增强低频辐射的方法有:一是在喇叭臂内增加脊线;二是在喇叭臂内填充介质材料;三是以某种方式延伸喇叭臂的长度。还有一种设计思路:在喇叭结构的上、下端之间建立某种方式的连接,使电流形成回路,这样,在低频区喇叭的上、下端分别聚集正、负电荷,从而形成电偶极子效应,同时,电流回路又形成磁偶极子效应,其综合效应就是组合振子,这样既有利于匹配又便于形成单向辐射方向图。这些方法在第 7 章的天线分析中也有体现,本章对这些方法进一步分析。

8.1　喇叭天线臂内增加脊线

喇叭内加脊可增加低频辐射能力[1,2]。对于一般的波导加脊可以降低主模的截止频率从而能加宽波导的可用频带,将双脊结构从波导延伸到一般的棱锥喇叭也可使喇叭的带宽加宽许多倍。TEM 喇叭加脊可以改善 TEM 喇叭纵向阻抗匹配情况,约束其电流分布进而实现波束控制。图 8-1 为加双脊的 TEM 喇叭天线。图 8-2 为四脊方形喇叭[3],四脊喇叭存在水平极化与垂直极化。

180

图 8-1 双脊 TEM 喇叭天线

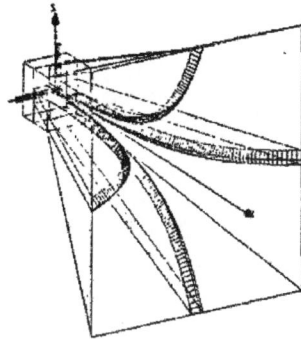

图 8-2 四脊方形喇叭天线

文献[3]利用电磁仿真软件 HFSS 优化设计了双脊喇叭天线和四脊喇叭天线并进行实验验证。双脊喇叭天线在 850MHz ~ 11.3GHz 范围内驻波比小于 2,达到了 13 倍频;四脊喇叭天线在 1.06 ~ 11.1GHz 范围内驻波比小于 3,在超宽带通信频带 3.1 ~ 10.6GHz 频带内驻波比低于 2。利用电磁仿真软件 CST 进行时域特性的研究,在 CST 中激励脉冲用微分形式的高斯脉冲,频谱带为 3.1 ~ 10.6GHz。分析喇叭天线对时域脉冲信号的辐射特性,通过时域仿真时探针放置一定距离(3 倍最低频率波长),仿真给出了双脊喇叭和四脊喇叭天线探针接收波形,证明了加脊喇叭天线用于超宽带无线系统的可行性。

8.2 喇叭天线两臂间填充介质材料

TEM 喇叭天线两臂间放置介质材料可以减小电磁波的反射,降低天线的反射损耗,延展天线的工作频率,提高天线的工作带宽,能够有效改善天线的辐射特性,减小副瓣电平,提高天线增益。文献[4]在指数渐变 TEM 喇叭天线的基础上,采用介质填充(加载)的方法对天线进行优化设计,如图 8-3 所示。

利用 CST 软件对天线进行仿真计算,得到天线的反射损耗如图 8-4 所示。对天线进行介质填充后,天线高频端的阻抗特性得到显著提高,低频端反射损耗也有所下降。天线的工作带宽由未填充介质时的 0.72 ~ 4.4GHz(倍频带宽 6.1:1)展宽为 0.64 ~ 7.7GHz(倍频带宽 12:1),天线的工作带宽提高了 1 倍。分析可知,采用介质填充后,天线的增益有一定的提高。

为了既能提高天线的阻抗特性和辐射特性,又能保证天线的总质量较小,使用介质条来替代喇叭内部全部填充介质的结构(图 8-5)或离散介质条填充结构(图 8-6)。介质带条的宽度不同,对天线性能的影响也有一定的差异。

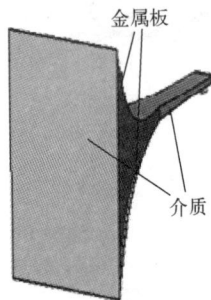

图 8-3　介质填充指数渐变 TEM 喇叭天线[4]

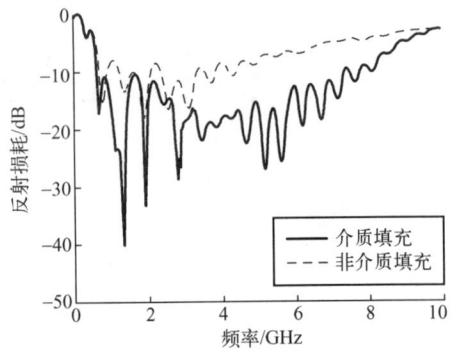

图 8-4　天线反射损耗[4]

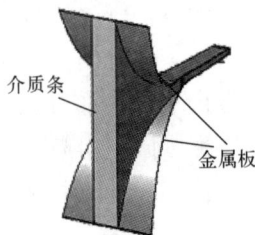

图 8-5　介质条填充结构[4]

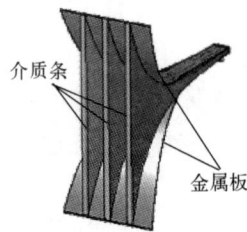

图 8-6　离散介质条填充结构[4]

　　离散介质条填充指数 TEM 喇叭天线的反射损耗如图 8-7 所示,与其他两种指数型 TEM 喇叭天线相比,具有良好的高频段阻抗特性,并且天线工作的低频端也有一定的改善。离散介质条填充天线的工作带宽可达 0.65 ~ 7.8GHz(倍频带宽 12:1),离散介质条填充 TEM 喇叭天线还具有极其良好的中频段阻抗特性,在 2.25 ~ 5.25GHz 的频带内,天线的反射损耗甚至可以达到 -20dB 以下,具有显著的阻抗特性优势。

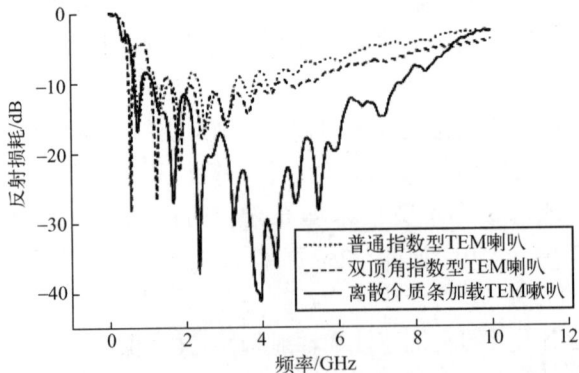

图 8-7　加载情况的反射损耗比较[4]

大多数天线数值分析是采用现有商业软件,如 HFSS、CST、XFDTD 等,基于的数值分析技术为有限元法、有限积分法、时域有限差分法或矩量法等。下面给出基于部分介质填充传输线模型(Partial Load Transmission Line-matrix Method,PLTLM)的数值分析方法,分析部分介质填充指数渐变 TEM 喇叭天线(PDVA)和部分介质填充 TEM 喇叭天线(PDTEM)超宽带特性[5,6]。

8.2.1 天线传输线模型数值分析

指数渐变 TEM 喇叭天线结构如图 8-8 所示,天线臂长为 L,馈电点间距为 d,导体平板张角为 α,夹角为 θ,假设天线由不同的传输线段组成。

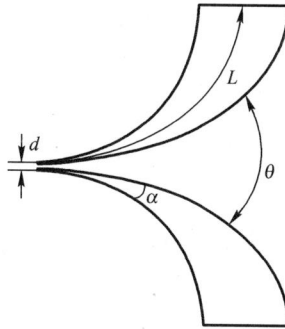

图 8-8　指数渐变 TEM 喇叭天线结构

指数渐变 TEM 喇叭天线的阶梯形结构模型如图 8-9 所示,每段有其局部的尺寸大小的结构参数。

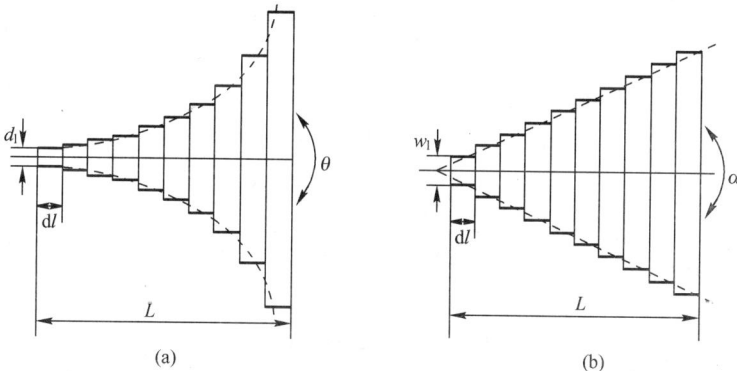

图 8-9　指数渐变 TEM 喇叭天线的阶梯形结构
(a)侧视图;(b)顶视图。

这种天线可以看成被分成了 N 个单元的微带线,各单元结构相似且与波长相比足够小,并减化为一维传输线,如图 8-10 所示。第 n 段的特性阻抗为 Z_0^n,

传输常数为 β_n，单元长为 l_n，每段宽为 w_n，每段高为 d_n，每一段的输入阻抗和特性阻抗分别为

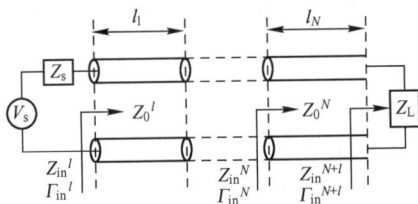

图 8-10　分段传输线天线等效模型

$$Z_{in}^n = Z_0^n \frac{Z_{in}^{n+1} + jZ_0^n \tan\beta_n l_n}{Z_0^n + jZ_{in}^{n+1} \tan\beta_n l_n}, \quad n = 1, 2, \cdots, N \tag{8-1}$$

$$Z_0^n = 138\sqrt{\frac{u_r^n}{\varepsilon_r^n}} \log\frac{8}{w_d/d_n}; \quad w_n/d_n \leqslant 1, \quad n = 1, 2, \cdots, N \tag{8-2}$$

式中

$$\beta_n = \frac{2\pi f}{c}\sqrt{u_r^n \varepsilon_r^n}, Z_{in}^{N+1} \text{等效输入阻抗}$$

第 n 段的输入端的反射系数为

$$\Gamma_{in}^n = \frac{Z_{in}^n - Z_0^{n-1}}{Z_{in}^n + Z_0^{n-1}}, \quad n = 1, 2, \cdots, N \tag{8-3}$$

$$\Gamma^n(z) = \Gamma_{in}^{n+1} e^{-j2\beta_n(l_{n+1}-z)}; \quad z \in l_n, 0 \leqslant z \leqslant L \tag{8-4}$$

由式(8-4)沿天线的电压、电流分布可以表示为

$$\begin{cases} V^n(z) = V_{0+}^n e^{-j\beta_n z}[1 + \Gamma^n(z)] \\ I^n(z) = I_{0+}^n e^{-j\beta_n z}[1 - \Gamma^n(z)] \end{cases}; z \in l_n, n = 1, 2, \cdots, N \tag{8-5}$$

式中:系数 V_{0+}^n 和 I_{0+}^n 由下式给出:

$$\begin{cases} V_{0+}^{n+1} = V_{0+}^n e^{-j\beta_n l_n} \\ I_{0+}^{n+1} = \dfrac{V_{0+}^n}{Z_0^n} e^{-j\beta_n l_n} \end{cases}, n = 1, 2, \cdots, N \tag{8-6}$$

其初始值由下式给出:

$$\begin{cases} V_{0+}^1 = \dfrac{V_s Z_{in}^1}{(Z_s + Z_{in}^1)} \dfrac{1}{(1 + \Gamma_{in}^1)} \\ I_{0+}^1 = \dfrac{V_s}{(Z_s + Z_{in}^1)} \dfrac{1}{(1 - \Gamma_{in}^1)} \end{cases} \tag{8-7}$$

式中:V_s、Z_s 分别为馈电点的激励电压和源阻抗。

在此基础上采用积分方程法分析,可以得到天线辐射图、输入反射电压以及其他天线特性参数,这比用矩量法和有限元法更快、更可靠。

8.2.2 部分介质填充天线特性

介质填充技术应用可提高工作带宽,增大天线的电尺寸以降低低端截止频率,指数渐变 TEM 喇叭天线和 TEM 喇叭天线结构类似,只是前者的参数 α 和 θ 沿天线是变化的,后者是固定不变的。基于上节中介绍的传输线模型分析方法,在改变不同分段的介质参数 ε_r^n 时,分析两种天线在喇叭臂内前端填充部分介质时的天线特性,两种天线的介质填充结构如图 8-11 所示。

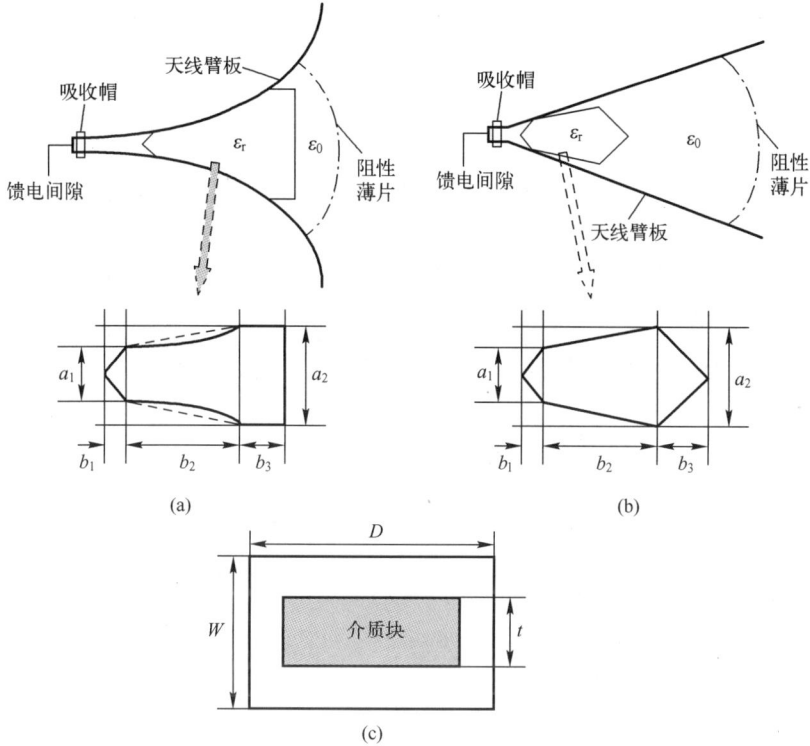

图 8-11 天线介质填充结构

(a) PDVA 侧视图;(b) PDTEM 侧视图;(c) 两种天线前视图。

指数渐变 TEM 喇叭天线的 PLTLM 的远场计算过程由沿着天线的电流密度来决定,坐标关系如图 8-12 所示。

由图 8-12 可得

$$A = \frac{u}{4\pi}\int_L J_s(x', y', z') \frac{e^{ikR}}{R}dl \qquad (8-8)$$

式中 $dl = dl_y e_y + dl_z e_z = dl\sin\theta' e_y + dl\cos\theta' e_z$

对于远场,有

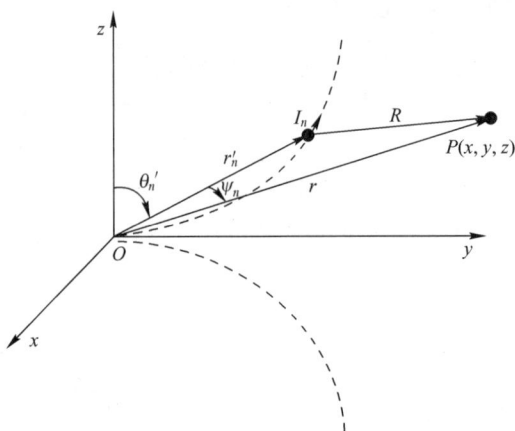

图 8-12　指数渐变 TEM 喇叭天线的 PLTLM 的远场计算坐标

$$\begin{cases} R \approx r \\ \mathrm{e}^{\mathrm{i}kR} \approx \mathrm{e}^{\mathrm{i}k(r-\boldsymbol{r}_n'\cos\psi_n)} \end{cases} \tag{8-9}$$

$$\cos\psi_n = \frac{\boldsymbol{r}\cdot\boldsymbol{r}_n'}{|\boldsymbol{r}|\cdot|\boldsymbol{r}_n'|} = \frac{x\cdot x_n' + y\cdot y_n' + z\cdot z_n'}{r\sqrt{x_n'^2 + y_n'^2 + z_n'^2}} \tag{8-10}$$

将式(8-9)和式(8-10)代入(8-8),可得

$$\boldsymbol{A} = \frac{\mu}{4\pi}\sum_{n=1}^{N} I^n \frac{\mathrm{e}^{-\mathrm{i}k(r-r_n'\cos\psi_n)}}{r} \frac{L}{N}(\sin\theta_n'\boldsymbol{e}_y + \cos\theta_n'\boldsymbol{e}_z) \tag{8-11}$$

$$\boldsymbol{E}(r,\theta,\varphi) = \frac{\mathrm{i}\omega\mu}{4\pi}\frac{L}{N}\frac{\mathrm{e}^{-\mathrm{i}kr}}{r}\sum_{n=1}^{N}|I^n|\mathrm{e}^{-\mathrm{i}kr_n'\cos\psi_n+\mathrm{i}\xi_n}(\sin\theta_n'\boldsymbol{e}_y + \cos\theta_n'\boldsymbol{e}_z)$$

$$\tag{8-12}$$

式中:$I^n = |I^n|\mathrm{e}^{\mathrm{i}\xi_n}$;$E \approx \mathrm{i}\omega A$。

天线结构设计成可匹配馈电点的 50Ω 到输出端的阻抗 Z_{out}。按式(8-2)计算特性阻抗在高频时天线电长度足够长时很有效,假设在整个频率内天线口径自由空间波阻抗为 377Ω,等效输出阻抗 Z_{out} 按下式计算:

$$Z_{\mathrm{out}} = \frac{Z_0^2}{60\pi^2 F(\varepsilon_{\mathrm{r}})}\left(\frac{\lambda_0}{h}\right)^2, \quad h \ll \lambda_0 \tag{8-13}$$

式中:h 为天线口径的高度。

在低频端天线臂长是电小的,输入阻抗主要由 Z_{out} 决定,并且其值很大,电阻片可用于天线的口径加载以扩展其工作频率。更低的电阻可降低起始工作频率以扩展 VSWR,但整个频段内的增益相应降低。

在探地雷达应用中,要求天线在宽频带内反射电平低和增益高,以获得大的探测范围和小的振铃以及最好的辐射脉冲波形;部分介质填充指数渐变 TEM 喇叭天线可在超宽频带内获得低的 VSWR 和高的方向增益。

表 8-1 列出了几种天线的结构尺寸及填充介质的参数。

表 8-1　指数渐变 TEM 喇叭天线和 TEM 喇叭天线尺寸

天线模型	$\alpha/(°)$	$\theta/(°)$	d/cm	L/cm	ε	W/cm	D/cm	填充块尺寸/cm					
								a_1	a_2	b_1	b_2	b_3	t
TEM10	20	60	0.15	10	1	7	10	—	—	—	—	—	—
PDTEM10	20	60	0.15	10	3	7	10	1	4.5	0.5	2.5	1	4
VA10	20	0~160	0.4	10	1	7	11	—	—	—	—	—	—
PDVA10	20	0~160	0.4	10	3	7	11	1	4.5	0.5	2.5	1	4
TEM30	20	60	—	30	1	—	—	—	—	—	—	—	—
PDTEM30	20	60	—	30	4	—	—	6	12	2.5	6.5	3	—

TEM10 表示长 10cm 的 TEM 喇叭天线,PDTEM10 表示长 10cm 的部分介质填充 TEM 喇叭天线,VA10 表示长 10cm 的指数渐变 TEM 喇叭天线,PDVA10 表示长为 10cm 的部分介质填充指数渐变 TEM 喇叭天线。填充介质用轻质的尼龙材料,在 50MHz~10GHz 测试了天线辐射和反射特性,并通过 IFFT 变换法获得了天线的辐射脉冲时域特性

　　四种结构天线增益曲线如图 8-13 所示,VA10 天线可有 500MHz~6GHz 的带宽,−3dB 和 −10dB 增益带宽主要在高频区。然而,部分介质填充后,增益带宽可扩展到更高的频率,如 PDVA10 天线获得 2 倍的带宽。从图 8-14 所示的接收脉冲信号时域 S_{21} 曲线也可看出,PDVA10 天线的脉冲幅值有 VA10 天线的 2 倍。由图 8-15 知,天线接探地雷达头后,PDVA10 天线的 VSWR < 2 的带宽更低。

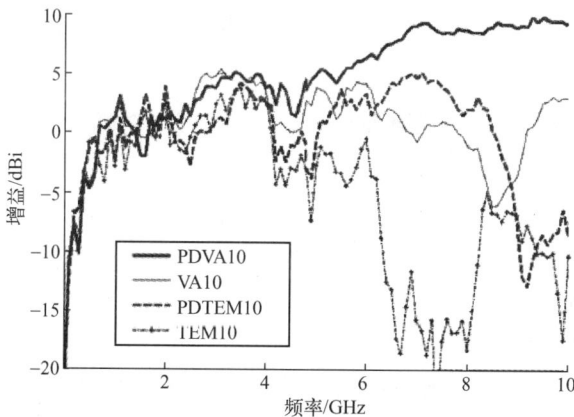

图 8-13　四种结构天线增益曲线

　　比较了没有介质填充和有介质填充的两种天线的特性,TEM30 表示空气填充长 30cm,PDTEM30 表示长 30cm 介质填充喇叭天线。天线增益曲线与脉冲时

域辐射增益分别如图 8-16 和图 8-17 所示。从结果分析可知,介质填充天线的特性优于没有介质填充天线。

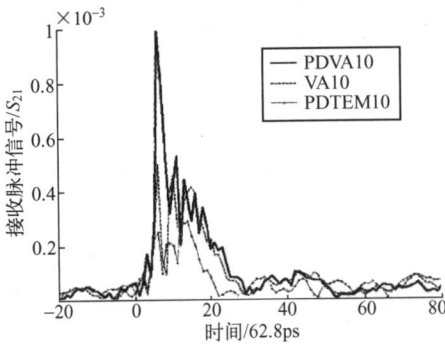

图 8-14　接收脉冲信号时域 S_{21}

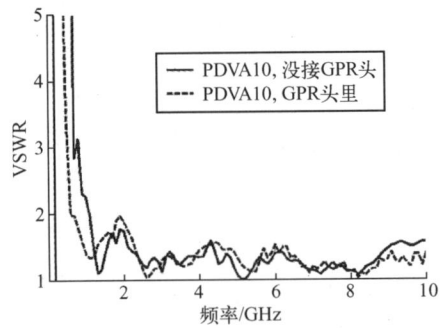

图 8-15　天线 VSWR 曲线

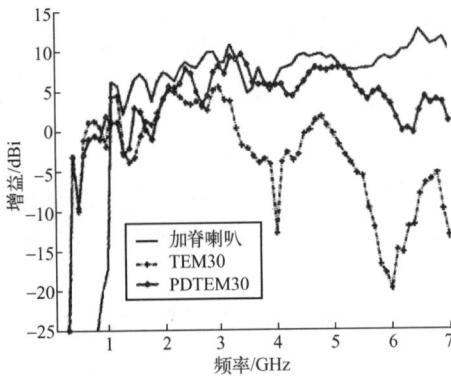

图 8-16　TEM 喇叭天线增益

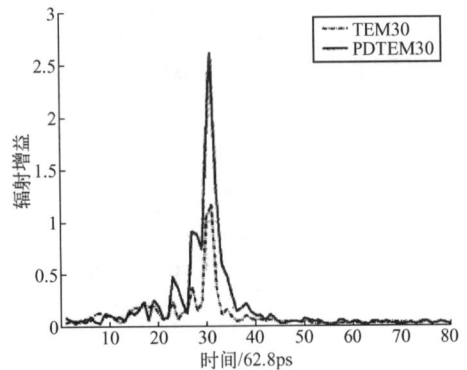

图 8-17　TEM 喇叭天线脉冲时域辐射增益

8.3　增加 TEM 喇叭天线臂末端延伸臂

在 TEM 喇叭臂的末端附加一段向外张的弧面或与喇叭口径在一个平面的矩形金属板,改变末端电子运动轨迹,增加喇叭出口处有效面积,使天线上的功率充分向空间辐射,减小内部反射,从而达到消除脉冲拖尾的目的,使低频电流进一步产生辐射。天线臂选择适当的弯曲弧度,不需加载且不增加天线视轴长度能使其得到较好的电特性,相比加载的 TEM 喇叭天线,因为没有加载损耗,效率更高。

8.3.1　喇叭臂圆弧延伸

喇叭臂圆弧延伸如图 8-18 所示。

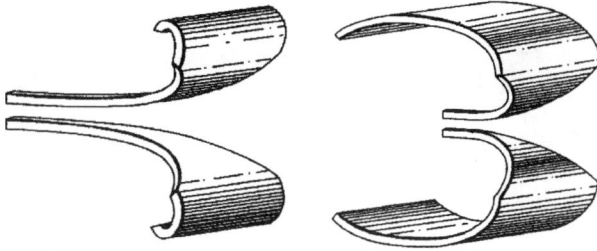

图 8-18　喇叭臂圆弧延伸

　　文献[7]分析比较了相同长度和口径的三种 TEM 喇叭天线的特性,三种天线长度相同、口径大小相同、馈电端口相同,研究不同张角与弧延伸臂时的特性。三种天线模型如图 8-19 所示。

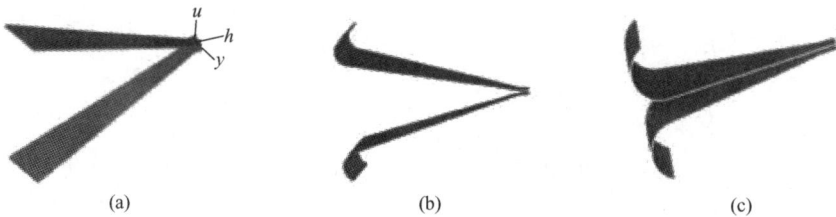

图 8-19　相同长度和口径的三种 TEM 喇叭天线
(a) 直臂(夹角 36°);(b) 圆弧补偿(夹角 26°);(c) 圆弧补偿(夹角为 6°)。

　　天线长度为 220mm,天线口径大小为 60mm × 140mm,馈电端口由长 17mm、宽 10mm 的平行板组成,其板间距离为 3mm。图 8-19(a)天线两板之间的夹角为 36°;图 8-19(b)天线两板之间的夹角为 26°,补偿部分由半径为 12mm 弧度为 150°的圆弧组成;图 8-19(c)天线两板之间的夹角为 6°,补偿部分由半径为 30mm 弧度为 150°的圆弧组成。

　　在 0 ～ 2000MHz 内仿真比较三种天线的 S_{11} 参数:图 8-19(a)与图 8-19(b)所示天线的 S_{11} 特性曲线值在 −10dB 以下所占有的频带窄,超宽带特性相对差;图 8-19(c)所示天线所占有的带宽为 830 ～ 2000MHz,带宽较宽。在天线长度相同、天线末端口径尺寸相同的条件下,TEM 喇叭天线的有效长度越长,即补偿部分越长,大线的 S_{11} 特性越好。三种天线中,图 8-19(c)所示天线喇叭臂的有效长度最长,天线 S_{11} 特性最好。

　　在天线的主轴方向上,距每个天线中心前后 1m 处放置探针对天线辐射特性进行测试,图 8-20 给出了图 8-19(c)所示天线的前后向辐射脉冲波形。探针 1 为前向辐射特性,探针 2 为后向辐射特性。分析可知,三种天线的前、后向峰 − 峰值之比分别为 2.8、2.25、1.78。由此可知,TEM 喇叭天线两板之间的张角越大,其前、后向电压峰 – 峰值之比就越大。

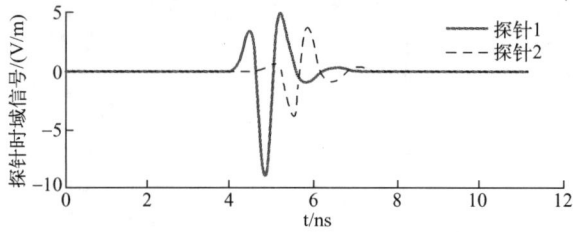

图 8-20　图 8-19(c)所示天线的辐射波形(探针 1 为前向辐射,探针 2 为后向辐射)

8.3.2　喇叭臂上增加辐射臂

为了对低频的驻波特性进行更好的匹配,文献[8]研究了在喇叭出口的两个平板分别增加了三根辐射臂,辐射臂方向与平板出口相切,如图 8-21 所示。用辐射臂而不用辐射板可以减小喇叭的体积质量,加工方便,作为初级辐射器照射天线反射面时造成的遮挡小,提高了天线的利用效率。

在 HFSS 中建立渐近线喇叭的有限元模型,仿真优化参数:入口宽度 $w = 80mm$,板间距 $d = 22mm$,出口宽度 $W = 730mm$,板间距 $D = 600mm$,喇叭长度 $L = 500mm$,辐射臂直径 30mm。比较渐近线喇叭平板结构和平板增加辐射臂两种结构的 VSWR 特性,如图 8-22 所示。图 8-22 也给出了增加辐射臂的喇叭天线的测试结果,与仿真分析结果比较一致。

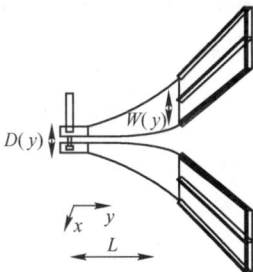

图 8-21　天线结构

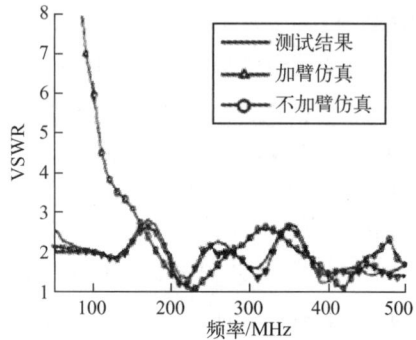

图 8-22　天线 VSWR 结果

由图 8-22 可知,在不加辐射臂的情况下,频率小于 100MHz 时,VSWR > 6.0,对应的电压反射系数为 0.71,渐近线喇叭不可用。增加辐射臂后,频率 50 ~ 100MHz 时,对应的 VSWR < 2.5,高频段的驻波特性基本不变,低频段喇叭和自由空间得到了良好的匹配。由天线增益仿真结果可知,由于改善了驻波,增大了天线的电尺寸,辐射臂明显提高了天线在低频段的增益,在 50MHz 时尤为

明显,在 100~300MHz 范围内,天线增益提高了 2dB 以上。

8.3.3 喇叭两臂弯折回馈电处

为了提高脉冲辐射效率,基于 TEM 喇叭天线两臂弯折回馈电处的一种天线结构如图 8-23 所示[9]。为了减小后向辐射,在其背面增加了一金属平板,这样形成五个喇叭口的对称结构。为了提高辐射效率,喇叭口的尺寸与脉冲的上升时间相当。为了压缩电流振铃和短脉冲响应,在每个喇叭端口安装了匹配负载电阻,如图 8-24 所示。

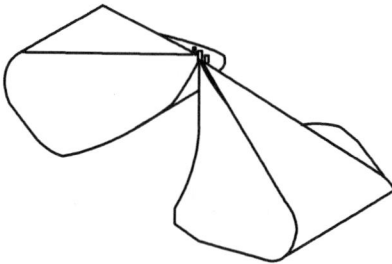

图 8-23　喇叭天线结构

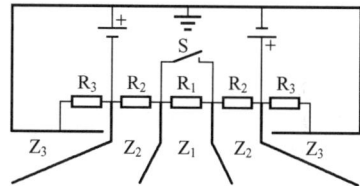

图 8-24　喇叭馈电口的负载电阻

漂移阶跃恢复二极管(DSRD)脉冲产生电路如图 8-25 所示。图 8-25 中漂移阶跃恢复二极管 VD 为图 8-24 中的 S 开关,L_3 与 L_4 由 TEM 喇叭臂代替,二极管 VD_1 和 VD_2 用于能量恢复,漂移阶跃恢复二极管连接天线端,触发脉冲信号控制 VT 管的开关,实现对 C_3 与 C_4 的充放电,从而控制 VD 的导通与截止,在喇叭臂 L_3 与 L_4 上产生脉冲信号。乌克兰瞬态技术公司(Transient Technologies Company,TTC)制造的 VIY-2 商用探地雷达中采用这种电路和天线。在 250kHz 脉冲重复频率时,电源电压 $E = 12V$,天线端的脉冲电压峰峰值可达 400V 时,功率损耗小于 5W。实验测得在距发射端 4.5m 的接收端的脉冲信号波形如图 8-26 所示,频谱如图 8-27 所示,-10dB 带宽为 50~700MHz。

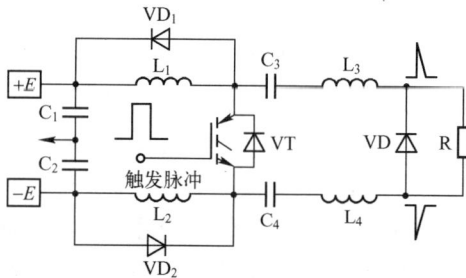

图 8-25　漂移阶跃恢复二极管脉冲产生电路

191

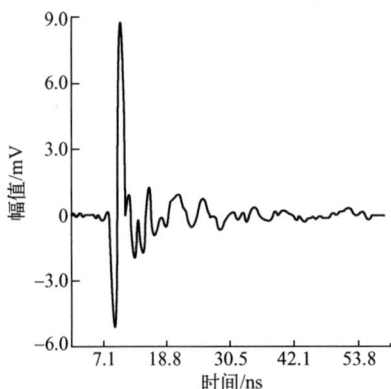

图 8-26 接收脉冲信号时域波形

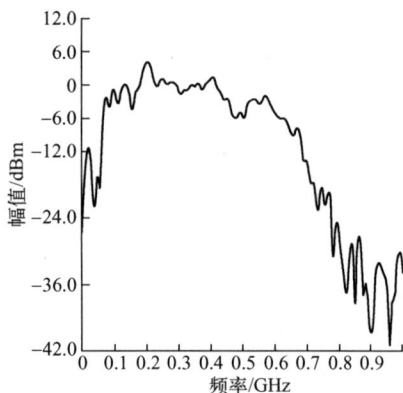

图 8-27 接收脉冲信号频谱

8.4 电偶－磁偶极子组合辐射

TEM 喇叭天线在两导体之间辐射准 TEM 波,其阻抗特性是随着两导体之间的距离和宽度的变化而变化的。为了获得较为平缓的阻抗过渡,两导体臂之间的距离呈现指数渐变,导体臂宽度为线性的渐变过程。在此基础上,采用电偶－磁偶振子组合型也可进一步提高低频段的辐射能力。电偶－磁偶振子组合型设计思想是将 TEM 喇叭的两臂视为电偶极子,用良导体或者用适当加载的导体从侧后方将喇叭连接成为一回路形成磁偶极子以增强低频辐射。在相关的研究中:刘小龙[10]用时域有限差分的方法对添加了低频补偿回路的 TEM 喇叭天线进行了仿真,主要分析低频补偿回路的有无对天线时域辐射波形的影响;廖勇等[11]用实验的方法分析了低频补偿的有无对天线辐射性能的影响。

8.4.1 矩形框与 TEM 喇叭组合结构

特尼格尔研究的指数渐变的 TEM 喇叭天线与矩形框的组合形式结构如图 8-28 所示[11],矩形框上板与下板分别连接在指数渐变导体片的张角末端,并对馈电结构稍做修改,将同轴线的外导体连接在矩形框的背板,同轴线的内导体通过矩形框背板连接到指数渐变上导体片,同时指数渐变的下导体片与矩形框的背板相连。在低频端,喇叭的上、下导体板与环形结构一起构成了一个等效的磁偶极子,而喇叭本身的上、下导体板形成一个电偶极子,二者达到平衡条件时,可以有效地提高天线的辐射性能。

192

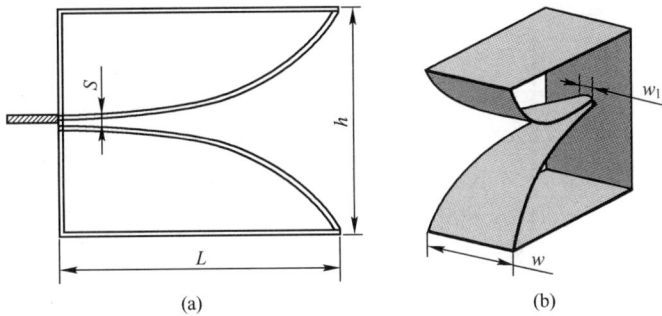

图 8-28 矩形框 TEM 喇叭天线结构

(a) 侧视图;(b) 立体图。

为了继续改善天线的匹配特性,文献[12]在上、下两臂的指数渐变导体片与矩形框之间加入指数渐变的带条结构,如图 8-29(a)所示,带条的起始点与辐射导体片的起始点相同,末端与上框相连,同样可以调节连接位置。为了优化高频端大线口面场分布,提高天线工作在高频端的增益。对天线口面进行改进,采用了圆弧过渡结构,如图 8-29(b)所示。经过实验研究,证实了其良好的性能提升。

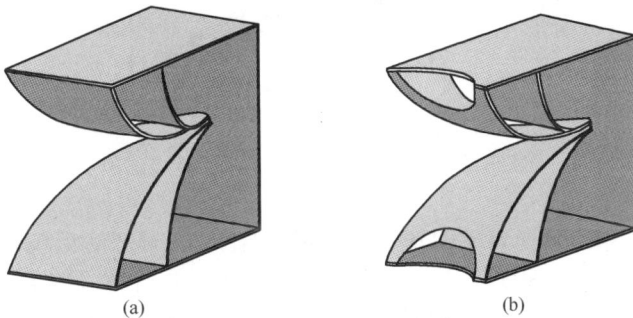

图 8-29 矩形框加渐变带条的 TEM 喇叭天线及口面改进

当天线的长 $L = 100\text{mm}$,导体片窄边宽 $w_1 = 7\text{mm}$,宽边宽 $w = 50\text{mm}$,馈电间距 $s = 2\text{mm}$,口面导体片间距 $h = 80\text{mm}$ 时,没加矩形框的指数渐变 TEM 喇叭天线的 VSWR≤2.5 的阻抗带宽可达 1.4 ~ 20GHz,加载矩形框后的天线低端频率在可以降低到 0.73GHz,且大部分频率的 VSWR < 1.5,如图 8-30 所示。加圆弧口径后可进一步降低,且天线增益在高频段有所提高。

文献[13]采用时域有限积分的方法,对如图 8-31 所示的在喇叭天线加矩形框的基础上只增加了在上辐射臂与上框之间的渐变条带,通过调节渐变条带周长改变组合天线输入阻抗。计算中,电流环周长取 105cm,激励脉冲宽度取 0.4ns(其中脉冲宽度采用脉冲幅度下降到脉冲峰值 1/2 时的宽度)的高斯脉冲,对应的频谱范围为 0 ~ 2GHz。

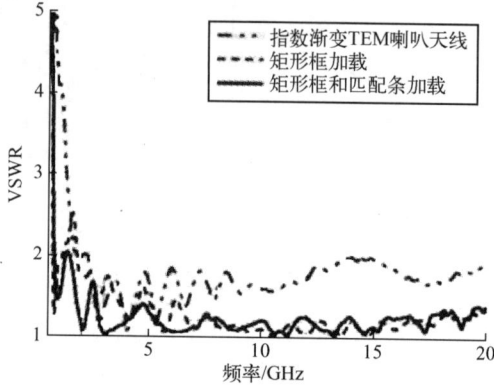

图 8-30 喇叭天线的 VSWR

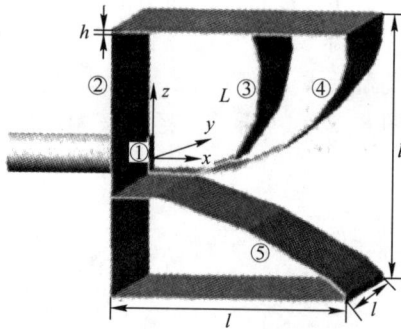

图 8-31 只增加上臂渐变条带矩形框 TEM 喇叭天线

在对组合天线模拟分析的基础上分解组合天线,对分解后单独的喇叭天线模型、喇叭加矩形框天线模型以及整体模型进行模拟计算。图 8-32 为天线各分解模型计算的 S_{11} 结果的比较。比较可以看出:单独的喇叭天线低频辐射特性较差,除在 300MHz 和 600MHz 附近存在两个较窄的低反射频带外,其他频带反射均较大;外加导体屏蔽大大降低了天线在 110 ~ 300MHz 频段的反射系数,使天线的低频辐射效果得到增强,但对其他较高频段影响不大;增加了电流环的组合天线,在不影响 110 ~ 300MHz 频段低反射特性的前提下,同时降低了 300 ~ 500MHz 频率范围的 S_{11} 参数,使天线在 110 ~ 500MHz 较宽的频带都得到了较低的反射特性。

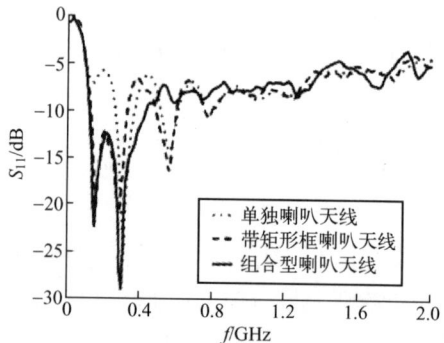

图 8-32 天线各分解模型 S_{11} 比较

194

图 8-33 为不同模型的端口反射波形的比较。图 8-33 中,三种天线的第一个反射峰重合,从传播时间上推算,其来源于天线的馈电端口,由于三种天线的馈电端口位置及结构完全相同,因此其时域反射波形一致。同样从传播时间上可以看出,喇叭天线的第二个反射波是天线的口径面反射,该反射波幅度及脉宽均较大,而外加矩形框喇叭天线及组合天线都大幅度降低了口径面的反射能量,提高了天线的辐射效率。

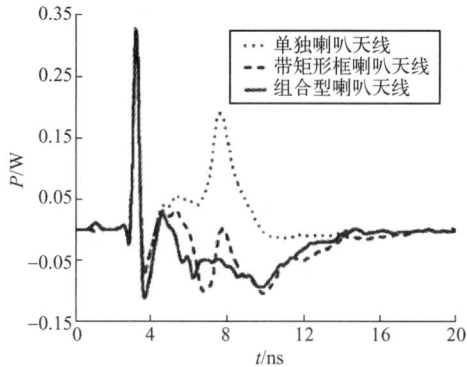

图 8-33　不同模型的端口反射波形的比较

通过模拟计算可知:

(1)组合天线的矩形框主要改善了喇叭的低频特性,而渐变条带的作用是在一定频带内改善其端口参数,使其在带内更加平坦。

(2)组合天线中渐变条带的长度对端口参数影响较大,当电流环周长约等于天线尺寸的 2 倍时,S_{11} 参数曲线较平坦,反射能量较小。

(3)天线的物理尺寸决定天线的辐射带宽,尺寸越大,带宽越窄,低频辐射特性好,尺寸越小,辐射带宽增加,但其低频特性变差。

8.4.2　金属回线与 TEM 喇叭组合结构

对于一个窄脉冲激励来说,脉冲能量主要分布在低频分量上,对低频辐射的改善就意味着辐射效率的提高。另一形式的补偿回路 TEM 喇叭天线[14]由带地板结构 TEM 喇叭和一金属回路线构成,如图 8-34 所示,主要包括三部分:①天线的地板、②TEM 喇叭辐射单元和③低频补偿单元。低频补偿单元由从大线口径到馈源点的金属回路组成。其中,天线的地板和 TEM 喇叭辐射单元构成一个电偶极子天线,补偿回路与 TEM 喇叭辐射单元共同形成一个磁偶极子天线。TEM 喇叭天线的尺寸参数包括天线长度 L、天线宽度 W 和天线高度 H。补偿回路的形状选取为直角梯形,其大小通过调整变量 dH 来改变。天线实物如图 8-35 所示。

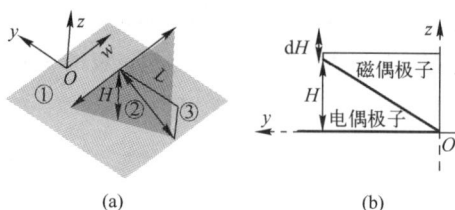

图 8-34 带金属回线喇叭天线结构
(a) 天线结构; (b) 补偿原理。

图 8-35 带金属回线喇叭天线实物

在未使用补偿回路情况下,通过 FDTD 方法分析可知:改变天线长度能明显的改善天线的低频性能,且随着天线长度的增加,低频性能越佳;改变喇叭宽度能改善天线的低频性能,且随着喇叭宽度的增加低频性能越佳,但是其高频性能却有所劣化;天线高度对天线带宽性能也产生较大影响,当天线高度较低时,随着天线高度的增大,天线低频性能有明显的改善,但是高度进一步增加后,天线低频性能变化并不是十分明显,反而高频性能有所劣化。

根据以上分析,结合实际确定的 TEM 喇叭天线结构尺寸参数在 $L = 250\text{mm}$、$W = 400\text{mm}$、$H = 125\text{mm}$ 时,地板尺寸为 $600\text{mm} \times 600\text{mm}$。

分析增加补偿回路对低频辐射及带宽的影响:增加低频补偿回路,大大降低了天线在 600MHz 以下频段的反射系数,$S_{11} < -10\text{dB}$ 的低频起始频率由 600MHz 降低为 400MHz,使天线的低频辐射效果得到增强,且对其他较高频段影响不大,这说明低频补偿回路可明显改善天线的低频传输特性。

不同的变量 dH,有不同的补偿回路大小,对天线低频辐射的改善作用是不一样的,在低频补偿回路大小的变化过程中存在着一种电偶极子与磁偶极子的平衡状态,当达到该平衡状态后,低频补偿达到最佳效果。合适选取 dH 以达到平衡状态。由仿真结果分析,$dH = 15\text{mm}$ 时,天线在较宽的频带内都具有较低的反射特性。此外,对天线的相位特性在未加低频补偿回路之前在 $1 \sim 1.5\text{GHz}$ 的频段内较差,而增加补偿回路之后,天线的相位特性得到改善,并且当 $dH = 15\text{mm}$,相位特性的改善最为明显,基本达到了线性的相位特征。

当组合振子满足匹配条件时,组合振子在喇叭后方向的远场辐射叠加为 0,形成在主辐射方向上的单向辐射。基于 FDTD 分析了在简单高斯脉冲信号激励下天线前向和后向辐射场的比较,图 8-36 为高斯脉冲激励下的辐射波形。结果显示,增加低频补偿回路后,天线辐射的单向性得到增加(天线后向辐射得到抑制),前向辐射波形有较小改善。根据仿真结果,制作了 TEM 喇叭天线原型,使用 E8362B 矢量网络分析仪的测试结果与仿真结果比较一致。

196

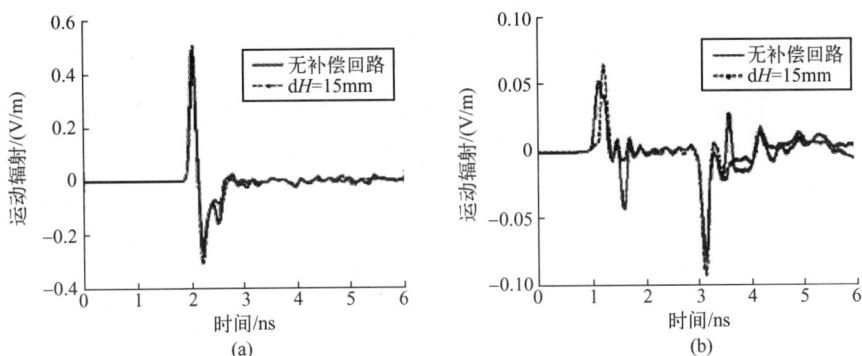

图 8-36　高斯脉冲激励下的辐射波形

（a）前向辐射波形；（b）后向辐射波形。

8.4.3　单极振子与短路线组合结构

基于短路片的平面单极超宽带天线结构以降低阻抗带宽的低频端的频率,扩展了带宽[15,16]。这类天线的单极振子为一平面结构,并带有一平板导体地板,并采用 SMA 头的同轴线馈电,在辐射单元与接地板间用短路片相连,文献[15]设计了一种椭圆金属片作为辐射单元,再加短路片。文献[16]设计方形金属片作为辐射单元,采用短路和切角技术相结合以提高带宽,天线结构如图 8-37 所示。分析没有短路没有切角的简单平面单极天线（SPM）、有短路线的平面单极天线（SHPM）以及有短路有切角的单极天线（SHPMB）的VSWR 曲线。可知,短路加切角时,驻波比曲线更低,超宽带特性明显。

对于采用同轴连接器馈电的微带天线,若在同轴连接器的探针附近加载短路探针,天线尺寸可减小,如图 8-38 所示。在微带天线上加载短路探针后,同轴连接器探针和短路探针之间就会形成强磁耦合,等效于容性加载,使得天线相应的有效辐射长度增长,从而使天线的谐振频率点向低频点偏移,达到了不改变天线结构而减小谐振频率的目的。其中,短路探针的粗细和位置决定了天线的低频端谐振频率。文献[17]设计这种天线结构可以获得 1.8 ~ 3.0GHz 带宽,相对带宽达 45%。

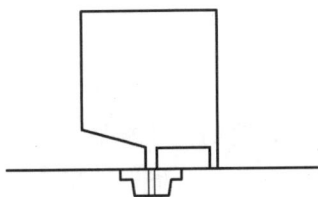

图 8-37　短路和切角单极天线

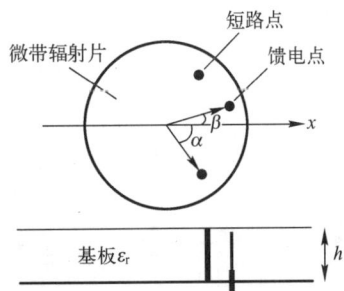

图 8-38　具有短路引脚的微带天线

8.4.4 平面火山烟雾形组合结构

火山烟雾状天线是三维结构天线,为了减小天线尺寸,设计的一种平面印制形式的火山烟雾形天线,如图 8-39 所示。采用共面波导馈电,天线长和宽 $H = W = 75\text{mm}$,共面波导尺寸中心导电带宽 $W_1 = 2\text{mm}$,缝隙宽 $S = 1\text{mm}$,天线顶端的圆弧半径 $R_1 = 20\text{mm}$,两边的地板上部分也是半径 $R_2 = 18\text{mm}$ 的半圆弧,$H_1 = 55\text{mm}$,天线颈部圆弧半径 $R = 47.3\text{mm}$。

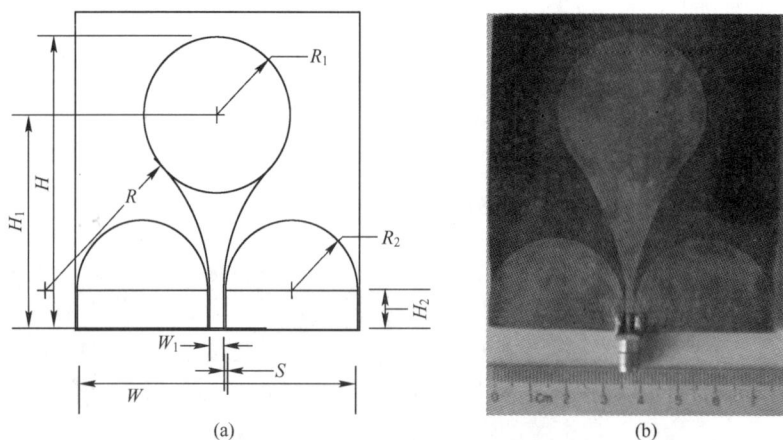

图 8-39　平面火山烟雾天线

(a) 结构尺寸;(b) 实物图。

研究可知,天线带宽的低频端在 0.8GHz 左右,由于天线要辐射的脉冲信号含有丰富的低频成分,为了更有效地辐射脉冲信号的低频端频率,有必要进一步增强天线的低频辐射能力。

基于 TEM 喇叭天线的电偶-磁偶振子组合型设计思路,在现有天线的结构上增加了由电阻加载的环路,在辐射技术中相当于增加了环天线,环天线又可看成是磁偶极子辐射体。加载电阻回路的平面火山烟雾形天线如图 8-40 所示。天线加载回路由 7 个贴片电阻连接 5 段印制导线,天线中间顶端的电阻连接天线振子与顶上一段导线。

对天线的理论分析采用 HFSS 仿真软件。图 8-41 为 HFSS 设计这种天线模型图。天线模型中的加载电阻设计方法是在放置小长方体物体后设置为集总电阻加载边界,天线的激励源设置采用在共面波导中心导电带上设置集总口方式。

理论分析结果可知,加载电阻的数值太大($10\text{k}\Omega$ 以上)或太小(几百欧以下)都不利于带宽的低端扩展,电阻值在 $2\text{k}\Omega$ 左右带宽的低频端最低。在电阻加载后,由于电阻对天线激励信号的热损耗,会减小天线的辐射效率,因此,在 HFSS 分析时,考查了不同电阻加载时的辐射电场大小。加载电阻越大,辐射的电场也越强,因此,折中考虑带宽与辐射效率进行加载。

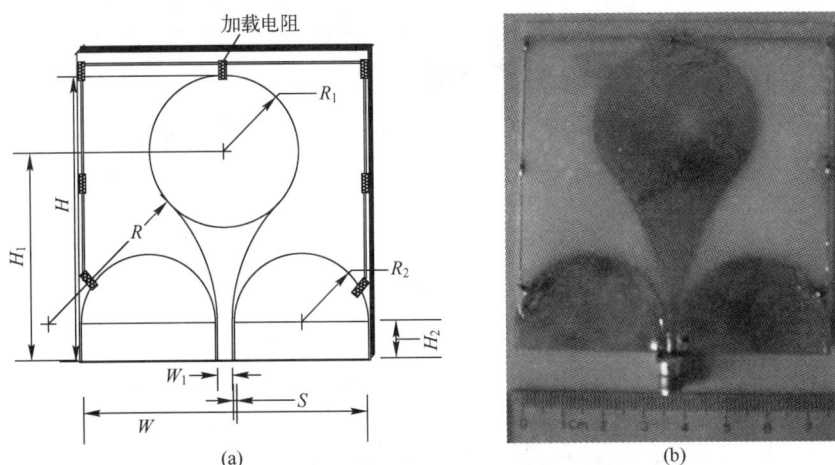

图 8-40　加载电阻回路的平面火山烟雾形天线
(a) 结构尺寸;(b) 实物图。

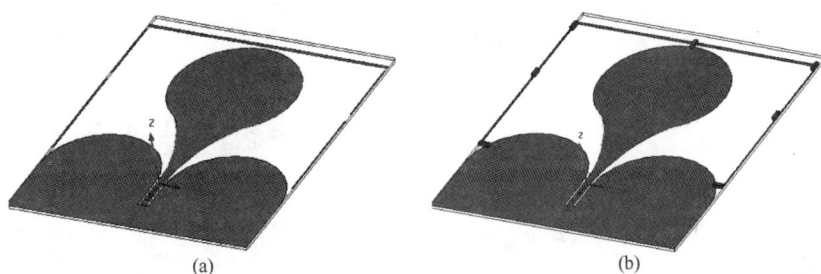

图 8-41　加载电阻平面火山烟雾形天线 HFSS 模型
(a) 有环,没有电阻;(b) 有环,有电阻。

对制作的天线样品进行了加载电阻后 S_{11} 测试,天线基板采用 FR4 材料,介电常数为 4,厚为 0.8mm。平面火山烟雾形天线的两边 6 个电阻均为 150 Ω,改变顶上电阻的大小进行测试。

采用 MS4624D 网络分析系统测量出了 10MHz ~ 9GHz 的 S_{11} 值,5GHz 以上 S_{11} < − 10dB。图 8-42 给出了 5GHz 以下没有加环电路与加载电阻的 S_{11} 值。从图 8-42 看出:从低频端来看,加载一定数值的电阻后,带宽的低频端扩展效果明显;从无电阻的 0.8GHz 左右降低到加载合适电阻的 0.5GHz 左右;电阻值在 2.2k Ω时最佳。从图 8-42 中还可看出:在有环但没有电阻时,S_{11} 出现了两个大于 − 10dB 的区域,相当于带阻区,这时的环没连通,几段导线起到寄生耦合作用,这与文献[18]研究的利用寄生耦合实现带阻超宽带天线结果一致。

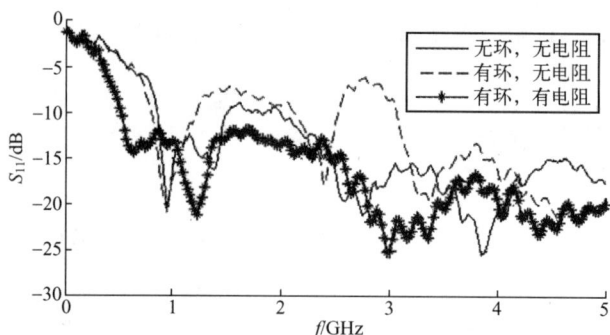

图 8-42 加载后的 S_{11} 测试值比较

实验测试了加载电阻平面火山烟雾形天线作为接收天线时接收脉冲信号的时域波形。发射端的激励脉冲为高斯微分脉冲,用 Agilent 54855A 示波器观察到激励脉冲源的时域波形和频谱如图 8-43 所示,微分脉冲峰 - 峰值为 800mV,时域宽度为 1ns, -10dB 带宽为 200MHz ~ 1.8GHz,可以看出这种脉冲具有超宽带特性。

高斯微分脉冲经过脉冲放大器送发射天线,脉冲放大器为 ZPUL - 30P。发射参考天线为双锥天线如图 8-44 所示,天线总长为 20cm,采用 50Ω 同轴线馈电。经测试双锥天线的 S_{11} < -10dB 的带宽为 540MHz ~ 5.5GHz。

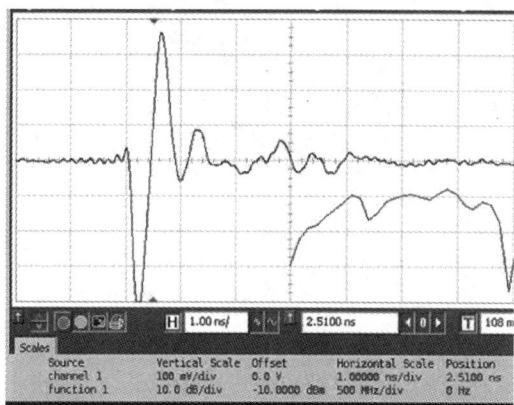

图 8-43 激励高斯微分窄脉冲波形及频谱

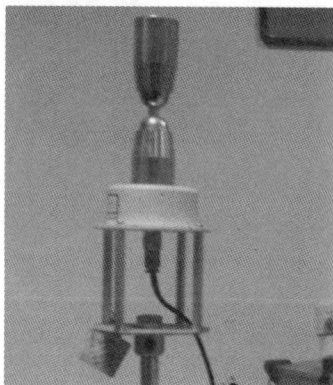

图 8-44 发射参考天线

用平面火山烟雾形天线作接收天线,接收天线直接与示波器的输入端相连,收发天线间距为 50cm。接收示波器为 Agilent 54855A,采样速率为 20GS/s。

图 8-45 给出了未加载平面火山烟雾形天线和有加载平面火山烟雾形天线接收的时域波形与频谱(图中间曲线为时域波形,下面曲线为对应的频谱图)。从时域波形可以看到两种天线的接收波形都出现了多个振荡周期,这是因为带宽为 200MHz ~ 1.8GHz 的微分脉冲经过双锥天线后,在 540MHz 以下的频率成分受到发射天线的抑制,辐射减弱。未加载天线的接收时域波形振荡周期更多,

200

是因为低端截止频率为 800MHz，800MHz 以下的频率成分不能有效接收，接收到的脉冲波形时域宽度扩展到了近 10ns。加载后天线由于低端截止频率为 500MHz 左右，能有效接收的频带更宽，接收波形振荡周期相对减少，拖尾变小，时域宽度的展宽也更小，约为 5ns，这说明加载后的天线接收脉冲波形失真更小，波形更好。从图 8-45 中的频谱图也可看出，加载后天线接收信号的频谱略有加宽。测试两种天线的方向图，加载前后的天线的方向比较一致。

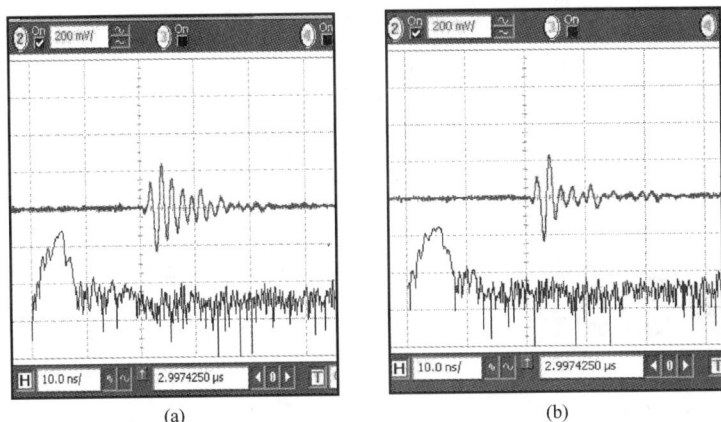

图 8-45　火山烟雾天线接收波形及频谱
（a）未加载天线；（b）加载天线。

为了进一步减小天线尺寸，又设计了一种 50mm×50mm 的漏斗形天线，如图 8-46 所示。利用 MS4624D 网络分析系统测出了这种漏斗形天线在 10MHz ~ 9GHz 的 S_{11} 值如图 8-47 所示，S_{11} < -10dB 的天线带宽分别为 1.1 ~ 9GHz。由于天线尺寸更小，所以带宽的低频点比未加载的平面火山烟雾形天线高，未加载的平面火山烟雾形天线的带宽为 0.8 ~ 9GHz。

图 8-46　漏斗形天线

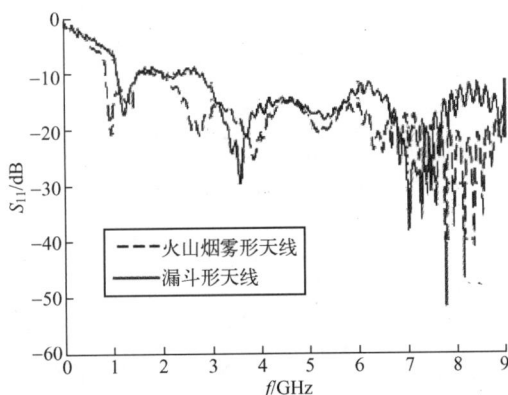

图 8-47　两种天线未加载的 S_{11} 测试值

加载电阻后的漏斗形天线模型如图8-48所示,两侧的两条导线与四个电阻构成加载回路。漏斗形天线S_{11}的测试曲线(图8-49),显示了有加载电阻时,低端频率可以从1.1GHz扩展到0.8GHz左右。同时还测试了两种漏斗形天线的接收时域波形,测试条件与火山烟雾天线相同。从测试结果来看,电阻加载对接收波形有一定的改善作用。

图8-48 加载
电阻的漏斗形天线

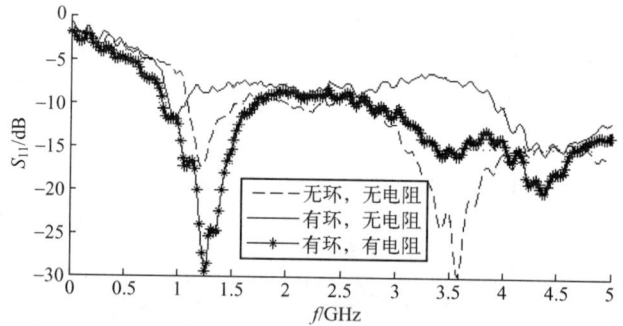

图8-49 漏斗形天线S_{11}测试值

8.4.5 平面蝴蝶结组合结构

实验研究平面蝴蝶结天线的特性,平面蝴蝶结天线样品如图8-50所示,采用共面波导馈电方式,图8-50(a)没有加载电阻环路,图8-50(b)在两边设计了三段导线并连接了两个贴片电阻,形成了一个环路。采用E5071C矢量网络分析仪进行天线输入端的电压反射系数测试,数据取出后画出曲线如图8-51所示。从两种天线的结果可知,加载电阻环路天线的低频端有一定的扩展。

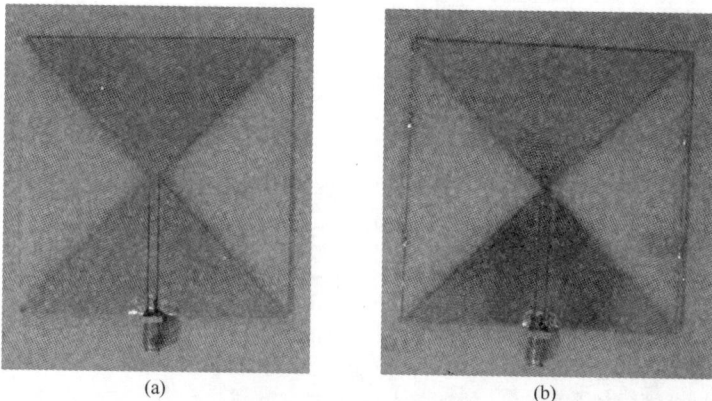

(a)

(b)

图8-50 蝴蝶结天线样品
(a)没加载;(b)有加载。

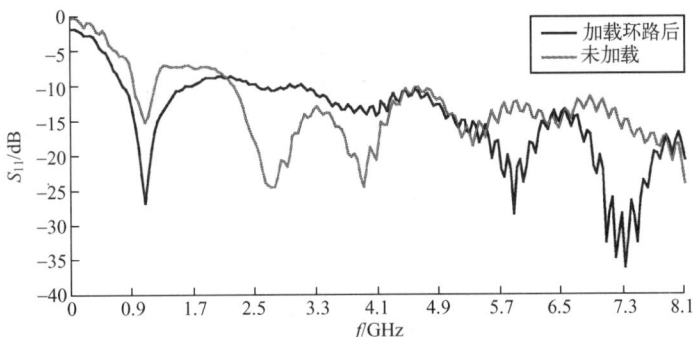

图 8-51　蝴蝶结天线的 S_{11} 曲线

从前面分析的结果知,天线加载回路电阻后,天线的带宽向低频端有一定的扩展,可以增强信号低频部分的辐射能力,火山烟雾天线和漏斗形天线结构中的电阻值为 $2k\Omega$ 左右时,低频扩展能力最强,但是电阻对信号有一定的损耗。由HFSS 分析火山烟雾天线在频率为 1GHz 的辐射电场可知:加载电阻的大小对辐射电场有影响,加载电阻越大时,辐射电场也越大。这说明,电阻越大,在电阻上损耗的能量越小,但太大时,低频端的扩展效果又不好,可以寻求一个最佳值。

参 考 文 献

[1] 刘培国,刘克成,何建国. 新型圆锥加脊 TEM 喇叭天线的分析[J]. 微波学报,1996,12(3):225 -227.

[2] 袁乃昌,何建国. 集成鳍线为脊的新型圆锥及方锥 TEM 喇叭及其在目标瞬态特性中的应用[J]. 电子学报,1999,27(6):115-117.

[3] 陈彪. 超宽带加脊喇叭天线的设计与研究[D]. 上海:华东师范大学,2011.

[4] 栾珊. 超宽带介质加载天线的研究[D]. 哈尔滨:哈尔滨工业大学,2011.

[5] Ahmet S T. Ultra-wideband vivaldi antenna design for multisensor adaptive ground-penetrating impulse radar [J]. Microwave and Optical Technology Letters,2006,48(5):834-839.

[6] Ahmet S T. Ultra-wideband TEM horn design for ground penetrating impulse radar systems[J]. Microwave and Optical Technology Letters. 2004,41(5):333-337.

[7] 张可儿. 几种超宽带 TEM 喇叭天线的性能比较[J]. 太原科技,2009(10):81,82.

[8] 刘兴隆,伍洋. 一种高能脉冲天线设计分析[J]. 无线电通信技术,2011,37(6):37-39.

[9] Prokhorenko V,Ivashchuk V,Korsun S. Improvement of electromagnetic pulse radiation efficiency[J]. Subsurface Sensing Technologies and Applications,2005,6(2):107-123.

[10] 刘小龙. 超宽带高功率脉冲天线研究[D]. 西安:西安交通大学,2003.

[11] 廖勇,张秦岭. TEM 喇叭天线低频补偿实验研究[J]. 强激光与粒子束,2005,17(8):1247-1250.

[12] 特尼格尔,张宁,邱景辉. 低频补偿超宽带 TEM 喇叭天线的研究与设计[J]. 科学技术与工程,2014,14(8):186-189.

[13] 席晓莉,原艳宁,易超龙. 电-磁振子组合型超宽带天线数值分析[J]. 强激光与粒子束,2007,19

(1):103－106.

［14］ 夏景,孔娃,王刚. 低频补偿 TEM 喇叭天线的仿真与测试[J]. 现代雷达,2010,32(3):73－76.

［15］ 金骏,钟顺时. 利用短路片结构的小型超宽带单极天线[J]. 微波学报,2008,24(2):31－33.

［16］ Ammann M J,Chen Z N. A wide-band shorted planar monopole with bevel[J]. IEEE Transactions on Antennas and Propagation,2003,51(4):901－903.

［17］ Almutairi A F,Mahmoud S F,Aljuhaishi N A. Wide-band circular patch antenna with 2-pin loading for wireless communications[J]. J. of Electromag Waves and Appl. ,2005,19(6):839－851.

［18］ Kim K H,Cho Y J,Wang S H,et al. Band-notched UWB planar monopole antenna with two parasitic patches [J]. Electron. Lett,2005,41(14):783－785.

［19］ 刘锋,樊亚军,张雪霞. 电－磁振子组合型小型化超宽带天线研究[J]. 强激光与粒子束,2004,16(8):1037－1040.

［20］ 朱四桃,易超龙,朱郁丰. TEM 喇叭天线末端加载设计及实验[J]. 现代应用物理,2013,4(4):343－348.

第9章　超宽带脉冲产生器的设计

超宽带脉冲天线辐射脉冲信号,脉冲信号源的产生也是超宽带系统中重要的组成部分,对于超宽带通信系统,还需要在脉冲信号产生前对信号进行信息调制,一般先产生已调制的数字脉冲信号,再由数字脉冲信号去控制超宽带脉冲产生电路,产生窄脉冲信号送到脉冲天线。前几章分析脉冲天线对脉冲信号的辐射特性,这里分析脉冲产生电路产生合适脉冲的方法。第 2 章介绍的多种脉冲信号及其频谱特性,是一种精确的数学表示法,要由电路来实现这种脉冲不是完全可行,只可近似得到部分脉冲特性。结合天线的辐射特性,对于辐射脉冲信号的波形及频谱要求,有时是由信号源与天线共同起作用。

9.1　脉冲产生器的设计要求和方法

超宽带系统对脉冲源输出脉冲波形的脉冲宽度、脉冲幅度、脉冲拖尾、波形一致性、重复频率、稳定度等指标有一定要求:一是要求脉冲宽度窄,脉冲宽度至纳秒级甚至亚纳秒级,从而使频率范围能扩展到数百兆赫甚至上吉赫;二是优化的脉冲形状,以满足频谱模板要求;三是高脉冲重复频率,脉冲信号的重复频率直接影响传输速率,高重复频率的脉冲信号可以实现高速率的数据传输;四是脉冲时间位置的高精度可控,一般信息调制需要对脉冲的时位进行精确控制调整,也以有利接收端解调、捕获和同步;五是稳定的脉冲输出,包括脉冲的波形、幅度及相位;六是易于集成,实现可行性。

超宽带脉冲信号产生器的硬件实现可分为两类:一类是模拟电路实现方法,利用现有半导体器件或光导开关的开关特性实现窄脉冲产生器,如利用雪崩二极管、雪崩三极管在雪崩击穿时所具有的快速开关特性产生脉冲信号,或是利用阶跃恢复二极管(Step Recovery Diodes,SRD)和阶跃恢复三极管(Step Recovery Transistors,SRT)的较高的开关速率、较短的开关时间以及功率动态变化范围较大的特点,实现脉冲产生器,这一类电路可以实现高功率的脉冲信号;另一类是采用数字集成电路设计,如可利用数字门电路的时延差造成的险象原理来实现窄脉冲信号。在低频段的脉冲信号,也可利用事先设计并存储在 ROM 存储器中脉冲波形数字数据,由电路控制输出经电路数/模转换变换成脉冲信号的方式,可再对脉冲信号放大输出到脉冲天线,这种脉冲通常应用于低功率系统。

9.2 基于阶跃恢复二极管的脉冲产生器

利用半导体管的开关特性来产生脉冲信号,主要考虑两个指标:一个是开启或关断的时间,这个指标直接影响输出脉冲上升沿的时间或下降沿的时间;另一个是重复响应时间,这个指标决定了脉冲产生器的重复频率。

利用开关管从导通到关断的较快时间来产生脉冲信号的半导体管称为开管。利用开关管从关断到导通的较快时间来产生脉冲信号的半导体管称为关管。典型的关管就是雪崩管,在激励信号到来之前,管子处于断开状态,一旦信号到来,管子快速导通,输出窄脉冲信号。阶跃恢复二极管则属于开管,在激励信号到来之前,管子处于正向导通状态,一旦信号到来,管子进行反向导通状态,而迅速恢复到高阻状态,输出窄脉冲信号。

SRD 结构如图 9-1 所示。与变容管相似,其结构上的特点是在 PN 结边界处具有陡峭的杂质分布区,从而形成"自助电场"。阶跃恢复二极管的特点是:PN 结在正向偏压下,以少数载流子导电,并在 PN 结附近具有电荷存储效应,使其反向电流需要经历一个"存储时间"后才能降至最小值(反向饱和电流值)。阶跃恢复二极管的"自助电场"缩短了存储时间,使反向电流快速截止,并产生丰富的谐波分量。

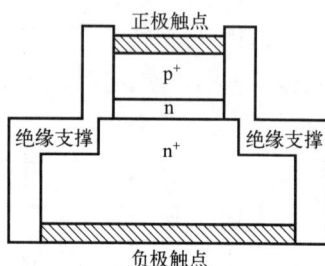

图 9-1 SRD 结构

阶跃恢复二极管在高掺杂 p^+ 层和高掺杂 n^+ 层之间,有一个低掺杂的 n 型层,它是一个典型的缓变结结构,n 型层的厚度影响阶跃恢复二极管少子的寿命、转换时间和最大功率,为了获得小的转换时间,n 型层做得非常窄,所以击穿电压小,主要应用于小功率场合,能够产生快速的上升沿或下降沿。

阶跃恢复二极管与普通的 PN 结二极管有很大的区别[1]:普通二极管正向时导通,反向时截止(反向时仅有反向饱和电流);阶跃恢复二极管从正向激励电压转换到负向激励电压时,继续有很大的反向电流,直到某一时刻才能迅速截止,形成陡峭的阶跃电压,产生脉冲。阶跃恢复二极管的电流与时间关系如图 9-2 所示。当处于导通状态的二极管突然加上反向电压时,瞬间反向电流立即达到最大值 I_r,并维持一定的时间,接着又立即恢复到 0,这个恢复时间又称为跃迁时间 T_s。在脉冲产生器设计中利用的就是阶跃恢复二极管具有极短的跃迁时间来产生窄脉冲。

可利用 Agilent 公司 ADS 中的 SRD 模型元件对其进行电特性分析,观察波形变化情况。可以建立 SRD 等效电路模型,SRD 在任何阶段都可以等效为一个动态电容和动态电阻的并联,所包含的器件封装模型等效电路如图 9-3 所示。C_P—封装耦合电容;L_P—引线电感,R_S—串联电阻;V_O—势垒电位;C_j—结间电容(分为正向偏置的扩散电容 C_f 和反向偏置的耗尽层电容 C_r);R_j—结间电阻。

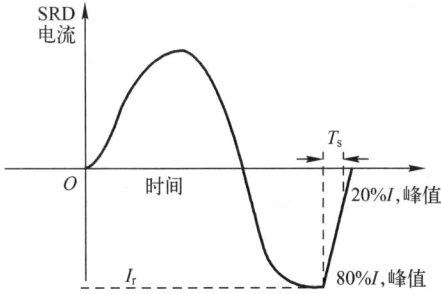

图 9-2　SRD 的电流与时间的关系

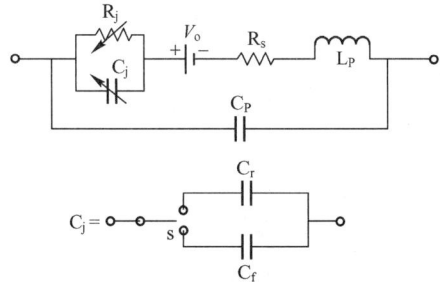

图 9-3　SRD 等效电路

等效电路表示了 SRD 正、反向偏置时的两种工作状态;在正向偏置电压下,等效电路由较大的 C_f 和 R_j 构成;在反向偏置电压下,等效电路由较小的 C_r 构成。

电路设计时,结合需要产生的脉冲参数进行阶跃恢复二极管的选取,两个关键参数指标:

(1)跃迁时间 T_s:跃迁时间的长短直接影响脉冲的脉宽,进而控制输出脉冲信号的频谱范围。一般跃迁时间为几十皮秒的数量级,典型的有 60ps、75ps、100ps 和 150ps 等。但跃迁时间与其最小击穿电压是成反比,应用上要折中考虑。

(2)结间电容 C_j:结间电容决定了脉冲重复周期的上限。选取结间电容较小,结间电容曲线随端电压的幅度变化较为平坦的阶跃恢复二极管。例如,Metelics 公司的 MMD0840,其跃迁时间 $T_s = 75\text{ps}$,结间电容 $C_j = (0.6 \pm 0.5)\text{pF}$。

在 ADS 中建立 SRD 模型,用 MMD0840,它的少子寿命 $\tau = 20\text{ns}$,跃迁时间 $T_s = 75\text{ps}$,C_r 的典型值为 0.6pF,C_f 和 R_j 的值厂家没有直接给出,需要通过测试和计算得到。当 SRD 等效电路中各个元件值已知后,再根据 SRD 电量和电压的关系式建立 SRD 的 SPICE 模型[2]:

$$Q = \begin{cases} C_r V, & V \leq 0 \\ \dfrac{C_f - C_r}{2V_0}\left(V + \dfrac{C_r V_0}{C_f - C_r}\right)^2 - \dfrac{C_r^2}{2(C_f - C_r)}V_0, & 0 < V < V_0 \\ C_f V - \dfrac{(C_f - C_r)V_0}{2}, & V \geq 0 \end{cases} \quad (9-1)$$

利用上述表达式代入到 ADS 的两端口模型中就得到了 SRD 的 SPICE 模型,在其他工程中就能够自动调用此模型。

基于 SRD 的单极性脉冲产生器的简化原理[4]如图 9-4 所示。其中,R_1 和 C_1 是为了实现输入端阻抗匹配,同时还起到了隔直流作用。脉冲输出端经过一个电容 C_2,输出到天线等效负载 R_3(50Ω)。电路中间的直流馈电、限幅电阻和阶跃恢复二极管共同组成脉冲压缩单元。输入端为 TTL 电平基带数字激励脉冲。

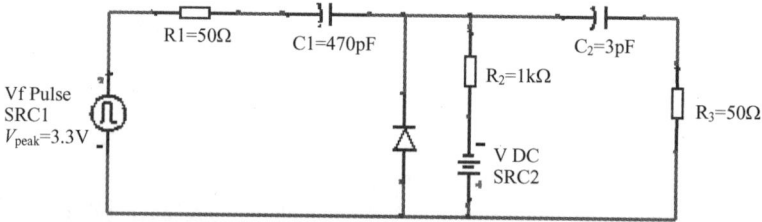

图 9-4　基于 SRD 脉冲产生器的原理

电路工作原理:当数字激励脉冲未到来时,直流电源使 SRD 正向导通,电流方向为正向,这样 SRD 呈低阻态。由于 SRD 两端电压降很低,此时终端没有输出;当数字激励脉冲到来时,正脉冲使 SRD 的电流迅速反向,SRD 两端的电压变化不大,仍然维持低阻态,所以此时终端仍然保持没有输出;一定时间(一般为 100ps～1ns)后,SRD 迅速由原来的低阻态转变为高阻态(迁跃时间为 T_s),基带数字激励脉冲通过 C_2 到达输出端,这样终端就获得一个上升沿极为陡峭的窄脉冲。

脉冲下降沿的陡峭程度则取决于电容 C_2 的放电,放电常数 $\tau = R_3 C_2$,要使下降沿陡,放电常数应较小,应就尽量选小电容;但 C_2 越小,输出阻抗 R_3 分得的电压就越小,脉冲输出幅度就越小,导致脉冲产生器效率不高,需要折中考虑。实际过程中,要使用可调电容进行调整,选取较优的脉冲波形和峰值幅度。由于电路的充放电,在环路造成振荡,在终端的输出波形会有一些余波拖尾,但只要合理设计电路的参数,可以尽可能地减小余波拖尾。

电路中如果采用多个 SRD 串联的形式,就可以提高脉冲的幅度,同时在一定程度上起到了压缩脉宽的作用。需要注意的是直流保护电阻 R_2 阻值的选取:R_2 如果过小,回路中的电流就会很大,造成 SRD 关断时间延长,甚至不能关断;如果 R_2 过大,脉冲到来时即进入关断状态,没有起到压缩脉冲的作用。

在 ADS 中对电路进行仿真,输出负载电阻 R_3 两端时域波形与频谱如图 9-5 所示,设计的单极性高斯脉冲产生电路如图 9-6(a)所示,在激励源为 TTL 方波,用 Agilent 54855A 示波器观测波形(图 9-6(b)),脉冲宽度为 200ps,脉冲频

208

谱宽度约为2GHz。

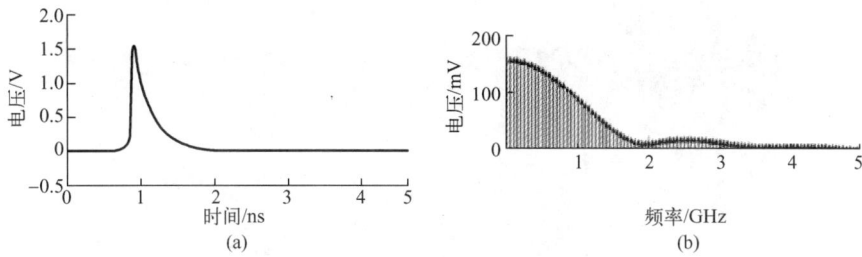

(a)

(b)

图9-5 ADS仿真的时域波形与频谱

（a）时域波形；（b）频谱。

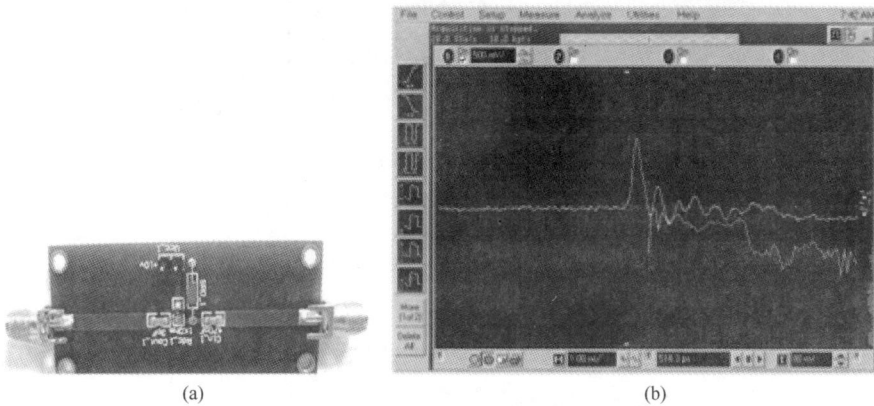

(a)

(b)

图9-6 单极性脉冲产生电路及输出波形

（a）实验电路；（b）输出脉冲波形。

图9-4电路脉冲产生器的输出的脉冲为单极性脉冲,根据超宽带理论,单周期的双极性高斯脉冲的性能要优于单极性高斯脉冲,对天线来说,单周期高斯脉冲辐射更有效。因此可以考虑在上述脉冲产生器后再级联一个微分电路,可设计匹配50Ω输出阻抗的LC高通滤波器作为微分器（图9-7）,产生双极性脉冲的实测波形如图9-8所示。

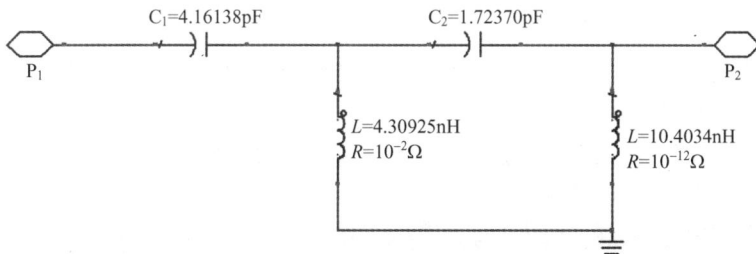

图9-7 脉冲产生器的LC微分电路

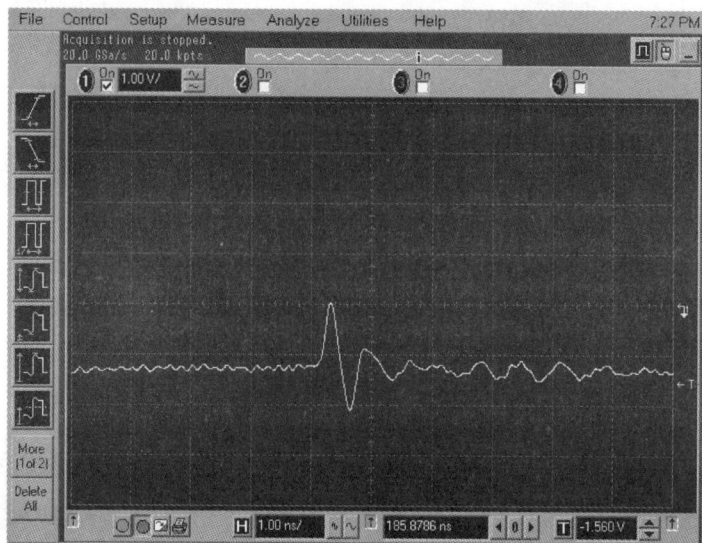

图 9-8   经微分后双极性脉冲波形

9.3   基于雪崩三极管的脉冲产生器

双极性晶体管(三极管)是一种电流控制元件,如图 9-9 所示的 NPN 型晶体管。通过基极电流对集电极电流进行控制。

为了能使晶体管正常的工作,必须为晶体管提供合适的直流偏压,不同的偏压大小可以使晶体管工作在不同的状态,在伏安特性曲线坐标中又称为不同的工作区。

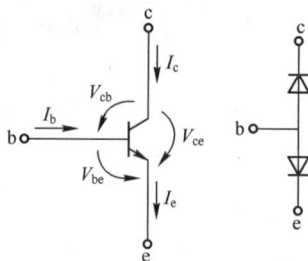

图 9-9   NPN 晶体管模型

当 NPN 型晶体管的集电极电压很高时,集电结空间电荷区内电场强度比放大低压运用时大得多。进入集电结的载流子被强电场加速,从而获得很大能量,它们与晶格碰撞时产生了新的电子–空穴时,新产生的电子、空穴又分别被强电场加速而重复上述过程。于是流过集电结的电流"雪崩"式迅速增长,这就是晶体管的雪崩效应,工作于雪崩状态的三极管又称为雪崩三极管。

雪崩三极管的输出特性分为饱和区、放大区、截止区与雪崩区,如图 9–10 所示。BV_{CBO} 为集电极–基极击穿电压,BV_{CEO} 为集电极–发射极击穿电压。

晶体管在雪崩区的运用具有如下主要特点:

(1)电流增益增大到正常运用时的 M 倍(M 为雪崩倍增因子)。其中 M 一般为 30 ~ 50。

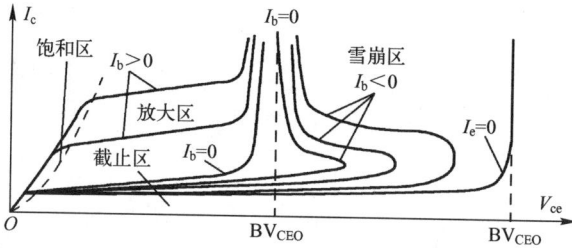

图 9-10 NPN 晶体管的输出特性

（2）由于雪崩运用时集电结加有很高的反向电压，集电结空间电荷区向基区一侧的扩展使有效基区宽度大为缩小，因而少数载流子通过基区的渡越时间大为缩短。换言之，晶体管基极的结间电容减小，使得晶体管的有效截止频率大为提高。

（3）在雪崩区内，雪崩运用时晶体管集电极–发射极之间呈负阻特性。

（4）改变雪崩电容与负载电阻，所对应的输出幅度是不同的。换言之，输出脉冲与动态负载有关。

根据雪崩效应的特性要求，可以使用结构特殊的专用雪崩三极管，也可以在一般开关三极管中挑选具有如下特性的管子，其雪崩特性较为显著：BV_{CEO} 较高，且能在图示仪上看到负阻或二次击穿现象的管子；BV_{CBO} 较高，且雪崩区尽量宽一些的管子；β 尽量大的管子；特性频率 f_T 尽量高的或开关时间尽量小的管子；饱和压降尽量小的管子。

9.3.1 单管脉冲产生器

三极管雪崩效应的特性可以用在快速单周期的高输出功率脉冲产生器。简单的脉冲电路由一个三极管组成，典型应用电路如图 9-11 所示。当触发脉冲没有到来时，三极管截止，电源 V_{CC} 通过 R_2 对电容 C_1 充电，电容 C_1 上可充至电源电压，当触发脉冲到来时，三极管快速导通，电容 C_1 通过负载电阻 R_L 快速放电，在 R_L 上产生一个窄脉冲信号，对于图 9-11（a）电路，R_L 上产生负脉冲，如图 9-12（a）；对图 9-11（b），R_L 上产生正脉冲，如图 9-12（b）所示。

这种脉冲产生器的输出脉冲的幅度取决于电源电压，根据所选的三极管，可以有几伏到几百伏的电压；脉冲的宽度和上升及下降沿特性取决于三极管的雪崩特性及电容 C_1 的充放电时间。

可以在基本结构的基础上添加脉冲整形网络，从而得到特定要求的脉冲波形。如图 9-13 所示，图中电感 L_1、L_2 和电容 C_1、C_2 组成脉冲整形网络，其输出脉冲的波形取决于 L、C 的值。为了达到特定的高功率要求，可以考虑将若干雪崩三极管排列，从而得到很大的功率输出。图 9-14 为串联导通组合方式的脉冲产生器。

211

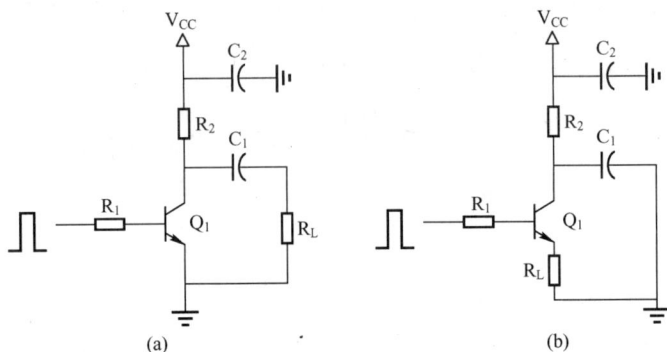

图 9-11 三极管脉冲产生电路

（a）输出负脉冲；（b）输出正脉冲。

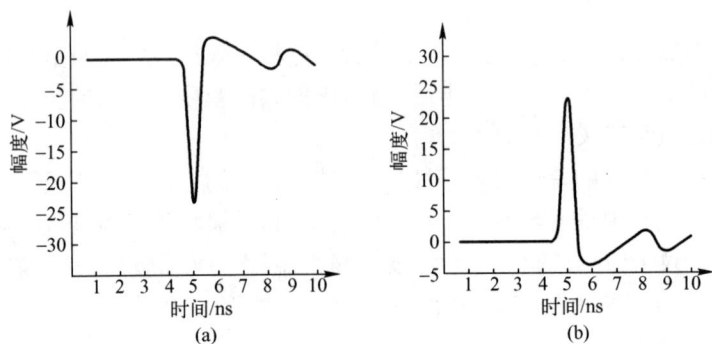

图 9-12 脉冲输出波形

（a）负脉冲输出波形；（b）正脉冲输出波形。

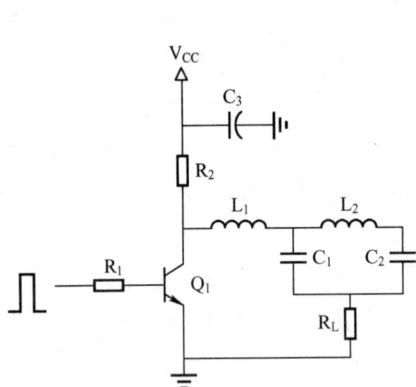

图 9-13 带脉冲整形的电路   图 9-14 串联导通组合方式的脉冲产生器

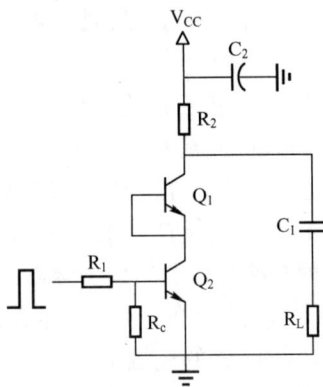

9.3.2 同步触发脉冲产生器

为了能增大输出电流提高输出脉冲幅度,可采用双晶体管并联方式。文献

[5,6]研究了由同一触发脉冲控制同步触发雪崩效应双管并联结构的脉冲产生器,双管并联脉冲产生电路的 ADS 中的仿真原理电路如图9-15所示。

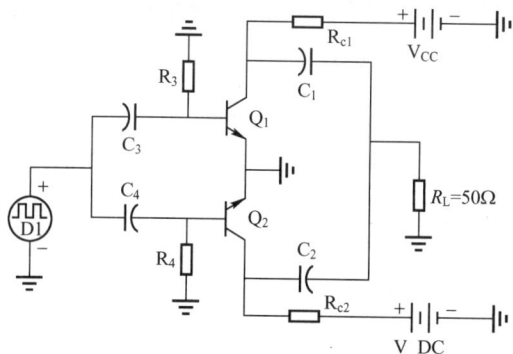

图9-15　双管并联脉冲产生电路 ADS 原理图

电路图的工作原理:在晶体管的基极没有加入触发脉冲时,晶体管截止,电源电压通过电阻 RC_1 和 RC_2 对电容 C_1 和 C_2 充电,得到的电压 V_c 约等于电源电压 VCC。触发脉冲到来之后晶体管基极电流增加,使得晶体管迅速被击穿工作点发生变化,由击穿前工作在高阻区转变为击穿后工作在负阻区故而产生骤然增大的雪崩电流,此时电容 C_1 和 C_2 上储存的电荷在这个雪崩电流的作用下通过晶体管向负载电阻 R_L 放电于是就产生了脉冲。

双管并联与单管雪崩脉冲电路相比具有的优点:在维持同样输出幅度条件下双管电路中的电容 C_1 和 C_2 的值可以取得比较小,从而使得恢复时间大大减小,有利于提高脉冲的重复频率,这样就可以制作高速率的脉冲源。与此同时,每个晶体管承受的功率损耗将减少近 50%,从而保证了晶体管的安全工作,使得晶体管能够长时间工作,如取相同的电容值双管并联雪崩脉冲获得的脉冲幅度要大得多,并且在实际工作中即使两只管子中的任何一只管子坏了整个电路仍可工作。

电容 C_1 和 C_2 的选择很关键,因为输出脉冲宽度主要取决于储能电容 C_1、C_2 和负载 R_L。因而必须选择合理的元件参数才能够获得高重复频率、极窄的脉冲。电容 C_1、C_2 太大则脉冲就会太宽,电容 C_1、C_2 太小则储存的能量非常有限使得输出脉冲的幅度偏低。为了提高电路的工作频率,必须减小电路的恢复时间,使得雪崩电路能够较快地恢复。为了保证触发脉冲到来时 C_1 和 C_2 已充电完毕,则电源电压经 R_c 对 C 的充电时间常数必须满足小于触发脉冲的重复周期 T(或重复频率 f),如要求输出脉冲宽度为 t_W,一般可以根据下式来估算电容和电阻值的大小:

$$t_W = (2.3 \sim 5)R_L(C_1 + C_2) \tag{9-2}$$

$$(3 \sim 5)R_c C < T = 1/f \tag{9-3}$$

式中：R_C 为电阻 R_{C1} 或 R_{C2}，相应的 C 为电容 C_1 或 C_2。

为了使脉冲电路在高重复频率安全可靠地工作，必须考虑晶体管的功耗问题。在脉冲信号作用下，晶体管的功率损耗可表示为

$$P = \frac{1}{2}(C_1 + C_2)V_o^2 f \tag{9-4}$$

式中：C_1、C_2 为储能电容；V_o 为输出脉冲幅度。

电路工作时晶体管的功率损耗 P 应当小于晶体管的功率损耗容限 P_{max}。由式(9-4)可知，当工作频率和输出脉冲幅度增大时，晶体管的功率损耗将会增加，电路中采用双管并联可以有效地降低单管的功率损耗。但是电容 C_1 和 C_2 上储存的电荷量有限，将导致有限的输出脉冲宽度。

采用 NPN 型 BFS17 射频管低电压雪崩效应产生窄脉冲信号，此管的特征频率为 1GHz，集电极 - 发射极雪崩击穿电压 $BV_{CEO} = 15V$，集电极 - 基极雪崩击穿电压 $BV_{CBO} = 25V$。用 ADS 进行调谐优化，最终确定 C_1、C_2 为 1pF，C_3、C_4 为 51pF，R_{C1}、R_{C2} 为 1000Ω，R_3、R_4 为 200Ω，由原理图进行仿真，在负载电阻 R_L 产生脉冲如图 9-16 所示，脉冲幅度为 12.23V，半幅度脉宽约为 200ps，上升沿约为 280ps，下降沿约为 720ps。仿真分析电路的 S 参数后发现，其输入输出的 S 反射参数值太高，输入端与输出端阻抗不匹配，带宽超出了 BFS17 射频管的工作带宽范围并且增益较低。为了电路更有实用性，采用 RLC 电路匹配，在 ADS 中分析完成输出端阻抗匹配电路设计。

由于输出匹配电路的微分作用，输出脉冲成了单周期双极性脉冲信号，如图 9-17 所示，其脉冲幅度峰峰值约为 6V，脉宽约为 810ps。与未匹配时相比，其 S 参数明显得到改善，-3dB 带宽为 260～1200MHz。制作了电路板并进行了实验研究，得到单周期脉冲幅度约为 3V，脉冲半幅度宽度为 981.3ps，上升沿时间为 488.7ps，下降沿时间为 511.4ps，-10dB 信号带宽为 50～900MHz，中心频率约为 400MHz。

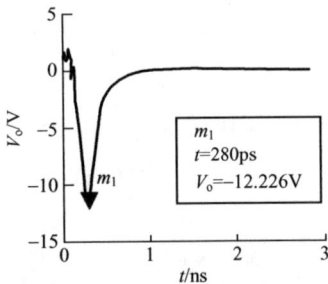

图 9-16　负载电阻脉冲波形

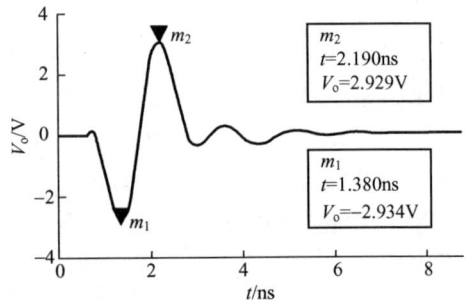

图 9-17　输出匹配后的脉冲信号

采用 2N2369A 雪崩管的实验研究参考文献[6]，在重复频率 100kHz、占空比为 50%、幅度为 5V 的标准方波作为输入激励信号时，得到脉宽为 1.12ns、幅

度峰峰值约 25V 的脉冲信号。

雪崩效应脉冲产生器原理如图 9-18 所示。

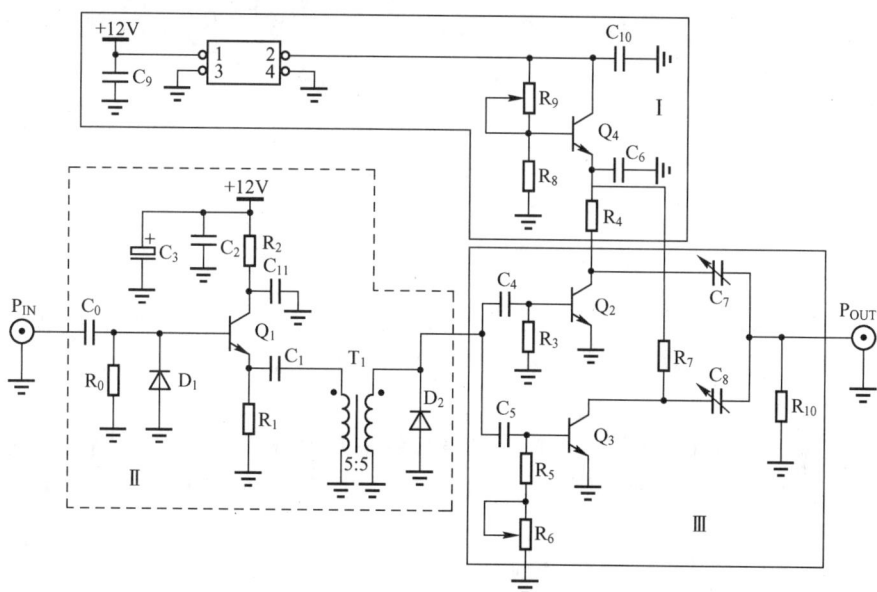

图 9-18 雪崩效应脉冲产生器原理

图 9-18 中分为 Ⅰ、Ⅱ、Ⅲ 三部分。Ⅰ部分为稳压电流部分,为三极管的雪崩提供足够大的电压和电流驱动能力。Ⅱ部分为输入匹配单元,它主要有五个作用:一是输入阻抗匹配;二是 C_0、R_0 对输入的基带脉冲进行了滤波,实际上就是进行微分,消除脉冲信号中的直流分量;三是 Q_1 三极管对脉冲进行放大,同时由于是个射随电路设计,因此起到了信号隔离作用;四是等匝数变压器对输入信号和雪崩单元进一步隔离;五是两个小信号二极管对输入的负极性脉冲进行衰减,从而保证雪崩三极管的触发脉冲是正极性的。Ⅲ部分为雪崩单元,该部分采用并联触发组合方式,通过调节 C_7 和 C_8 获得需要的脉冲宽度和幅度。

并行同步触发脉冲产生电路如图 9-19 所示[7],对多个晶体管的基极同时加入同步触发脉冲信号并消除了电路中存在的雪崩依次延时,使微波双极性晶体管同时产生雪崩击穿,大大地减小了脉冲上升时间,获得非常理想的超宽带窄脉冲。

在没有加入触发脉冲信号时,电源电压 E_C 通过电阻 R_1 和 R_{11}、R_2 和 R_5、R_3 与 R_6、R_4 和 R_7 分别对电容 C_1、C_2、C_3、C_4 进行充电,使得四个微波双极性晶体管 Q_1、Q_2、Q_3、Q_4 的集电结偏置在临界雪崩状态,于是储能电容 C_1、C_2、C_3、C_4 的两端所充的电压约等于集电结雪崩击穿电压 BV_{CBO}。当触发脉冲信号 V_i 输

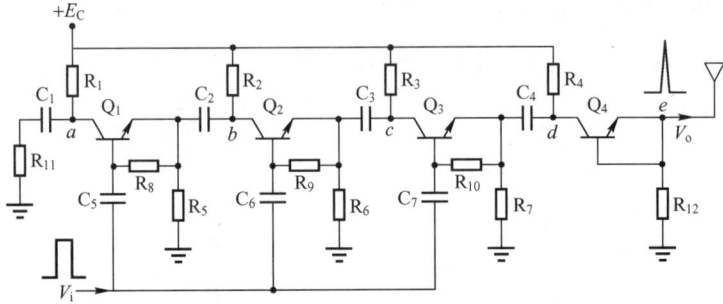

图 9-19　并行同步触发脉冲产生电路

入时,微波双极性晶体管同时击穿,C_1、C_2、C_3、C_4所储存的电荷迅速地通过Q_1、Q_2、Q_3、Q_4和等效负载电阻R_{12}放电,因此在负载电阻上得到一个上升极短的超宽带窄脉冲。

　　超宽带窄脉冲发生器应选择的电路参数主要为微波双极性晶体管,储能电容C_1、C_2、C_3、C_4,集电极电阻R_1、R_2、R_3、R_4,电阻R_{11}与负载电阻R_{12},偏置电压E_C等。

　　实验测试这种电路,触发脉冲周期为$1\mu s$,空占比为50%,利用 DS-5062CA($60MHz$)数字存储示波器测得负载电阻R_{12}上的并行同步触发脉冲波形如图 9-20所示。从图 9-20 可以看出,脉冲上升时间为$550ps$,脉冲下降时间为$950ps$,脉冲宽度为$850ps$,脉冲幅度为$8V$。当在功率与脉冲的重复频率两者之间进行折中选

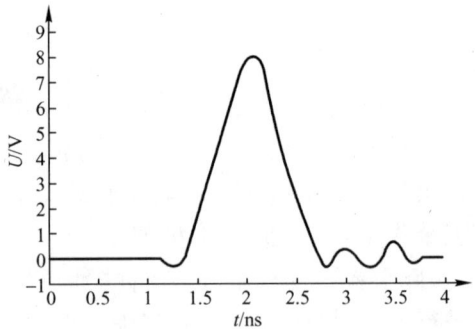

图 9-20　并行同步触发脉冲波形

择时,可以通过改变电路中相应的元件与参数,获得不同需求的超宽带窄脉冲信号。

　　为了保证同步性更好,对输入电路进行调整,如改变触发脉冲幅度、基射极的偏置电阻、输入端耦合电容以及集电极电源电压等,使得触发参数不同的管子达到同时触发,加快电容向负载放电的过程,获得非常陡直快前沿超宽带脉冲。文献[8]设计了在电路中上端四个电位器 W_c 是用来调节各管的静态工作点,如图 9-21 所示,使每个管子都偏置在临界雪崩状态;下端四个电位器 W_b 用来调节各管基极触发脉冲幅度,消除各管存在的雪崩延迟时间的差异,使每个管子在触发脉冲到来后同时发生雪崩倍增效应,提高触发精度。

　　图 9-21 中使用的晶体管型号为 PH2369,经实验测试 PH2369 型晶体管雪崩工作电压为$65\sim87V$,电路中调节各管集电极电压到$80V$,级联数目 $N=4$。

216

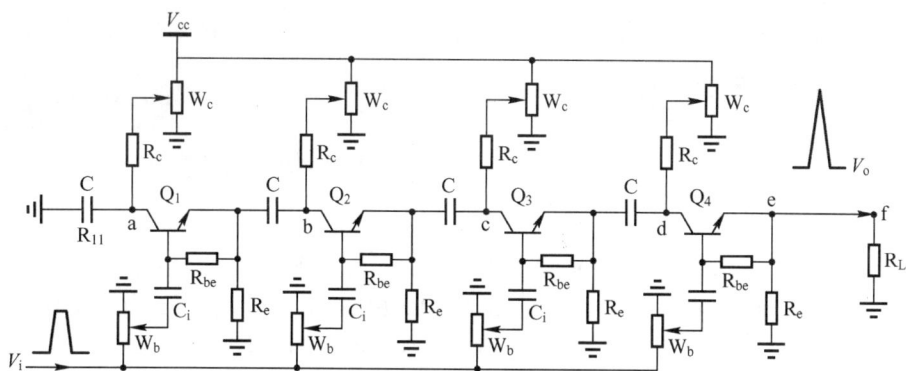

图 9-21　触发脉冲幅度可调的脉冲产生器

测试过程中,利用 Aglient81110 脉冲发生器作为触发脉冲源,输出信号使用 Aglient 54830B 数字存储示波器进行观测。测试了实际电路中电容 C 分别为 10pF、15pF、20pF 和 30pF 的窄脉冲的波形,如图 9-22 所示。

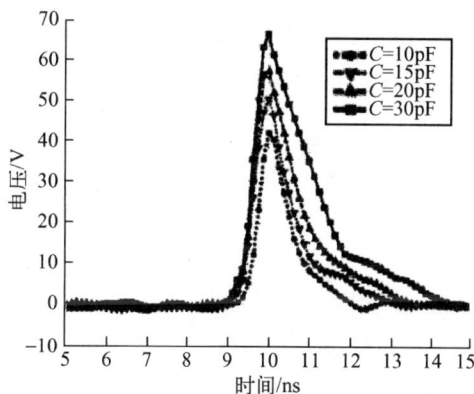

图 9-22　电容 C 不同取值的窄脉冲波形

设计雪崩效应脉冲产生器需注意以下三点:

(1)脉冲幅度与脉冲宽度的关系。从压缩脉冲宽度的角度考虑,希望放电电容小一些(一般电容量只有几皮法至几百皮法)为宜。尽管输出脉冲的峰值取决于雪崩三极管的伏安特性曲线,但是由于小电容的电荷容量有限,使得电流增长由于迅速放电戛然而止,这样输出脉冲的幅度会减小。要输出较高的脉冲幅度,取较大的电容值,这样脉冲宽度较宽。

(2)脉冲的重复频率。雪崩效应的脉冲产生器重复频率一般都不会很高,其原因:一是脉冲重复频率过高,会造成电容的充放电时间不充足,影响输出脉冲的波形及幅度;二是脉冲重复频率过高,会使得雪崩效应持续进行,雪崩管发热甚至烧毁。

(3)雪崩效应脉冲产生器的输出脉冲幅度与负载有关。采用雪崩效应的脉冲产生器相对于其他方式,其输出脉冲的功率大,输出的脉冲可以直接与天线相连。

9.4　基于正弦波截断的脉冲产生器

　　高斯波形或高斯微分脉冲是超宽带通信系统的典型形式,但其功率谱宽且有其本身的特点,不满足 FCC 规定 3.1～10.6GHz 超宽带通信室内频谱限制。2.3 节讨论了如何设计满足频谱要求的脉冲信号,但要由模拟电路来实现这种信号时很困难的。本节讨论一种由正弦波信号的开关控制(截断)产生脉冲信号电路。脉冲信号的中心频率由正弦振荡器的频率决定,带宽由信号截断的时间决定,这相当于正弦波信号乘以一个方波窗函数,如图 9-23 所示。但要实现精确的三角包络或高斯包络是很困难的,但方波信号有一定的上升沿和下降沿时间,合理的控制开关时间参数,可以近似得到 2.2.3 节讨论的高斯包络正弦波调制脉冲信号。

　　利用高速开关器件,可以控制极短的开关时间,产生宽频带脉冲信号产生器,如 AD 公司的 ADG901 集成电路,其内部等效电路如图 9-24 所示。通过CTRL 端控制内部开关的关断,当 CTRL 为高电平时,开关闭合,当 CTRL 为低电平时,开关断开。RF1 为射频输入口,RF2 为射频输出口,并且输入输出均为50Ω 匹配。器件开关在断开时,射频输入输出口间隔离度在 1GHz 时达 40dB,开关闭合时,输出输入间射频信号有 0.8dB 的插入损耗和 28dB 的反射损耗,输入信号功率 1dB 压缩点为 18dBm。

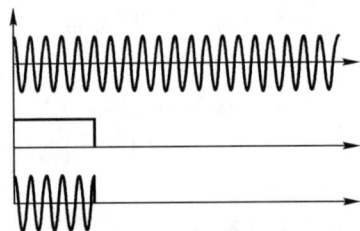

图 9-23　正弦波截断信号　　　　图 9-24　ADG901 内部等效电路

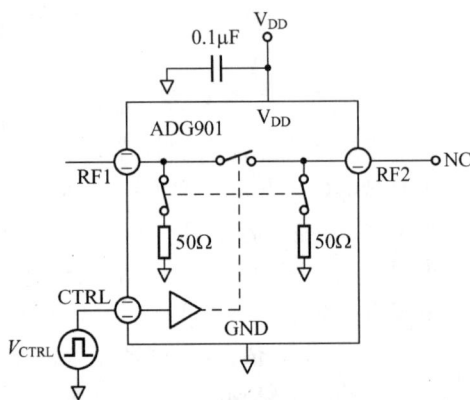

　　开关的响应时间决定脉冲的频谱宽度,ADG901 中开关的闭合延迟时间、关断延迟时间、上升沿和下降沿时间含义如图 9-25 所示,参数值见表 9-1。

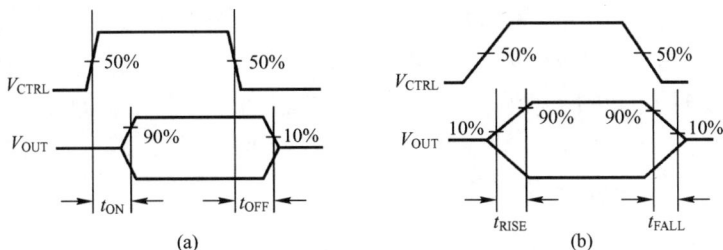

图 9-25　ADG901 开关参数

表 9-1　ADG901 参数

参　　数		参　数　值
闭合延迟时间	t_{ON}/ns	3.6(50% CTRL ~ 90% RF)
关断延迟时间	t_{OFF}/ns	5.6(50% CTRL ~ 10% RF)
上升沿时间	t_{RISE}/ns	3.1(10% ~ 90% RF)
下降沿时间	t_{FALL}/ns	6.0(90% ~ 10% RF)

开关的上升沿与下降沿时间的总和接近10ns,再加上闭合持续时间,可以产生大于10ns 宽度的正弦波截断脉冲信号输出。如要产生更短时间的脉冲信号,可将两个开关串联,由两路开关控制信号控制开关的接通时间,两路信号相继到达,相当于将两 ADG901 的闭合时间部分相与,如图 9-26 所示。

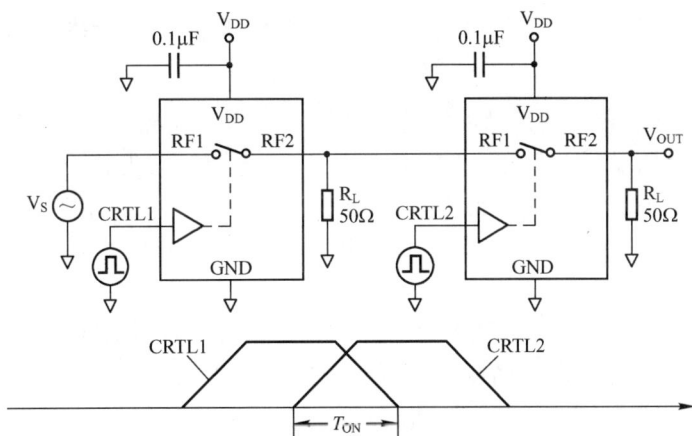

图 9-26　两串联开关电路

基于以上器件,研究制作了两串联开关的脉冲产生电路,如图 9-27(a)所示,脉冲产生器电路制作在 FR4 环氧玻璃纤维板上,它的介电常数为 9.6、厚度为 1.2mm,射频输入输出采用 50Ω 的 SMA 接口,并通过微带线连接器件的射频端,整个电路结构紧凑,体积小。

开关控制信号为 Agilent1118 产生宽 10ns 的数字脉冲输出,输入的射频信号是频率为 1GHz 的正弦波,在一路开关受数字脉冲控制,另一路直通的条件下,使用 Agilent 54855A 示波器测(采样率 20GS/s)观测输出脉冲波形。其波形如图 9-27(b)所示,输出脉冲幅度为 1V,中心频率为 1GHz,输出脉冲时宽约为 20ns,图 9-27(b)中右下角波形为频谱图。

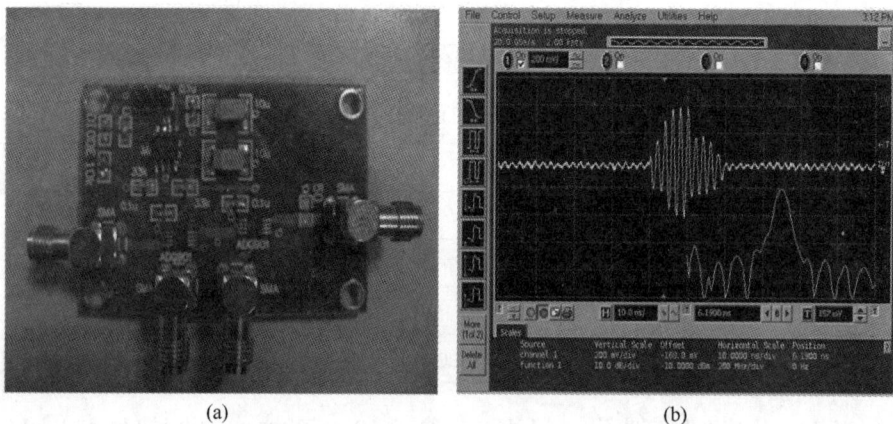

(a)   (b)

图 9-27　两开关串联脉冲产生器
(a)脉冲产生器电路;(b)输出脉冲波形。

9.5　基于方波微分滤波的脉冲产生器

把已调制的数字基带脉冲波信号通过一个微分电路,再经过零偏置宽带射频放大电路,滤除下降沿,并放大上升沿,由于上升沿尖脉冲含有丰富的频率成分,通过滤波电路进行脉冲整形,形成频域有限的宽带信号,最后由功率放大送天线发射。只要合理设计电路中的滤波成形电路,就可以达到不同的设计要求。

数字基带脉冲波信号应有较陡的上升沿时间和下降沿时间,这需要在得到数字基带信号时尽量采用高速器件,为了防止码间串扰,数字基带信号的数码率应与产生的辐射脉冲时间宽度之间的关系在合理的范围内。

我们采用这种方法研究了一种产生的脉冲信号频谱为 30~40MHz 的脉冲产生电路,设计时先利用 Agilent 公司的 ADS 软件对电路进行仿真设计,选择合适的电路元件参数,再实验制作了电路,进行实验研究,得到了比较好的结果。在进行电路仿真研究时,先分别对微分放大电路、滤波电路、宽带放大电路几个部分进行研究。

9.5.1 微分与放大电路

脉冲产生器的微分与零偏置放大电路组成如图 9-28 所示,图中激励信号源(V_{in})为数字基带 TTL 电平的方波信号,上升沿和下降沿均为 1ns,数字方波激励信号宽度为 400ns。

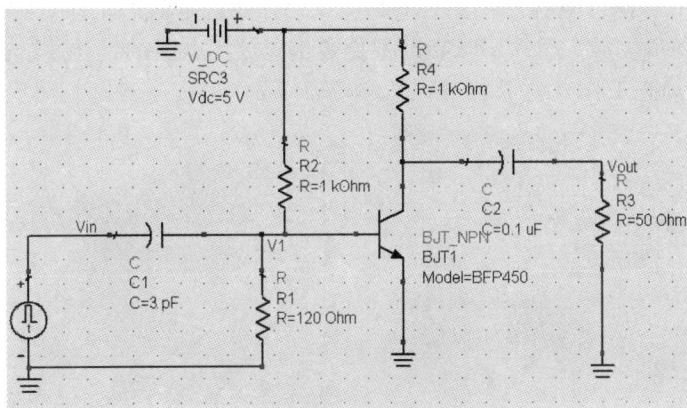

图 9-28   微分与零偏置放大电路

微分电路由 C_1 与 R_1 组成,微分电路时间常数 $\tau = RC$,要获得良好的微分效果,微分电路的时间常数就远小于数字脉冲的时间宽度,同时对电阻 R 进行合理的取值以获得足够大的电压幅度。经过分析,在此设计中,$C_1 = 3pF$,$R_1 = 120\Omega$,时间常数 $\tau = RC = 3.6(ns)$。

零偏置放大电路用单级晶体管共射放大电路,放大管采用 Infineon 公司的 BFP450,晶体管工作在截止区和放大区的临界点。通过 ADS 软件对 BFP450 进行直流工作点测试,找到合适的静态工作点。在零偏置放大电路中,R_2 和微分电路中的 R_1 共同构成了分压式直流通路。在 ADS 中的仿真试验条件:$V_{CE} = 4 \sim 5V$,步进 0.1V。$V_{BE} = 500 \sim 600mV$,步进 20mV。推导出 $R_2 = 1k\Omega$,$R_4 = 1k\Omega$。再将阻值带回偏置电路中,得到静态工作点为 $I_B = 14.96\mu A$,$I_C = 23.77\mu A$,$V_{BE} = 534.1mV$,$V_{CE} = 4.976V$。

仿真结果得了正向微分信号,并倒相放大到 5V,拖尾振荡很小,基本达到了预期结果。

9.5.2 滤波电路

滤波电路决定了输出脉冲的频带范围、时域形状好坏等。利用 ADS 中的 Smart Component Chart 进行辅助设计。设计指标:滤波器类型为 5 阶切比雪夫滤波器,通带平坦度为 0.5dB,范围为 30 ~ 40MHz;阻带衰减为 50dB,范围为 10 ~ 50MHz。输入输出阻抗均为 50Ω。通过仿真分析,得到滤波器的 LC 元件参数。

9.5.3　宽带放大器

宽带放大器采用共发射机负反馈放大器以稳定静态工作,采用阻容耦合方式宽带放大器 ADS 原理图如图9-29所示。在零偏置放大电路的基础上加入发射极电阻 R_e 和耦合电容 C_e,通过 R_e 的负反馈作用稳定静态工作点,判定标准是 $(1+\beta)R_e \gg R_b$。放大管用 BFP450,根据零偏置放大电路的设计方法,加入 R_e 的影响,确定静态工作点为 $V_{CE} = 2V, V_{BE} = 732.2mV$。

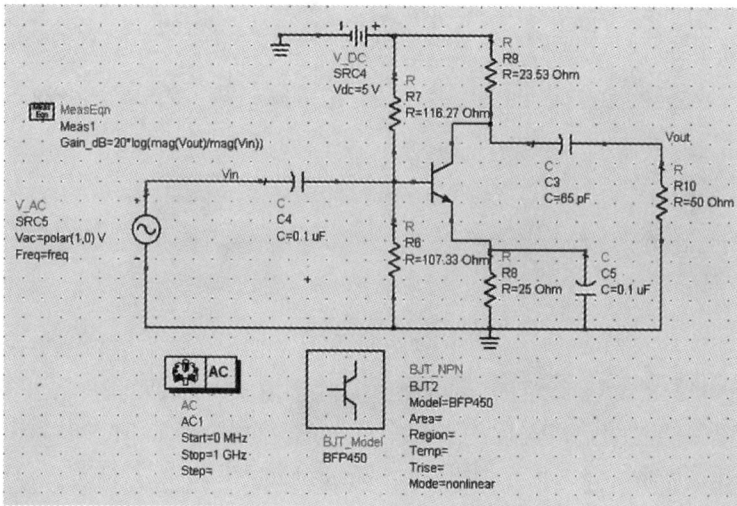

图9-29　采用阻容耦合方式连接的宽带放大器 ADS 原理图

放大管选定后,其管子的内部射频等效参数、增益带宽乘积等参数确定,单管放大器的频率响应[9]:

(1)下限截止频率 $f_L = \dfrac{1}{2\pi(R_C + R_L)C}$,与内部射频等效参数无关,只与输出回路的电路常数有关。

(2)上限截止频率 $f_H = \dfrac{1}{2\pi RC_\pi}$,$R$ 与 C_π 由输入回路和内部射频等效参数决定。

设计时寻找到增益和带宽之间的平衡点,使宽带放大器的放大频谱范围为 30~40MHz,宽带放大器在这个频率范围内增益为 21.36~22.56dB。

9.5.4　完整电路仿真和实验

在 ADS 中将上述几部分电路给合成完整电路进行仿真分析,得到输出的脉冲信号时域波形与频谱如图9-30所示。脉冲峰-峰值为 -700~661.6mV,拖尾抑制为 -12dB,主脉冲具有良好的对称性,其频谱基本控制在 30~40MHz。

222

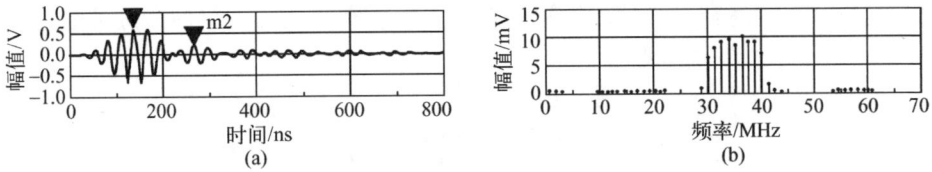

图 9-30　脉冲信号时域波形与频谱

(a) 脉冲波形；(b) 频谱。

　　实验制作的脉冲产生器电路板如图 9-31 所示。输入的激励源信号为重复频率为 1.25MHz、TTL 电平的方波，使用 Agilent 54855A 示波器观测输出脉冲波形及频谱如图 9-32 所示。

图 9-31　脉冲产生器电路板

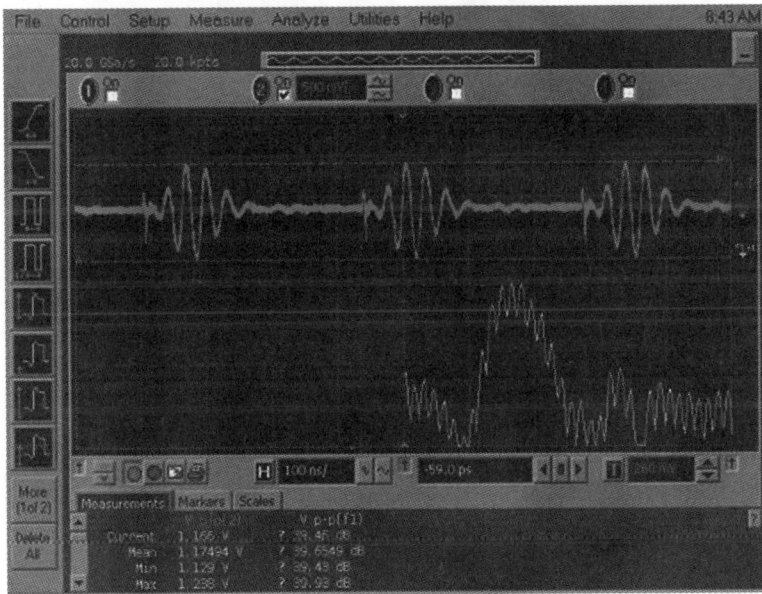

图 9-32　输出脉冲波形及频谱

　　输出脉冲峰峰值为 1.17V，脉冲宽度为 100ns，中心频率为 35MHz，-10dB 带宽为 10MHz，通带平坦度为 1dB，阻带衰减 30dB。通过和仿真结果比较可以看出，测试的脉冲幅度比仿真的脉冲要小，同时在脉冲的前端有高频信号干扰。

223

通过分析得知,高频干扰是理想冲激脉冲发生器所产生的单位冲激脉冲通过滤波成形网络串扰到模拟地所致。

9.6　基于数/模转换器产生脉冲

基于数/模转换器来实现脉冲信号的产生,是在微处理器或其他控制信号的控制下,由数字信号转换为模拟脉冲信号。脉冲产生器的实现原理:对期望产生某一中心频率、带宽、脉冲包络形态等参数的脉冲信号,先由数字处理的方法获得脉冲时域的波形采样点数值并存储在电路器件内,当需要产生脉冲信号输出时,由控制信号控制读取存储器中的采样值并进行数/模转换,可得到所需脉冲,再放大输出。由于超宽带脉冲信号本身脉冲宽度小,这对采样率要求高,但随着器件技术的提高,已有几百兆赫的采样率器件可用。下面介绍三种中心频率为40MHz不同脉冲包络的脉冲信号的函数表示及时域频域波形。

9.6.1　升余弦函数包络脉冲信号

要得到脉冲信号中心频率为40MHz,包络形状为升余弦,用脉冲宽度为 τ 的升余弦函数调制余弦波信号。并移位100ns得到的脉冲信号时域波形的表达式为

$$p(t) = \begin{cases} \dfrac{1}{2}\Big[1 + \cos\dfrac{2\pi}{\tau}(t - 100\text{ns})\Big] \times \cos[2\pi 40\text{MHz}(t - 100\text{ns})], & |t - 100\text{ns}| < \dfrac{\tau}{2} \\ 0, & |t - 100\text{ns}| > \dfrac{\tau}{2} \end{cases}$$

$$(9-5)$$

式中: t 单位取 ns 取 $\tau = 200$ns,其时域波形如图9-33所示

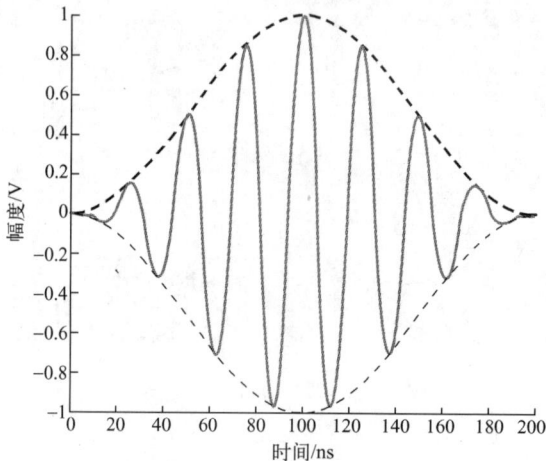

图9-33　升余弦包络脉冲信号

224

9.6.2　Sa(x)函数包络脉冲信号

对 Sa(x)函数包络的余弦波信号进行截尾移位100ns 后可得到一种脉冲信号,其时域波形表达式为

$$p(t) = \text{Sa}\left[\pi20\text{MHz}(t-100\text{ns})\right] \times \cos\left[2\pi40\text{MHz}(t-100\text{ns})\right], \qquad 0 < t < 200\text{ns}$$

$$(9-6)$$

式中:t 单位取 ns,时域波形如图 9-34 所示,脉冲总的宽度为200ns,最大幅度为1。

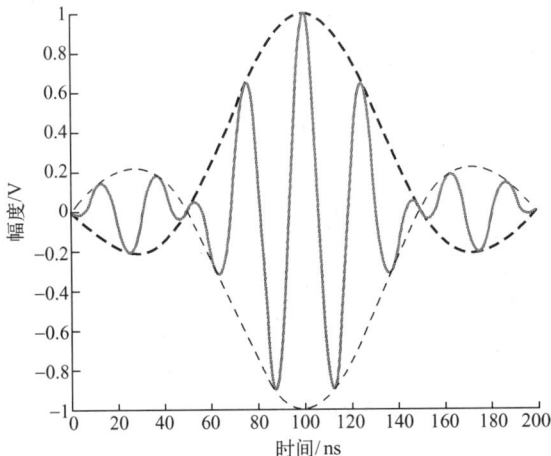

图 9-34　Sa(x)函数包络脉冲信号

9.6.3　高斯包络余弦波脉冲信号

包络为高斯函数对频率为40MHz的余弦波调制,再截尾移位100ns 后可得到这种脉冲信号,其时域波形的表达式为

$$p(t) = e^{-\frac{(t-100\text{ns})^2}{2\alpha^2}}\cos\left[(2\pi \times 40\text{MHz}) \times (t-100\text{ns}) - \beta\right] \qquad 0 < t < 200\text{ns} \quad (9-7)$$

其中:α 为波形成形因子;β 为初始相位(rad);t 为时间(ns)。

当 $\alpha = 50$ns,$\beta = 0$ 时,截取 200ns 时宽的信号时域波形如图 9-35 所示。

9.6.4　不同采样率下的谱频特性

由采样定理知,采样率应大于 2 倍信号最高频率,采样率越高,信号恢复后与原信号越相近,但数据处理量更大。下面对 Sa(x)函数包络脉冲信号和高斯包络脉冲信号在两种采样率下的信号频谱进行分析,采样频率为 100MHz,Sa(x)函数包络脉冲信号进行采样后经数字信号变换得到的频谱如图 9-36 所示,高斯包络脉冲信号采样后的频谱如图 9-37 所示。

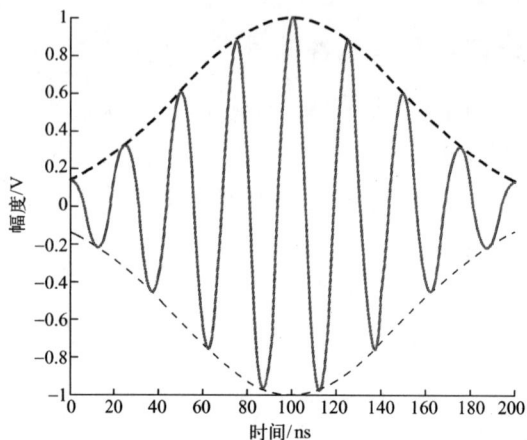

图 9-35　包络为高斯函数的余弦波脉冲

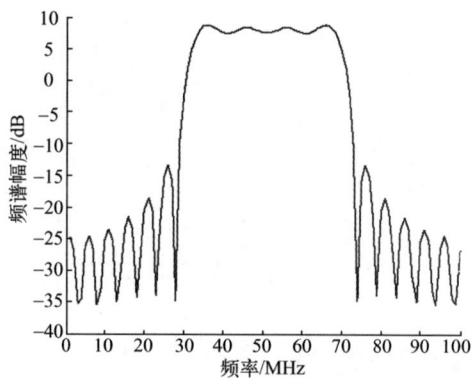

图 9-36　采样频率 100MHz 时，Sa(x)
函数包络脉冲信号

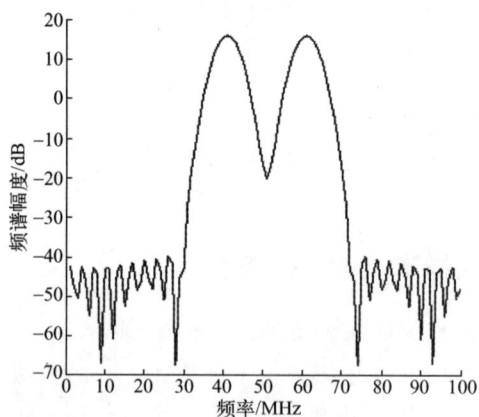

图 9-37　采样频率 100MHz 时，高斯包络脉冲信号频谱

采样频率为 200MHz,Sa(x) 函数包络脉冲信号频谱如图 9-38 所示,高斯包络脉冲信号的频谱如图 9-39 所示。Sa(x) 函数包络脉冲信号的频谱比较平坦,高斯函数包络脉冲信号频谱也是高斯形。由于脉冲信号时域宽度为 200ns,主要频谱宽度为 20MHz,所以有效频谱中以 40MHz 为中心的 20MHz 带宽(30 ~ 50MHz)。所以在数/模转换后还可用滤波器进行滤波,显然,采样率更高时,更有利于滤波。

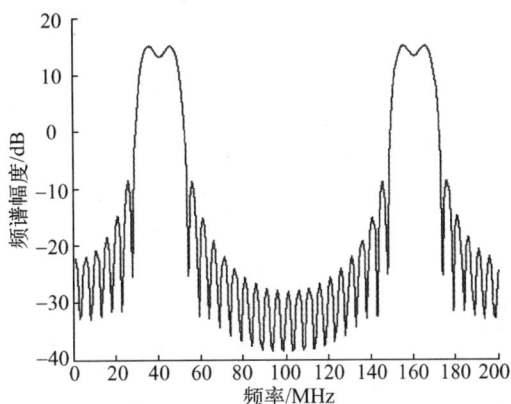

图 9-38 采样频率 200MHz 时,Sa(x) 函数包络脉冲信号频谱

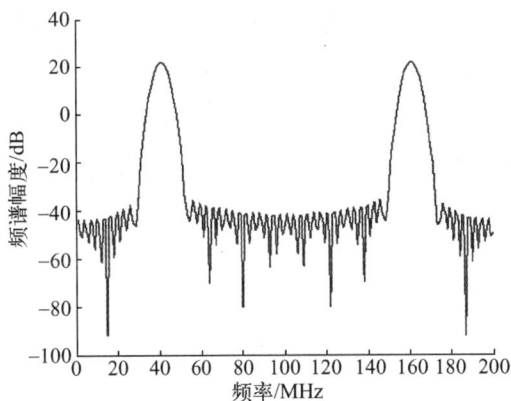

图 9-39 采样频率 200MHz 时,高斯包络脉冲信号频谱

分析高斯函数包络脉冲信号中的成形因子 α 变化对频谱的影响,图 9-40 给出了采样频率为 100MHz 时,不同的 α 对应的频谱变化。由此可知,α 越大说明时域包络变化更平缓,相应频谱带外衰减更快。

分析高斯函数包络信号在初始相位不同情况下的频谱特性,脉冲重复频率为 1MHz,采样频率为 200MHz 时,$\alpha = 50$ns。不同的 β 此时频谱特性如图 9-41 所示。由此可知,初始相位对频谱影响不大。

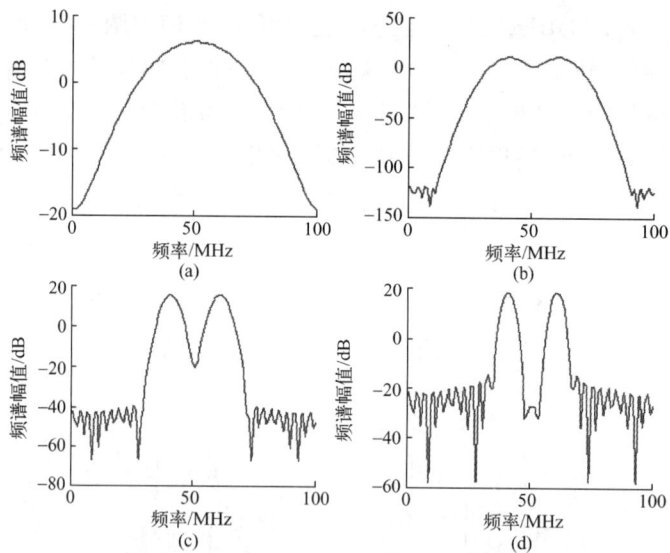

图 9-40　采样频率 100MHz 时高斯包络脉冲信号不同的 α 对应的频谱

（a）$\alpha = 10\text{ns}$；（b）$\alpha = 30\text{ns}$；（c）$\alpha = 50\text{ns}$；（d）$\alpha = 70\text{ns}$。

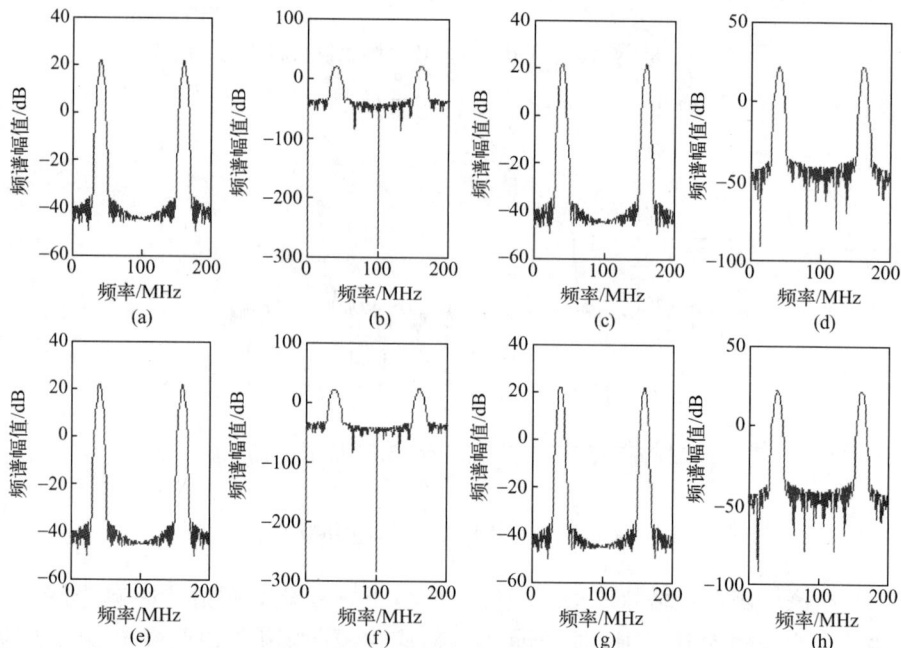

图 9-41　采样频率 100MHz 时高斯包络脉冲信号不同初始相位 β 时的频谱

（a）$\beta = \pi/4$；（b）$\beta = \pi/2$；（c）$\beta = 3\pi/4$；（d）$\beta = \pi$；（e）$\beta = 5\pi/4$；（f）$\beta = 3\pi/2$；（g）$\beta = 7\pi/4$；（h）$\beta = 2\pi$。

9.7 基于数字逻辑电路产生脉冲

采用数字逻辑器件的险象状态来设计生成脉冲信号,包括晶体管－晶体管逻辑(TTL)、发射极耦合逻辑(ECL)、金属氧化物半导体场效应管(MOS)、集成注入逻辑(IIL)电路等。这类器件构成的电路具有结构简单、便于集成和系列化生产、成本低廉、使用方便等优点,其产生的脉冲也各有特点,可以根据不同的需求合理选择。

ECL 集成电路开关速度高、负载能力强,但功耗较大、噪声容限小(约300mV、逻辑摆幅为 0.8V 左右)、抗干扰能力差,一般只用在要求速度特别高的场合。用它可以产生重复频率达几百兆赫、边沿在 1ns 左右、脉冲振幅为 800mV的脉冲信号。因此,也可利用 ECL 集成电路产生纳秒级的高速脉冲。

MOS 集成电路是采用 MOS 管作为开关元件的数字集成电路,它具有工艺简单、集成度高、抗干扰能力强、功耗低等优点,但由于其工作速度低、负载能力差,使它的使用范围受到较大限制。

采用两输入端与非门产生窄脉冲,如图 9-42(a)所示,脉冲信号一路经过非门加到与非门,一路直接加到与非门,由于非门电路的延时,在与非门输出端得到一个负极性窄脉冲信号如图 9-42(b)所示。图 9-43(a)为或非门电路,产生正极性窄脉冲如图 9-43(b)所示。以 TTL 器件来说,它产生的窄脉冲近似钟形,类似于高斯函数波形,非门的传输延时决定了脉冲的宽度,器件的开关特性决定脉冲的上升沿与下降沿。TTL 电路的 74LS 低功耗肖特基系列,其典型电路的平均传输时延 $T_{pd} \approx 9ns$,扇出系数 20,抗干扰能力好。74F(快捷肖特基)高速系列是在 74LS 系列基础上改进得到的,具有最小平均传输时延,包括 74F04 非门、74F00 与非门和 74F02 或非门,其典型平均传输时延 $T_{pd} \approx 3.3ns$。

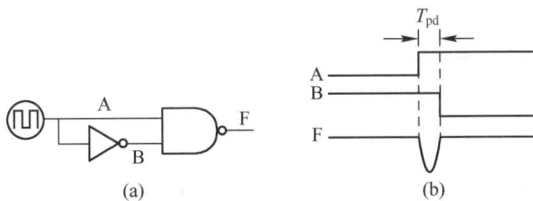

图 9-42 与非门电路构成脉冲产生电路

通过合理组合 74F 系列的与非门和或非门就可以设计类似于高斯脉冲一阶导函数、高斯脉冲二阶导函数等。图 9-44 为类高斯脉冲一阶导函数脉冲产生电路[10]。

电路中,首先时钟信号经过两个非门产生足够陡峭的上升沿和幅度,再分别输入到 74F00、74F02 产生两个极性相反的窄脉冲分别为 1、2。这两路窄脉冲所

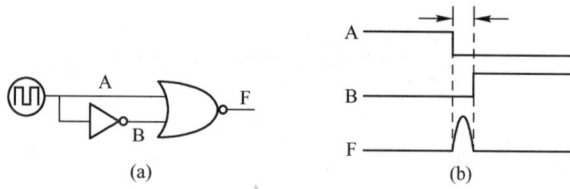

(a)　　　　　　　　　　(b)

图 9-43　或非门电路构成脉冲产生电路

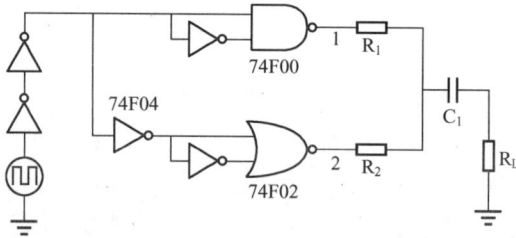

图 9-44　类高斯脉冲一阶导数脉冲产生电路

经过的不同延迟由 74F04 调整,每路窄脉冲通过各自的隔离电阻 R_1、R_2 在时域叠加,经过一个隔直电容 C_1 到输出端负载 R_L。通过调整每路脉冲的延迟时间,以及 R_1、R_2 的阻值大小,就可以得到在一定频率范围内不同的组合波形。如果需要增加某路延迟时间可以使用多个非门或者是延迟线。在电路布局时,结合电路的布线也会影响脉冲延迟。实验研究中可以得到如图 9-45 所示的类似高斯一阶导函数波形双极性脉冲,其峰峰值可达 2.5V。

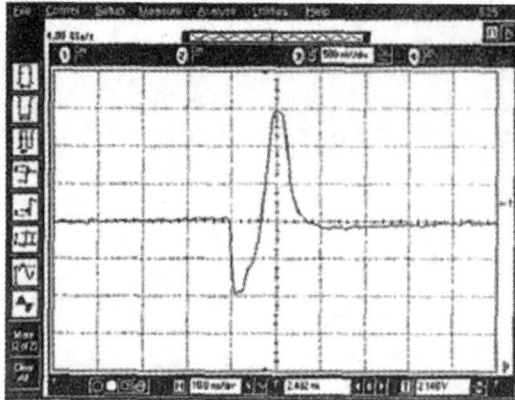

图 9-45　实验测试类似高斯一阶导函数波形双极性脉冲

图 9-46 为使用的可编程延时芯片与异或逻辑来实现纳秒级窄脉冲[6],触发脉冲经过两路不同延时后送到异或门,每一路脉冲由数字控制延时芯片 DS1020 来延时,为保证快速逻辑运算,选用了 74VHC86 超高速 COMS 异或门,其上升下降延时和均在纳秒级。实验研究中可以方便对延时芯片编程进行延时

控制,得到一种脉宽为920ps的脉冲波形。产生窄脉冲的关键在于高速逻辑的实现和精确的延迟控制,因此数字芯片的选择至关重要。

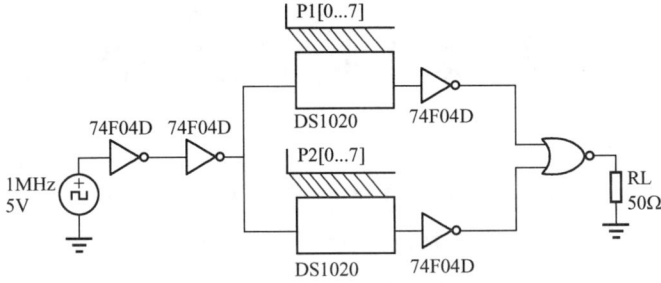

图9-46　两输入端的异或逻辑实现纳秒级窄脉冲

参 考 文 献

[1]　曾树荣. 半导体器件物理基础[M]. 北京:北京大学出版社,2007.

[2]　Zhang J,Raisanen A. A new model of step recovery diode for CAD[J]. IEEE MTT-S Digest,1995.

[3]　曾静. 超宽带无线电可控窄脉冲产生技术研究[D]. 重庆:重庆通信学院,2004.

[4]　刘耀东. 超宽带无线通信系统中发射机射频前端硬件实现研究[D]. 重庆:重庆通信学院,2006.

[5]　彭亚红,蒋留兵,徐婷,等. 超宽带窄脉冲信号发生器的设计与实现[J]. 桂林电子科技大学学报, 2011,31(5):355-360.

[6]　毛慧敏,李峭,熊华钢. 超宽带窄脉冲的设计与实现[J]. 电子设计应用,2009(9):68-70.

[7]　王俊峰. 超宽带极窄脉冲发生器的设计分析[J]. 通信技术,2008,41(12):128-130.

[8]　樊孝明,林基明,郑继禹. 超宽带极窄脉冲设计与产生[J]. 现代雷达,2006,28(3):87-90.

[9]　薛峰. 超宽带通信系统收发信机射频前端硬件实现研究[D]. 重庆:重庆通信学院,2009.

[10]　关炜,陈锡华,余芬. 一种基于数字方式的超宽带纳秒级窄脉冲设计[J]. 桂林航天工业高等专科学校学报,2007(1):7-9.

第 10 章　超宽带阻抗变换器设计

天线输入端与收/发信机馈线连接方式,对脉冲信号的传输与辐射性能有很大影响。超宽带阻抗变换器就是设计在馈线与天线输入端的器件或电路,在阻抗变换的同时,还对馈线的平衡与不平衡关系进行转换,所以又称为巴伦。由于信号的超宽带性,传统的窄带巴伦使用会造成脉冲信号的严重失真。超宽带巴伦多是一种渐变线阻抗变换器。图 10-1 为微带线到平衡线变换器。图 10-2 为同轴到平衡线变换器,在同轴线外导体上纵向切口,切口的张角按特定规律变化,以改变各点的特性阻抗,即其特性阻抗沿长度是连续变化的,并兼有平衡转换作用,这种阻抗变换器具有超宽频带的优良性能,其下限工作频率受到渐变线长度和通带内所允许的最大反射系数的制约,上限频率主要受双线传输线辐射效应及同轴线内可能激起的高次模所限制。

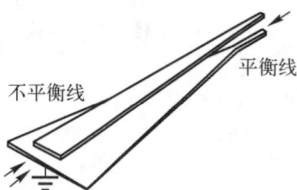

图 10-1　微带到平衡线变换器

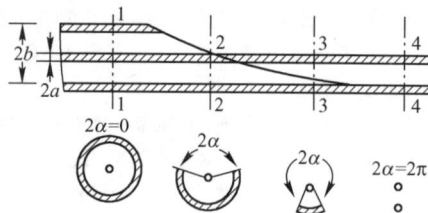

图 10-2　同轴到平衡线变换器

10.1　TEM 喇叭天线的馈电

TEM 喇叭天线也同样存在同轴馈线到喇叭的转换问题。TEM 喇叭天线一般采用直线张开的平板结构或指数张开的平板结构:直线张开的平板结构加工容易;指数张开的平板结构阻抗匹配较好,可减小传输损耗,但加工困难。

TEM 喇叭天线的馈电结构的作用是馈电脉冲信号从同轴传输线结构到平板辐射段结构过渡。一般采用两种方式[1]:一种是直接点连接式,直接将同轴结构的内芯与渐近线喇叭天线的一块极板相连,同轴结构的外壁与渐近线喇叭天线的地平板相连,如图 10-3 所示;另一种是渐变式,同轴结构的内芯由圆柱逐渐过渡到渐近线喇叭极板,同轴结构的外壁逐渐过渡到渐近线喇叭地平板,如图 10-4 所示。

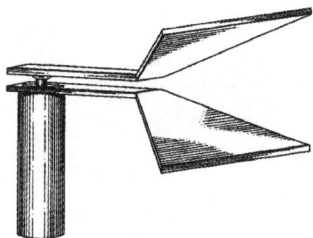

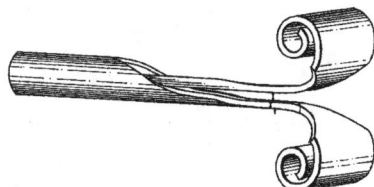

图 10-3　直接点连接式 TEM 喇叭馈电　　　　图 10-4　渐变式 TEM 喇叭馈电

　　第一种方式的优点是过渡结构紧凑,对于中小功率的瞬态脉冲的辐射较为合适,这是一种对称结构的连接方式,馈电结构对喇叭的方向图不会造成影响。随着瞬态脉冲峰值功率的提高,同轴结构尺寸的增大,应用渐变式方法更为合适。但是,渐变方式需要在同轴线的外壁上开口,使同轴线的内芯和外壁渐变,喇叭辐射方向图在开口方向有明显的旁瓣,造成了能量的损失。文献[2]设计了具有高功率容量的渐变式同轴到平板过渡和 TEM 喇叭天线,如图 10-5 所示。同轴线的内芯部分修改为由粗到细的锥形变化,既可使阻抗连续,又避免了尖角连接处的尖端放电造成的喇叭在高压下的击穿现象。同轴结构外筒逐渐开口过渡到 TEM 喇叭地平板,同轴内芯由圆柱逐渐过渡到 TEM 喇叭极板。同轴结构特性阻抗为 50Ω。过渡末端平板结构尺寸:高 $2h = 46.5\text{mm}$,宽 $w = 28\text{mm}$,特性阻抗约 154Ω。文献[2]分析了信号在过渡中的损耗,采用三维 FDTD 数值模拟程序模拟计算脉冲波形在所设计的同轴到平板过渡中的传播过程,渐变长度越长,VSWR 曲线特性越好,如图 10-6 所示;随着渐变长度的增长,过渡末端的信号幅度是逐渐提高的,这说明过渡的效率随过渡长度逐渐提高,功率传输效率越高。

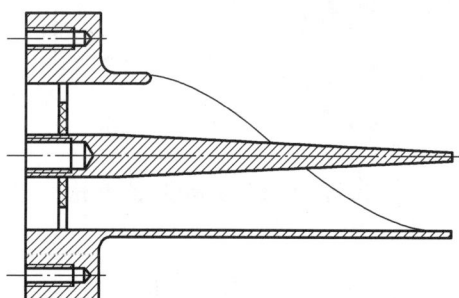

图 10-5　同轴的内芯为锥形渐变　　　　图 10-6　不同长度巴伦 VSWR 曲线

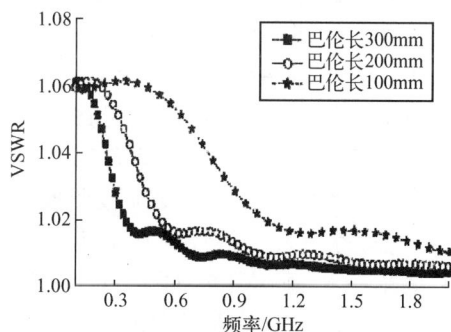

　　对渐变式同轴到平板过渡的反射和天线方向图进行了测量。实验表明,瞬态脉冲信号经过同轴到平板过渡没有产生畸变,适当选择过渡长度可使脉冲传输效率大于 85%。

10.2 平面结构天线的巴伦设计

对平面超宽带天线,微带线变换为共面带状线(CPS)的巴伦结构设计应用方便。共面带状线就是在介质板的同一个面的平行印制板导电线,且其背面没有接地金属面。文献[3]设计一种基于模式转换原理的单面变换巴伦背靠背电路的3dB插损带宽为4.5GHz;文献[4]给出一种应用优化平衡T形结的巴伦变换背靠背电路的3dB插损带宽可以达到7GHz,相对带宽可达68%,如图10-7所示;文献[5]研究一种应用切比雪夫变换段和λ/4扇形匹配的巴伦变换背靠背电路的3dB插损带宽达到1~10.5GHz,相对带宽可达162%,如图10-8所示。

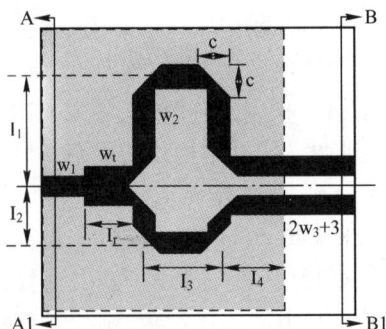

图 10-7　T 形结的巴伦

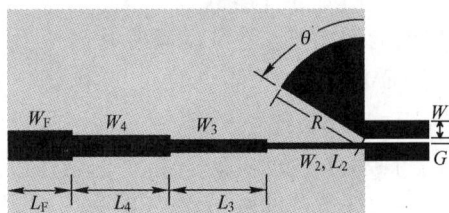

图 10-8　切比雪夫变换段和
扇形匹配的巴伦变换

另一种新型的微带线变换到 CPS 的巴伦结构电路如图 10-9 所示[6]。图中白色线表示电路板正面的带状线,带状线宽 W,两线间缝隙宽 G,深色区为背面接地金属板。可以看出:从右向左,CPS中的一条带状线经过渐变地板变换为微带线,而另一条带状线则在地板末端转换为半径 R、倾斜角 θ_2 的扇形匹配段。

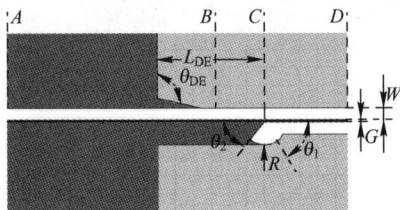

图 10-9　微带转共面带状线巴伦

变换器中不同截面的电场分布如图 10-10 所示。$A-A'$ 截面处微带线的电场分布在微带线与地板之间沿 Y 轴方向传播,特性阻抗为 50Ω;而 $D-D'$ 截面CPS 的电场分布在两根平行的带状线之间沿 X 轴方向传播,特性阻抗为 152Ω。可见,匹配电路需要同时完成电场旋转 90°和阻抗变换的功能。从 $B-B'$ 截面到 $C-C'$ 截面,通过微带线的地板逐渐向 Y 轴负方向减少,微带线的电场分布也逐渐由沿 Y 轴方向变为斜向 X 轴方向。从 $C-C'$ 截面到 $D-D'$ 截面,通过扇形匹

234

配段将地板的能量耦合到另一根带状线上,同时地板宽度进一步渐变至0,使电场分布最终变为 Y 沿 x 轴方向传播。

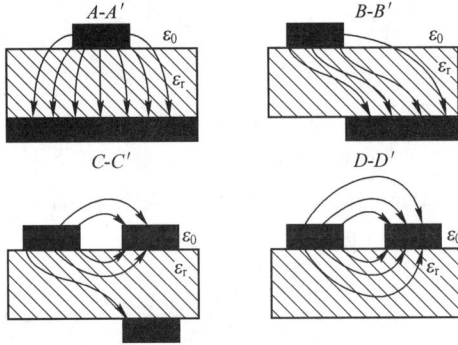

图 10-10   变换器中不同截面的电场分布

通过调整地板的渐变区及扇形段的半径和角度来可以实现微带线与 CPS 的阻抗匹配。电路采用 50Ω 同轴馈电,无须额外增加微带阻抗匹配电路,既保证了宽带性,又使得电路简洁紧凑。实验制作了一个两端为 50Ω 微带线的背靠背电路,如图 10-11 所示,测试得插入损耗 $S_{21} > -1dB$、反射损耗 $S_{11} < -15dB$ 的带宽为 $2.7 \sim 7.3GHz$,$S_{21} > -4dB$、$S_{11} < -10dB$ 的带宽为 $1.4 \sim 15.6GHz$,如图 10-12 所示。

图 10-11   实验制作变换器

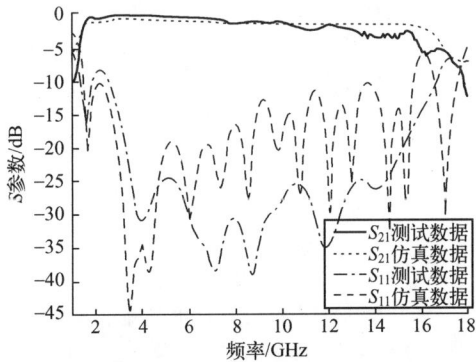

图 10-12   变换器的 S 参数

CPW 变换到 CPS 也是平面巴伦的常用方式,共面波导为在介质板同一面的导电线与两边的接地金属面。文献[7]设计了一种改进的基于 CPW 和 CPS 传输的超宽带平面 50Ω 非平衡到 100Ω 平衡馈电巴伦,如图 10-13 所示。采用低介电常数材料作为介质基板,引入一段切比雪夫多节阻抗变换器,通过在扇形缝隙的两侧各引入两个过孔,并在介质基板的背面通过导带连接,使得共面波导的两个接地金属面等势,可以进一步拓宽天线的工作频带。在带状线部分长度为 21mm,扇形缝隙的半径为 6mm,张角 $\theta = 45°$,圆心位于阻抗变换器的末端,$L = 42mm$,$W = 20mm$,$L_1 = 21mm$,$L_2 = 26mm$ 时,在频率范围 0.1 ~ 3GHz 得到的插入损耗小于 1.5dB,输出端接匹配负载时 VSWR < 2。

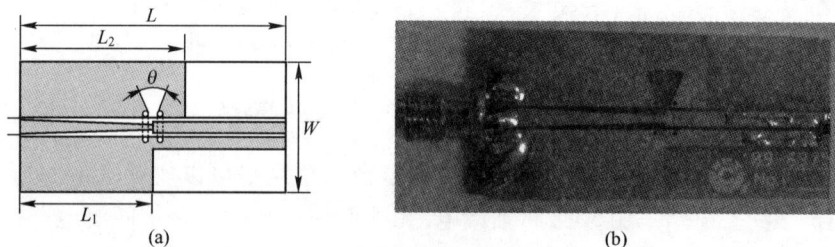

图 10-13　共面波导到带状线变换
(a) 原理图;(b) 实物图。

CPW 到 CPS 的巴伦结构对蝴蝶结平面天线馈电如图 10-14 所示[8],中间为一段四分之一波长 CPW 变换器,实现 50 ~ 92Ω 的变换,CPW 结构的两边接地板通过导线在空中连接,分析当 θ 为 0°、30°、60°、90° 几种情况可知,当 θ 为 90° 时,宽带最宽。当 W_A 为 24.5mm,θ 为 90° 时,介质厚 1.6mm,介电常数为 4.8,工作在 2.4GHz 频段,VSWR < 1.5 时可以获得 17% 带宽。

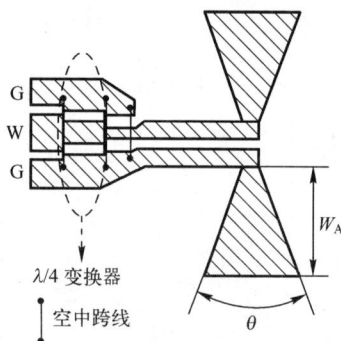

图 10-14　共面波导馈电蝴蝶结天线

具有陷波特性的超宽带指数渐变槽天线的馈电结构如图 10-15 所示[9]。最下端为微带线馈电口,浅色为上金属层,深色下金属层如图 10-15(b) 所示。

236

指数渐变槽天线的下端为平衡共面带状线,这种天线具有频带宽和交叉极化低等特点。利用多阶阻抗变换器解决了宽带阻抗匹配问题,采用双 Y 巴伦实现了微带到带状线过渡,通过在微带线上添加狭缝,实现了对 WLAN 应用频段(5.125~5.825GHz)的隔离,使该天线具有陷波特性。

双 Y 巴伦基于 6 端口双 Y 结型网络,如图 10-15(c)所示,由围绕结构中心交替分布的三条平衡线和三条非平衡线组成。若忽略节点效应且其他四个端口匹配,则每两个相对端口是非耦合的,由非平衡端口输入的信号将等分到其他四个端口。同理,从平衡端输入的信号也将等分到其他四个输出端口,但是每两个相对端口相位相反。当该结构用于巴伦设计,为了使信号在相对的平衡与非平衡端口间有效传输,相对的两对传输线则应该具有相位相反的反射系数。当其一端为开路时,另一端就应该为短路,此时就能满足要求,并且同时完成微带—共面带状态线的结构过渡。

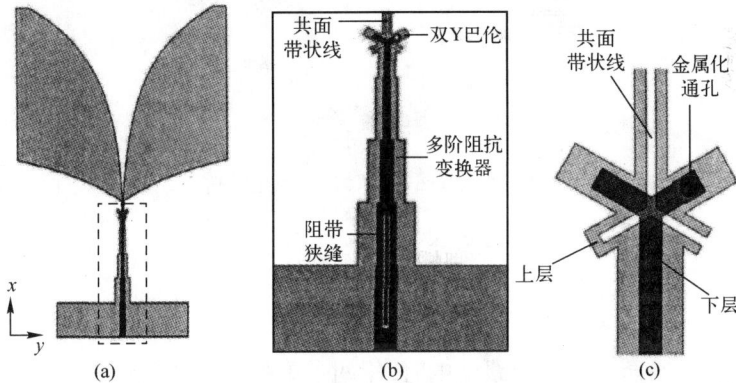

图 10-15 具有陷波特性的超宽带指数渐变槽天线馈电结构
(a) 指数渐变槽天线;(b) 馈电结构;(c) 双 Y 巴伦。

平面双臂螺旋天线或双臂正弦天线的输入端为平衡馈电结构,文献[10]研制的工作频段为 3~15GHz 的两臂平面正弦天线,采用指数渐变微带线到平衡线过渡方式,两种馈电结构如图 10-16 所示中的垂直板:一种是直线形过渡;另一种是曲线形过渡。使用 50Ω 同轴电缆接微带线的输入端,在正弦天线的输入端阻抗约为 220Ω,具有平衡辐射结构及超宽带特性。直线形的指数渐变微带巴伦纵向尺寸过大,通常为 $0.5\lambda_{max}$,不利于整个天馈系统的紧凑布置。弯曲形的微带馈电巴伦压缩了尺寸,如图 10-17 所示,通过测试比较发现,在其各项性能与常规微带馈电巴伦的正弦天线基本保持一致的前提下,纵向尺寸压缩了 40%。

一种适合馈电点在天线中心的平衡馈电巴伦[11],馈电结构为单螺旋型指数渐变巴伦,如图 10-18 所示。从天线中心的平衡端开始把平面型指数渐变巴伦做螺旋变形,上金属条带和下地板金属条带同时做螺旋变形,由于天线的

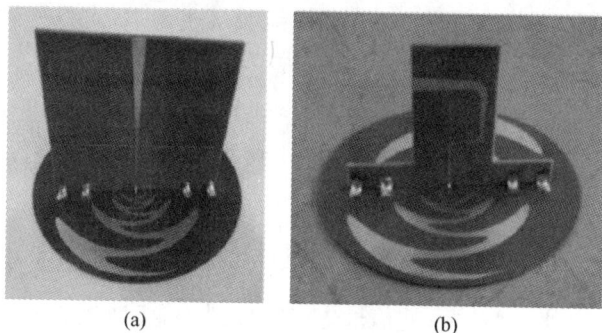

图 10-16　正弦天线的两种馈电板
（a）直线形；（b）弯曲形。

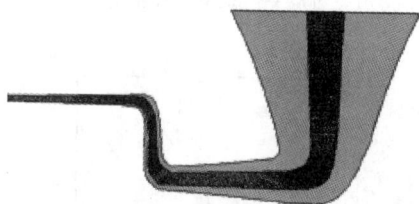

图 10-17　弯曲的微带馈电巴伦结构[10]

馈电点在中心,平衡端外延一部分金属条带向上弯起接需要馈电的超宽带天线,中间介质板做成圆柱形薄板,薄板的一面为天线平面,另一面为螺旋巴伦面。

　　对于四臂平衡型螺旋天线馈电时,用两个单螺旋型指数渐变巴伦来完成,使两个单螺旋型指数渐变巴伦的平衡端正对(不连接在一起),相互反向旋转,并且位于同一平面内,如图 10-19 所示,成为双螺旋型指数渐变巴伦,这种结构满足小型化的设计要求。通过对旋转圈数 n 和缝宽比的改变,可以调节螺旋型指数渐变巴伦端口阻抗特性。

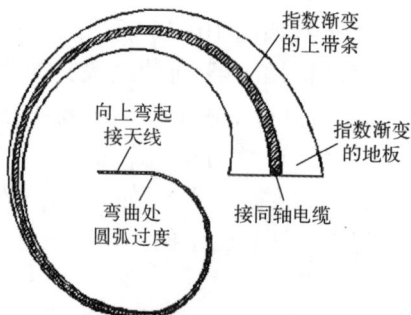

图 10-18　单螺旋型指数渐变巴伦

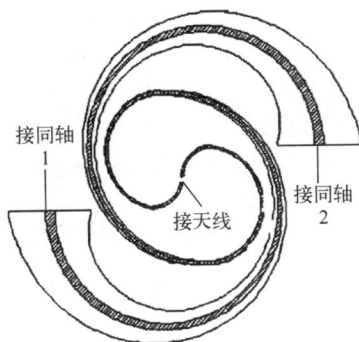

图 10-19 双螺旋型指数渐变巴伦

参 考 文 献

[1] Kragalott. Inline coaxial balun-fed ultrawideband cornu flared horn antenna. United States Patent,5973653 [P],1999-10.

[2] 廖勇,马弘舸,杨周炳. 超宽带天线中同轴到平板过渡研究[J]. 强激光与粒子束,2005,17(5):741 -745.

[3] Dib N I,Simons R N,Katehi L P B. New uniplanar transitions for circuit and antenna applications[J]. IEEE Trans. Microwave Theory Tech. ,1995,43 (12): 2868-2873.

[4] Qian Y,Itoh T. A broadband uniplanar microstrip-to-CPS transition[C]. in Microwave Conf Proc. ,AMPC 97,1997,2: 609-612.

[5] Tu W H ,Chang K. Wide-band microstrip-to-coplanar stripline/slotline transitions[J]. IEEE Trans. Microwave Theory Tech. ,2006,54 (3): 1084 – 1089.

[6] 余冬. 一种新型的超宽带微带转共面带状线巴伦[J]. 数字技术与应用,2010(7):151,152.

[7] 吴秉横,纪奕才,方广有. 一种改进的超宽带平面巴伦[J]. 中国科学院研究生院学报,2010,27 (4):507 – 511.

[8] Lin Y D,Tsai S N. Coplanar waveguide-fed uniplanar bow-tie antenna[J]. IEEE Transations on Antenna and Propagation,1997,45 (2):305,306.

[9] 涂升,焦永昌,宋跃. 一种具有陷波特性的 Vivaldi 天线设计[J]. 电波科学学报,2010,25(2):383 – 388.

[10] 陈振华,牛臻弋,曹群生. 平面正弦天线及其小型化馈电巴伦[J]. 航空兵器,2009(5):44 – 46.

[11] 杨咏明. 超宽带巴伦小型化研究[D]. 哈尔滨:哈尔滨工业大学,2012.

[12] 李长勇,杨士中,曹海林,等. 不同夹角 V 形蝴蝶结天线的性能比较[J]. 重庆大学学报(自然科学版),2008,31(7):774 – 780.

[13] 李长勇,杨士中,张承畅. 超宽带脉冲天线研究综述[J]. 电波科学学报,2008,23(5):1003 – 1008.

[14] 李长勇,陈于平,刘郁林,等. 矩量法分析平面等角螺旋天线的脉冲辐射特性[J]. 微波学报,2009,25(1):13 – 16.

[15] 张承畅,李长勇,康小平,等. 螺旋天线特性数值分析研究[J]. 重庆大学学报(自然科学版),2009,32(8):925 ~ 930.

［16］ 李长勇,杨士中,张承畅. 加载偶极天线的脉冲辐射特性［C］.//中国电子学会微波分会. 2009 年全国微波毫米波会议论文集. 北京:电子工业出版社,2009.

［17］ 李长勇,刘浏,康小平,等. 电阻加载火山烟雾型平面超宽带天线［C］.//中国电子学会天线分会. 2009年全国天线年会论文集. 北京:电子工业出版社. 2009.

［18］ 李长勇,李俭兵,葛利嘉等,平面火山烟雾天线的脉冲辐射特性［J］,微波学报,2011,27(3):17 – 19.

［19］ 李长勇,葛利嘉,曹海林,等. 平面等角螺旋天线脉冲辐射实验［J］,微波学报,2011,27(6):63 – 66.

内 容 简 介

　　本书首先综述了超宽带脉冲天线技术研究的历史与现状。接着讨论了各种超宽带脉冲信号特性。随后讨论了单极超宽带天线、螺旋天线宽频带特性；分析了超宽带平面单极天线、缝隙天线、陷波天线、蝴蝶结天线的宽带性能；分析了各种加载天线的脉冲辐射特性；分析了多种喇叭天线的性能及增强脉冲天线低频辐射的方法。最后，介绍了基于阶跃恢复二极管、雪崩三极管等电路产生脉冲信号的方法，讨论了超宽带天线馈电及巴伦的设计。

　　本书从天线应用的角度考虑天线设计，并给出了大量的天线设计实例，可作为从事超宽带天线研究的硕士生、博士生的参考资料，也可供超宽带天线设计的工程技术人员参考。

　　In this book, firstly, it has a relatively comprehensive overview of the study on ultra-wideband pulse antenna technology. Secondly, the characteristics of all kinds of ultra-wideband pulse signal are discussed. Thirdly, the characteristics of monopole ultra-wideband antenna and spiral antenna are analyzed. Properties of ultra-wideband printed planar antenna including monopole antenna, slot antenna, notched antenna and bow-tie antenna are discusseed. The characteristics of pulse radiation on all kinds of loaded antenna are analyzed. The properties of horn antenna and the methods of enhancing low frequency radiation of pulse antenna are analyzed. Finally, pulse generator based on the circuit of step recovery diode, avalanche transistor, etc. are introduced, the feeder of ultra-wideband antenna and designs of Balun are discussed.

　　The focus of this book is designing antenna rather than discussing the theoretical question of antenna. There are great amounts of design examples in the book, so it will be with great referential value for graduate students, doctoral students, and other readers going in for designing ultra-wideband pulse antenna.